メカトロニクス入門

[第2版]

土谷武士／深谷健一　共著

森北出版株式会社

●本書のサポート情報を当社Webサイトに掲載する場合があります．下記のURLにアクセスし，サポートの案内をご覧ください．

https://www.morikita.co.jp/support/

●本書の内容に関するご質問は，森北出版 出版部「(書名を明記)」係宛に書面にて，もしくは下記のe-mailアドレスまでお願いします．なお，電話でのご質問には応じかねますので，あらかじめご了承ください．

editor@morikita.co.jp

●本書により得られた情報の使用から生じるいかなる損害についても，当社および本書の著者は責任を負わないものとします．

■本書に記載している製品名，商標および登録商標は，各権利者に帰属します．

■本書を無断で複写複製（電子化を含む）することは，著作権法上での例外を除き，禁じられています．複写される場合は，そのつど事前に(一社)出版者著作権管理機構（電話03-5244-5088, FAX03-5244-5089, e-mail：info@jcopy.or.jp）の許諾を得てください．また本書を代行業者等の第三者に依頼してスキャンやデジタル化することは，たとえ個人や家庭内での利用であっても一切認められておりません．

改訂の序

　本書は 1994 年 10 月に出版され，ちょうど 10 年が経過しました．本書によってメカトロニクスへの理解や関心が深まったのであれば誠に嬉しいことであります．その間，多くの大学・高専等で教科書として採用されてきたおかげで，今回改訂の機会が与えられました．出版以来，多く方々から内容や記述について貴重なご意見をいただき，今回それらのご意見等を参考にさせていただきました．

　いうまでもなく，この 10 年間でメカトロニクスシステムを構成するそれぞれの分野は進歩してきました．特にマイクロコンピュータ関連は日進月歩の言葉がぴったりです．したがって，これらの関連については全面的に書き直しました．ただ，急速に進歩する分野ですので，内容がすぐに陳腐化する恐れがあります．このような点からこれまでと同様，メカトロニクス分野にとって基本的な事項の記述に抑えてあります．

　講義を受けるだけで内容を理解することが難しいのはどの科目でも同じです．それを補うために，この本でも各章末の演習問題を大いに利用して欲しいと思っております．そのため章末演習問題を充実すべくいくつかの問題を追加しました．

　説明不足あるいは重複部分など全章を通してできるだけ整備をいたしました．これらの改善により，今までのように，あるいは今まで以上に，より広く本書を利用していただければ大変嬉しいと思っております．

　これまで貴重なご意見をお寄せくださった多くの方々にお礼を申し上げますとともに，今後ともよりよいものとするためにいろいろの立場からコメントなどいただければ幸いに存じます．

　最後に，本書出版以来暖かく見守ってくださり，全般的状況をみながら改訂の助言や，詳細で適切なご指摘をいただいた森北出版（株）の利根川和男氏と石田昇司氏に厚く御礼を申し上げて改訂の序といたします．

　2004 年 10 月

著　者

まえがき

メカトロニクスとは和製英語ではあるが，最近では英国でも D. A. Bradley らによりずばり「Mechatronics」(Chapman & Hall, 1991) と名付けた著書が出版され，同名の学術論文誌も定期的に出版されるようになった．また，「Mechatronics: Japan's Newest Threat」(V. D. Hunt 1988) なる本も出ており，メカトロニクスは日本の経済大国化の原動力になった技術という見方もされてきている．現在，メカトロニクス製品といわれる"賢くなった機械"が我々の生活に種々の恩恵を与えてくれているし，また将来さらに何かやってくれるのではないかという期待が持たれている．

そのようななかで，大学・高専などでメカトロニクスの講義が開講されているところも多くなってきている．しかし，電気・機械・情報・制御・材料など関連する分野が広く，対象とする学生も種々の専門を基礎とする学生であるなどから，まとまったバランスのとれた説明・記述がなかなか難しいものである．それなりに自分達の考えを伝えたいとの思い断ちがたく，厳しい困難がわかっていながら，メカトロニクスの執筆にあたり著者らの専門と経験が補完できるところがあることを期待して，今回敢えて難関に挑戦した．

この本の内容は，メカトロニクス分野を構成する各要素，すなわちセンサ，アクチュエータ，機構，駆動装置，コンピュータ，システム制御理論に関してその基礎的と思われること，重要と思われることについてできるだけポイントを絞って記述した．しかし，そのいずれもがそれぞれ一科目2単位，あるいは4単位の時間を使って授業されるものであるにもかかわらず，それを圧縮してこの一冊に詰め込むのであるからそれは大変な冒険である．舌足らず，思い違い，思い入れなど色々の批判が予想される．望むらくは，それぞれの背景にある各専門分野の考え方など，適切な解説を受けながらこの本を読んでいただければ幸いである．

知らなければ先に進むことが困難であるのに大胆に省略した部分がある．具体的にはラプラス変換や伝達関数，状態方程式などであり，ここではそれらについては説明なしに使って記述している．それらの手法やテクニックは制御工

学などの分野で解説されることを前提にしている．限られた時間と空間でメカトロニクスを理解してもらうためには，それらの説明は省かざるをえなかった．

また，各要素技術についても，重要と思われるすべてのものを網羅することはあえて避けた．上と同じ理由もあるが，一方我々がカバーすべき分野は時代とともにどんどん増加するにもかかわらず教育をうける期間は昔から大差ない．古いからといって不要になる学問は少なく，その上に新しい分野を学ばなければならない．いかにして従来の学問を生かして新しい分野も取り入れ，さらに次の進歩につながる領域を開拓するかは，いつの時代も最も知恵を絞らなければならない重要なポイントであろう．この本がそれをなしとげたとはとても言えないが，一つの試みを形にさせていただいた．

上述のようにメカトロニクスは広い分野を含んでおり，多くの先達の研究・実用化の成果の集大成によるところが大きく，多数の著書・文献を引用，参考にさせていただいた．特にこれらの著者の方々には深い感謝を表します．

また，著者らの研究室の関係者には研究内容や記述内容などについて種々のご意見，ご協力をいただいた．重ねて感謝いたします．にもかかわらず著者の浅学非才により，理解不足なための誤った記述があるやもしれず，これはひとえに著者の責任であります．読者のコメント，叱正をお願いいたします．

最後に，本書の出版にあたり，森北出版（株）の利根川和男氏，石田昇司氏には多大なご支援を頂きましてここに出版の運びとなりました．厚く感謝いたします．

1994 年 8 月

著　者

目　次

第1章　メカトロニクス序論 ………………………………………… 1
 1.1　メカトロニクスとは何か ………………………………… 1
 1.2　メカトロニクス出現の背景 ……………………………… 4
 1.3　メカトロニクスの効用 …………………………………… 5
 1.4　メカトロニクスの構成要素 ……………………………… 6
 演習問題 ……………………………………………………………… 8

第2章　セ ン サ ………………………………………………………… 9
 2.1　位置の計測 ………………………………………………… 10
 2.2　変位の計測 ………………………………………………… 11
 2.3　速度の計測 ………………………………………………… 18
 2.4　加速度の計測 ……………………………………………… 19
 2.5　力の計測 …………………………………………………… 21
 演習問題 ……………………………………………………………… 23

第3章　アクチュエータ ……………………………………………… 25
 3.1　アクチュエータの種類 …………………………………… 26
 3.2　動電アクチュエータ ……………………………………… 28
 3.3　DC サーボモータ ………………………………………… 31
 3.4　AC サーボモータ ………………………………………… 39
 3.5　ブラシレス DC サーボモータ …………………………… 45
 3.6　ステッピングモータ ……………………………………… 46
 3.7　油圧式サーボモータ ……………………………………… 46
 演習問題 ……………………………………………………………… 49

第4章　パワーエレクトロニクス …………………………………… 50
 4.1　トランジスタ ……………………………………………… 50
 4.2　サイリスタ ………………………………………………… 53

- 4.3 線形増幅器と電力損失 ……………………………………………… 54
- 4.4 チョッパ（DC-DC 変換）……………………………………………… 60
- 4.5 方形波インバータ（DC-AC 変換）…………………………………… 63
- 4.6 PWM 変調による増幅 ………………………………………………… 66
- 4.7 PWM インバータ（DC-AC 変換）…………………………………… 67
- 4.8 サイクロコンバータ（AC-AC 変換）………………………………… 69
- 4.9 自励式インバータと他励式インバータ ……………………………… 70
- 演習問題 …………………………………………………………………… 70

第 5 章 機　　構 …………………………………………………………… 71
- 5.1 線形変換機構 …………………………………………………………… 72
- 5.2 線形変換機構の入出力関係 …………………………………………… 81
- 5.3 非線形変換機構 ………………………………………………………… 84
- 演習問題 …………………………………………………………………… 86

第 6 章 マイクロコンピュータ ………………………………………… 88
- 6.1 マイコンの構成 ………………………………………………………… 90
- 6.2 マイコンのプログラミング言語 ……………………………………… 93
- 6.3 入出力インターフェース ……………………………………………… 95
- 6.4 シングルチップマイコン …………………………………………… 100
- 6.5 マイコンを用いたステッピングモータの制御 …………………… 106
- 演習問題 ………………………………………………………………… 109

第 7 章 システム制御理論 ……………………………………………… 110
- 7.1 シーケンス制御 ……………………………………………………… 112
- 7.2 メカトロニクス制御 ………………………………………………… 113
- 7.3 フィードフォワード制御 …………………………………………… 116
- 7.4 フィードバック制御 ………………………………………………… 118
- 7.5 PID 制御 ……………………………………………………………… 127
- 7.6 制御系の型 …………………………………………………………… 135
- 7.7 状態変数フィードバック制御系 …………………………………… 138
- 7.8 ロバスト制御 ………………………………………………………… 146

7.9 適応制御 ……………………………………………………148
7.10 目標値計画 …………………………………………………151
7.11 トータルシステム制御 ……………………………………154
演習問題 ………………………………………………………156

第8章 ロボットマニピュレータの制御 …………………………158
8.1 ロボットマニピュレータの運動方程式 …………………158
8.2 多関節ロボットマニピュレータ運動方程式の特徴 ……161
8.3 ロボットマニピュレータの運動制御 ……………………164
8.4 ロボットマニピュレータの動的制御 ……………………166
8.5 ロボットマニピュレータの適応制御 ……………………174

第9章 メカトロニクスの事例 ……………………………………177
9.1 情報機器 ……………………………………………………177
9.2 産業用ロボット ……………………………………………189
9.3 リニアDCブラシレスモータによるX-Yテーブル制御 …199

演習問題解答 ……………………………………………………………206
参 考 文 献 ………………………………………………………………219
索　　　引 ………………………………………………………………222

第1章 メカトロニクス序論

▷ 1.1 メカトロニクスとは何か

　メカトロニクス (mechatronics) とは 1970 年頃に日本で生まれた新しい言葉であり，メカニクス (mechanics) とエレクトロニクス (electronics) の合成語である．

　現在，メカトロニクス製品といわれるものをわれわれの周囲に見ることがしばしばある．たとえば，ロボット，工作機械，アンチロックブレーキ (ABS)，デジタルカメラ，プリンタ等である．これらすべてに共通するのは最終的に制御されているものは，程度や質の差こそあれ機械的に動くことである．

　さらにそれらは単に動くのではなく，従来に比較するとより自律的に，もっと俗にいえば，知的に動くようになってきていることに気がつく．その機能の多くは，マイクロエレクトロニクスの発展のおかげである．すなわち機械がマイクロエレクトロニクスの援助によって，より賢く動かされるようになったのである．作業命令が人間から出されると，あとはメカトロニクスシステムが自動的に判断して動いてくれる．つまり，便利な機械が多くなってきたということである．これは喜ぶべきことであろうが，一方で，何でも自動的に動いてしまうので，メカニズム自身のおもしろさがなくなってきているとか，人間が頭や足を使わなくなってきているという面もある．メカトロニクスの典型的な例としては

　a）　{ぜんまい＋歯車}時計 ➡ クオーツ時計
　b）　バネばかり ➡ 電子ばかり
　c）　機械ミシン ➡ 電子ミシン
　d）　銀塩フィルムカメラ ➡ デジタルカメラ

2　第1章　メカトロニクス序論

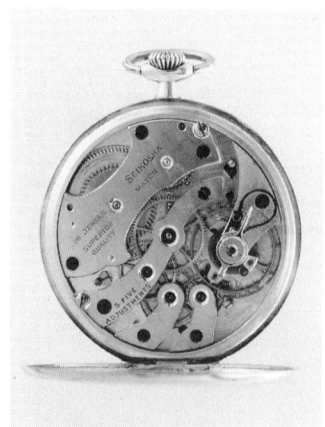

（a）機械式懐中時計
　　［写真提供：セイコーウオッチ株式会社］

（b）足踏み式ミシン
　　［写真提供：蛇の目ミシン工業株式会社］

（c）カメラ（ミノルタセミP）
　　［写真提供：コニカミノルタフォト
　　　イメージング株式会社］

（d）和文タイプライター
　　［写真提供：銚子信用金庫］

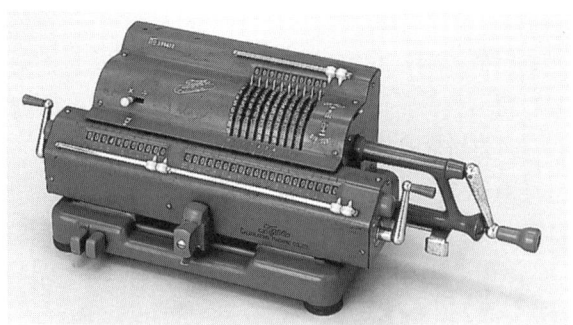

（e）機械式計算機（タイガー計算機）［写真提供：山口県立博物館］

写真 1.1　機械的運動を基本とした各種機器

e) タイプライタ → プリンタ
f) 階段 → エスカレータ
g) ジャイロスコープ → レーザジャイロ
h) 機械式カギ → 電子ロック

などがある．

　それらが目指してきたのは省エネ，小型軽量化，信頼性の向上である．本書は，主としてメカトロニクスシステムを構成する要素技術と，それらをシステム的に統括しているシステム制御理論について述べるものである．

　20世紀半ばくらいまでに良く使われた身の回りの各種機器写真を写真1.1に示す．これらは機械的な動きを基本とした機器であり，その動きを見ていて大変面白い興味のある機構などが使われている．現在，これらの機器はメカトロニクス技術により形を変えて，小型・軽量・静止化・高信頼性・高機能化して日常生活のなかで使われている．

　メカトロニクスの定義は次のように与えられている．

　　『与えられた目的を果たすシステムを設計・生産・稼働・保守するために，機械と電子と情報に関する技術や工学を融合し，総合的に適用する技術あるいは工学』

　この定義からわかるように，メカトロニクスとは機械工学，電気電子工学，

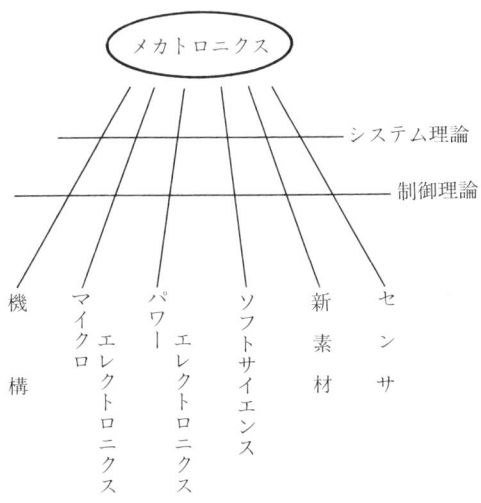

図 1.1　メカトロニクスを構成する技術分野

情報工学，制御工学などの複合領域であり，メカトロニクスという特別の学問領域があるわけではない．メカトロニクスは図1.1に示すような具体的な分野の総合された技術分野である．それらの分野を総合的にシステムに統合するための考え方として，制御理論やシステム理論が必要とされる．

狭い意味でのメカトロニクスでは，機械の運動状態をセンサで検出し，それをマイクロプロセッサに取り込んで，なんらかの目的に適合するようにアクチュエータを駆動して，機構を制御する計算機制御技術を指す．これは従来から存在するアナログ素子からなる自動制御に比べ，マイクロプロセッサを用いることにより，フレキシブルに目的に合わせて制御方策を変更することができ，高度の判断機能を有する点において格段の進歩があった．

メカトロニクス製品の典型は，産業用ロボットやNC (numerical control, 数値制御) 工作機械である．これらは従来のメカニズム製品に高度な能動的制御機能を付加し，条件に応じてプログラムを変えるだけで，異なった動作を行わせることができる点で従来の機械とは大きく異なる．

▷ 1.2 メカトロニクス出現の背景

メカトロニクス出現の背景をシーズの点からみると，最も寄与したのは1971年に4ビットの素子として出現し，急速な性能向上と低価格化が進んだマイクロプロセッサである．大型計算機を用いた巨大プラントの制御はそれまでにもあったが，マイクロプロセッサの出現により，通常の機械でも情報処理機能を有するようになったことの影響は計り知れない．さらにもう一つの技術は，NASAの宇宙開発の副産物である希土類永久磁石を用いた小型高トルクモータであり，これにより計算機の指令で動く高性能のアクチュエータが実現された．

一方，状態空間法を含むディジタル制御理論の研究が進み，メカトロニクスの理論的な基礎を構成したが，それを実際の機械にインプリメント(装着)するにはマイクロプロセッサの情報処理能力が不可欠であり，この点でもマイクロプロセッサの役割は大きい．

ニーズとしては，消費者の要求に応える多品種少量生産に対応できるために，工場のフレキシブルな生産設備を設置する必要があったことが大きな要因である．このために，NC工作機械と産業用ロボットおよび自動搬送機を組み合わ

せた，いわゆる FMS (flexible manufacturing system) へと発展している．また情報化の発展に伴い，小型軽量高速な情報機器への要求も大きく，この分野のメカトロニクス化の進展を促した．

▷ 1.3　メカトロニクスの効用

　メカトロニクスの効用は次のような項目にまとめることができる．
（1）　柔軟性の向上
　メカトロニクス化の最大の効用は，機械に新機能をもたせ，柔軟性を向上させたことにあり，その多くはマイクロプロセッサの働きによるものといえよう．たとえば，産業用ロボットでは，仕事の種類に応じてプログラムを変更するだけで，一つのロボットで人間の腕で行う多くの仕事が容易に行える．このことが最近の多品種少量生産を可能とした大きな理由である．
（2）　非接触化・静止機器化と高信頼化
　従来の機構では各種摩擦による摩耗，接触トラブル，振動・騒音の発生にはじまり，これらのトラブル発生を防ぐための維持管理のための人員と設備の配置が必要であった．機械部品だけでなく，直流電気モータにおいても，機械的な接触による電流切換えの重要な役目をもつ整流子と刷子（ブラシ，brush）は常に問題を抱えていた．

　しかし最近，これらを半導体スイッチに置き換えた，いわゆるブラシレスモータが使われるようになり，圧倒的にトラブルが少なくなったという例もある．非接触化のメリットは大きい．また同時に可能な限り電子化が実現されたことにより可動部が少なくなり，静止機器化が実現された．これら非接触化と静止機器化は装置の高信頼化に大いに寄与している．
（3）　小型軽量化と高信頼化
　メカトロニクスはエレクトロニクスと機構の融合による産物であるが，そのエレクトロニクスを担う電子回路が半導体回路の IC 化などにより，メカトロニクス装置の小型軽量化に寄与し，さらにそれが部品点数の減少につながり，結局は信頼性の向上にもつながっている．
（4）　高精度化・高速化
　機構主体の機器では得られなかった高精度化・高速化が，ディジタル制御やソフトウェアサーボの実現やパワーエレクトロニクス分野の技術進展により可

能となった．しかしこれに伴って，従来のままの剛性の機械系では機械振動問題が顕著に表れるようになった．そのためその剛性を高めることが必要となるが，それは構造物の増大につながるために，いかにしてこれらに対応すべきかが新たな問題となっている．

▷ 1.4　メカトロニクスの構成要素

メカトロニクスの典型的な構成を図1.2に示す．すなわち次のような構成要素からなる．

a) 機構 (メカニズム，mechanism)：制御される対象．ロボットマニピュレータなどの機構．

b) アクチュエータとその駆動装置 (actuator and drive system)：アクチュエータは機構を動かす装置．
駆動装置はコントローラ (計算機) からの指令をパワーアップしてアクチュエータに伝えるためのパワーエレクトロニクス装置．

c) センサ (sensor)：機構の状態を常に計測する装置．

d) コントローラ (controller)：機構の状態が望ましい値 (目標値) になっているかどうかを判断し，違っていれば修正動作を指令するもの．

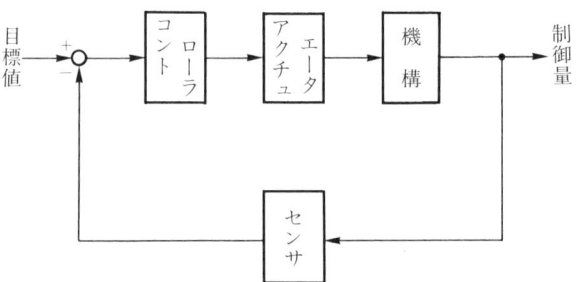

図1.2　メカトロニクスの構成1

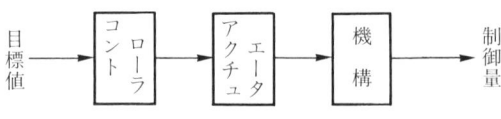

図1.3　メカトロニクスの構成2

図1.2に示すようにこれらは閉ループ系を構成している場合が多い．このような系をフィードバック系，あるいはフィードバック制御系ともいう．一方で，図1.3のように開ループ系によるものもある．これらはステッピングモータを用いた工具制御やプリンタの運動制御などで用いられており，あらかじめ作成されたコントローラからの指令に従って，ステッピングモータが動作するものである．ステッピングモータは，パルス数に応じた量の移動を確実に保証するアクチュエータであることから，このような開ループ系での構成が許される．

ここで，上に述べた系における信号の流れについて注意しておこう．図1.4に情報の流れとエネルギーの流れを示す．機構は当然質量をもったものであり，コントローラ(計算機)からの出力である信号のみでは動かない．したがって，［駆動装置＋アクチュエータ］でコントローラからの情報に応じてエネルギー(力)を変化させて機構に供給することが必要である．メカトロニクスシステムではエネルギー源(電源，油圧源，空気圧源など)が必ず必要である．しかし，通常，図1.2や図1.3のように表す場合にはエネルギー源を描かず，情報の流れのみに着目した図となっていることが多い．単に情報のみでメカトロニクスシステムが成り立っているのではないことに注意する必要がある．

図1.5は，人間をシステムとみたときの構成要素と対応するものであると考えて描いたものである．メカトロニクスの目標が高度な機能を有するシステムであることを考えれば，人間が手本となることはごく自然なことであるように思われる．

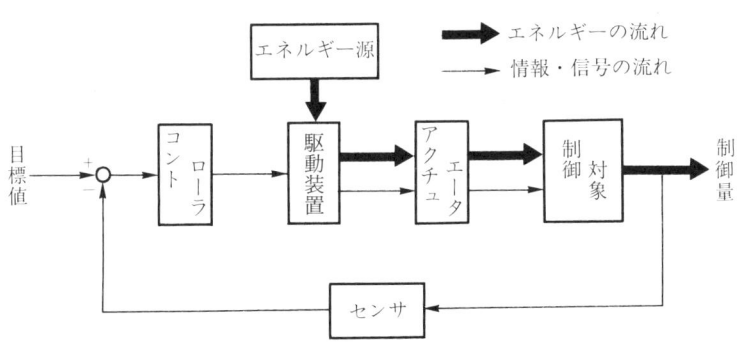

図1.4　メカトロニクスにおける情報とエネルギーの流れ

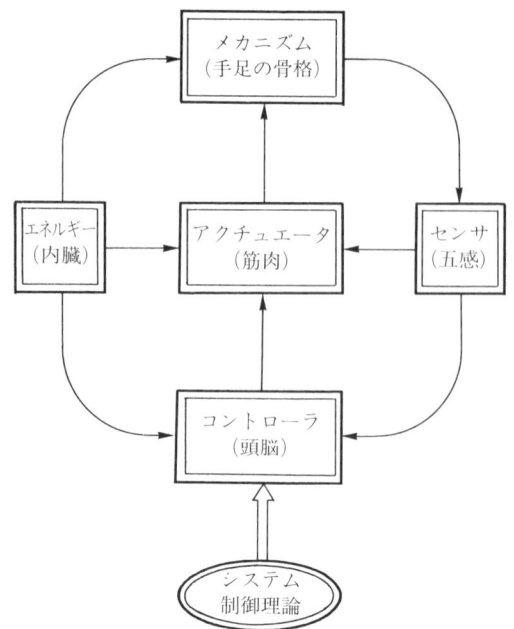

図1.5 メカトロニクスの構成要素とシステム制御理論
　　　［藤野義一：メカトロニクス概論，産業図書より］

演習問題

1.1 写真1.1にあげた機械的運動を基本とした各種機器と同様な機能をもった機器は，現在どのようなものとなっているか例をあげなさい．
1.2 メカトロニクス製品のすぐれた点をあげなさい．また問題点があれば述べなさい．
1.3 メカトロニクスシステムを構成する要素をあげなさい．また，これらの要素が人間の各部にどのように相当するかについて述べなさい．
1.4 メカトロニクスは信号のみならずエネルギーも同時に扱うことが必要である．その働きの中心となる要素は何か．

第2章 センサ

　メカトロニクスの中でのセンサは，メカトロニクス装置を構成するフィードバック要素として，主としてアクチュエータおよび制御対象の運動にかかわる機械量を計測し，計算機制御するために使用される．ここで機械量とは，直線運動では変位とその微分量である速度，加速度，力であり，回転運動ではそれぞれ，角度，角速度，角加速度，トルクとなる．また，これらから派生する量として，変位の中の特定の点を指す位置，力と比例関係にあるひずみなどもあげることができる．

　センサ情報は計算機に取り込まれるので，電気信号を出力するものが使用される．出力がアナログ信号の場合はAD変換器を介し，ディジタル信号では直接，計算機に入力される．通常，ディジタル出力を得るためには前処理の電子回路が必要である．与えられた応用に適するセンサを選択するには，計測量の性質，センサの価格および要求性能を考慮する必要がある．センサ性能としては精度，分解能，測定範囲，動特性があり，その意味は次のとおりである．

a） 精度（accuracy）：センサの正確さを示し，通常誤差量で表す．同一条件で繰り返し測定したときのバラつきをみる繰返し精度（再現性）と絶対値としての誤差をみる絶対精度があるが，メカトロニクスでは前者が重視される．
b） 分解能（resolution）：計測可能な最小量．
c） 測定範囲（range）：計測可能な上限値と下限値の範囲．
d） 動特性（dynamic response）：センサを伝達関数で表した時の周波数応答および過渡応答特性．

　センサの技術は日進月歩で進んでいる．本章では，メカトロニクスのセンサとして標準的に多数利用されるものを取り上げる．センサ一般については巻末

の参考文献を参照してもらいたい．

▷ 2.1 位置の計測

あらかじめ設定した特定の位置に物体が移動したことをオン，オフ信号の形で計測する位置センサには，接触動作形と非接触動作形があり，それぞれの代表センサはマイクロスイッチと光電スイッチである．

2.1.1 マイクロスイッチ (micro switch)

図2.1に示す引張りバネと圧縮バネを組み合わせたスナップアクション機構を用いて，スイッチの接点をすばやく反転させ，押下速度によらず一定速度で開閉させることができる．種々の押下部品形式が用途に応じて考案されており，図2.2にその一部を示す．安価で確実に作用するため，位置センサとして多数使用されている．

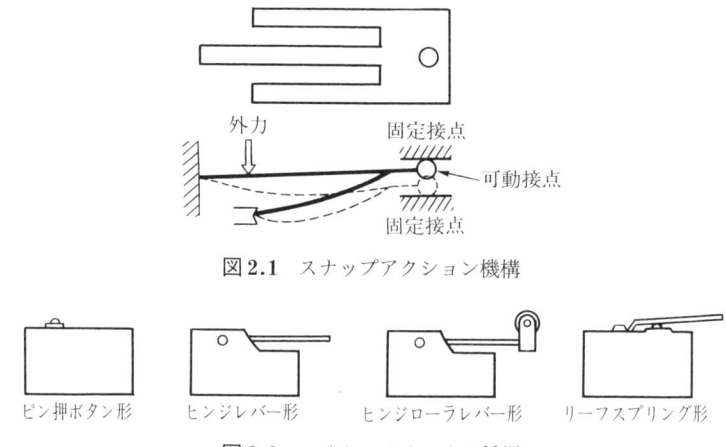

図 2.1 スナップアクション機構

図 2.2 マイクロスイッチの種類

2.1.2 光電スイッチ (optical switch)

投光器と受光器の間に検出物体が介在すると光がさえぎられるため，位置のオン・オフが非接触で計測できる．計測方式には，図2.3に示す透過形，リフレクタ形および反射形がある．投光器には発光ダイオード，受光器にはフォトトランジスタあるいはフォトダイオードが使用される．周囲の明るさの影響を

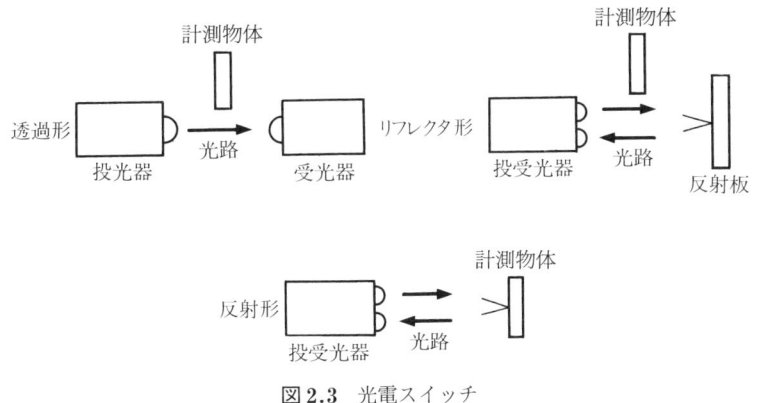

図 2.3 光電スイッチ

受けるが，計測距離は 10 m まで可能である．

▷ 2.2 変位の計測

2.2.1 ポテンショメータ(potentiometer)

図 2.4 に示すポテンショメータは，ブラシが抵抗体上を慴動(しゅうどう)すると，電気抵抗が変化することにより，回転角や直線変位を計測する．抵抗体としては細い抵抗線を枠に巻いた巻線形と，導電性材料を含有する樹脂をモールドした導電性プラスチック形があり，前者は線の太さが抵抗分解能となるのに対し，後者では連続抵抗値が得られる．変位量あたりの抵抗値は一定なので，入力端に一定電圧(V_i)を加えると，変位に比例した出力電圧(V_o)は回転

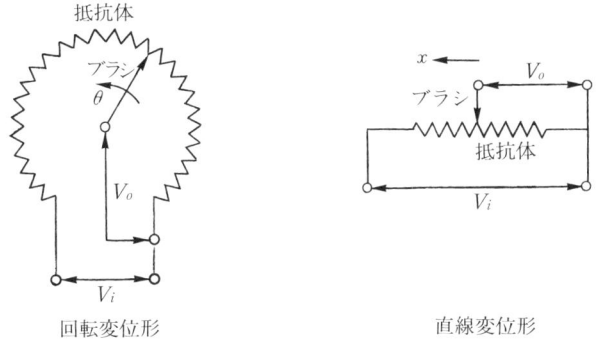

図 2.4 ポテンショメータ

形では $V_o=kV_i\theta$ (θ＝回転角度)，直線形では $V_o=kV_ix$ (x＝直線変位) で求められる．

回転では1回転形の他に，抵抗体を螺旋(らせん)上に形成した多回転形もある．また巻線枠を半径の変化する筒状に作成して巻線し，この端面を慴動して正弦，余弦，二乗などの非線形出力を得る特殊なポテンショメータも作成されている．ブラシが接触するため摩耗が生じること，測定範囲が抵抗体の端までに制限されること，精度も1％以内であることなどの短所があるが，低価格で簡便なため，アナログ形の変位センサとして多数使用されている．

磁界を加えると抵抗が線形変化する磁気抵抗素子を用い，対抗する永久磁石の回転により抵抗値を変化させて出力電圧を取り出す無接触形ポテンショメータ(図2.5)もあり，摩耗がなく長寿命，高速応答に優れるが，外部磁界の影響を受けやすい．

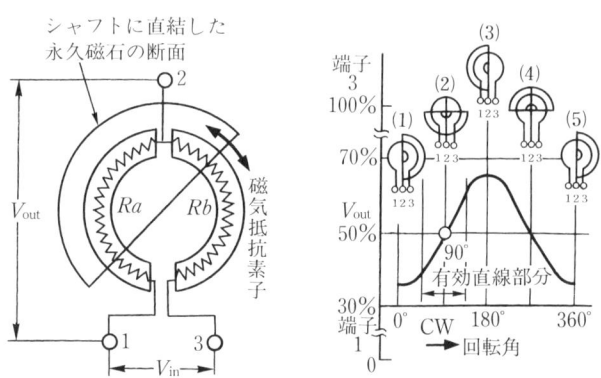

図2.5 無接触形ポテンショメータと特性
[緑測器㈱：Precision Potentiometers カタログより]

2.2.2 レゾルバ (resolver)

固定子巻線と回転子巻線のどちらかに交流電圧を加えると，他方に同一周波数の交流電圧が誘起される一種の回転型の変圧器である．回転子と固定子のなす角度により結合係数が変化することで角度を計測できる．固定子，回転子の構成はいくつかある．図2.6の単相励磁，単相出力では固定子に $V\sin\omega t$ の入力が加わると，回転子には $V\sin\omega t\cdot\cos\theta$ の交流電圧が得られ，入出力の振幅比が $\cos\theta$ となるので，回転角 θ が求まる．図2.7の2相励磁，単相出

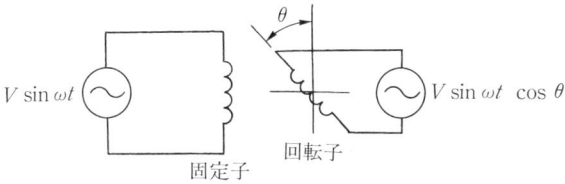

図 2.6　単相励磁・単相出力レゾルバ

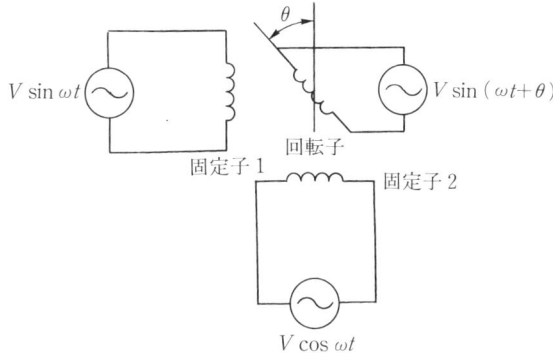

図 2.7　2相励磁・単相出力レゾルバ

力の構成では二つの固定子にそれぞれ $V\sin\omega t$，$V\cos\omega t$ の交流電圧を加えると，出力として $V\sin(\omega t+\theta)$ が得られ，位相として回転角が求められる．

2.2.3　エンコーダ (encoder)

エンコーダは変位量をパルス出力の形で計測するディジタル形の計測器である．回転形と直進形があるが，ここでは回転形で説明する．符号の検出・記録方法には光学式と磁気式がある．図 2.8 の光学式エンコーダは，白熱ランプや発光ダイオードの光源からの光を平行光束とした後，回転ディスクにあけたスリットを通過させ，受光素子（フォトダイオード，フォトトランジスタ）で受ける構造となっている．入力軸が回転すると，スリットを通過した光は正弦波となるが，一定電圧レベルで切ってパルス波形に変換する．

スリットの配置によりインクリメンタル (incremental) 形とアブソリュート (absolute) 形がある．前者は図 2.9 に示すように，位相を 90°ずらした一定ピッチの二つのスリット（A 相，B 相）を同心円上に配置すると，回転につれて発生するパルスの積算値が変位となる．また，図 2.10 に示すように，回転方

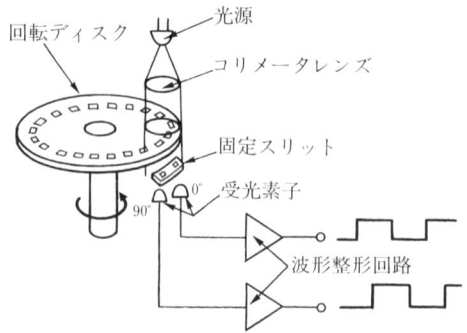

図 2.8 光学式エンコーダの構成
[多摩川精機㈱:エンコーダとその応用より]

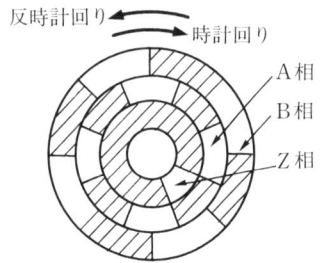

図 2.9 インクリメンタルエンコーダ

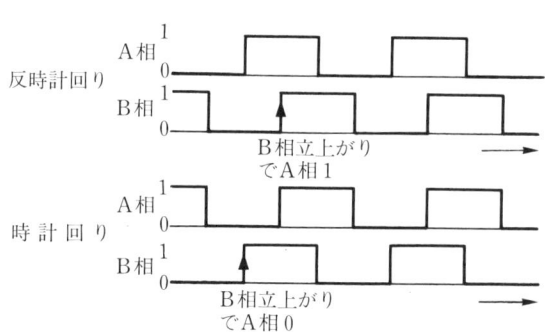

図 2.10 回転方向とA相,B相の関係

向によってA相とB相の対応関係が異なることよりその方向が判別できる.回転スリットは一つで,90°位相がずれた固定スリットを用意し,そこを光が通過することによって二つのパルスを得ても同じ効果がある.さらに前記回転スリットとは別に,スリットを1箇所だけ作成し(Z相),その位置を検出して

零点を決めることができる．インクリメンタルエンコーダでは，運転中に停電した場合に現在位置は不明となる．

一方，同心円上のスリットを2進符号となるように形成し，ビット数の発光・受光素子の組を用意し，絶対位置を常時計測可能としたのがアブソリュートエンコーダである．図2.11の純粋の2進符号では，ある数から次の数に移るとき，同時に二つの桁が変化することがあり，あいまいな符号となってしまう．たとえば，3から4に移るとき，011から100に変わるが，0から1への変化は同時にはできず，瞬間的に111，すなわち7が生じてしまう．このため，数の変化に伴って常に1桁の符号しか変化しない図2.12の交番2進符号（グレイコード，gray code）が使用される．

この例では，3 (010) から4 (110) となる．アブソリュートエンコーダは，原点復帰せずに絶対位置が計測できて便利であるが，複雑なスリット模様を作

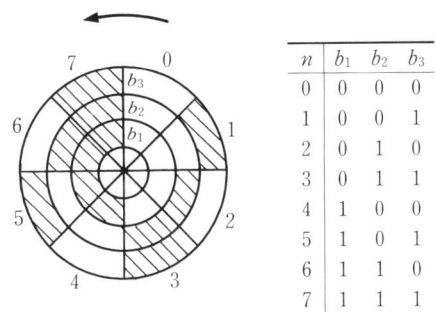

図 2.11　アブソリュートエンコーダ（純 2 進符号）

n	b_1	b_2	b_3
0	0	0	0
1	0	0	1
2	0	1	0
3	0	1	1
4	1	0	0
5	1	0	1
6	1	1	0
7	1	1	1

n	b_1	b_2	b_3
0	0	0	0
1	0	0	1
2	0	1	1
3	0	1	0
4	1	1	0
5	1	1	1
6	1	0	1
7	1	0	0

図 2.12　アブソリュートエンコーダ（交番 2 進符号）

16　第2章　センサ

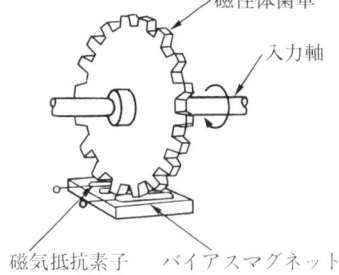

図 2.13　磁性体歯車式エンコーダ
［多摩川精機㈱：エンコーダとその応用より］

成するため高価である．

　磁気式では図 2.13 に示す磁性体歯車，あるいは磁気記録回転ドラムを入力軸に取り付け，ホール素子または磁気抵抗素子を用いて回転位置を計測する．計測したパルスの処理は，光学式エンコーダと同様になる．回転形のスリットを直線に展開すると，直線変位のディジタル計測が可能になる．

2.2.4　マグネスケール (magnescale)

　図 2.14 に示すマグネスケールは，0.2 mm 波長の正弦波状磁気パターンを磁性材に記録させた磁気スケールと，2 個の磁束応答型ヘッドで構成される．1/4 波長位相をずらした位置に配置したヘッドに，高周波電流 $\sin(\omega_o/2t)$ を流しておくと，スケールの磁束に比例する位相差 90 度の出力信号

$$e_{o1} = E_o \sin(2\pi x/\lambda) \sin(\omega_o t)$$

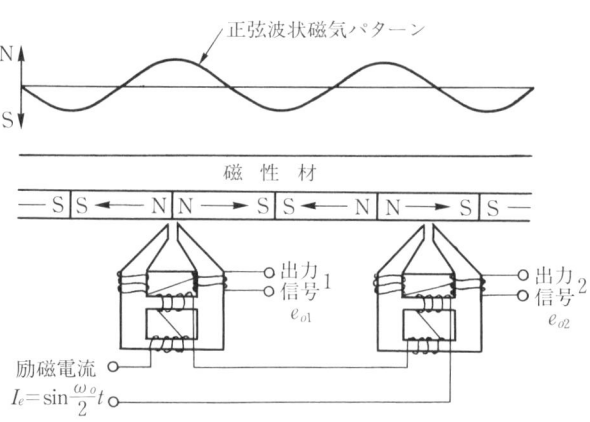

図 2.14　マグネスケールの構造

$$e_{o2} = E_o \cos(2\pi x/\lambda) \sin(\omega_o t)$$

が得られる．e_{o1} の位相を 90 度ずらして二つの電圧を合成すると

$$e_o = E_o \sin(\omega_o t + 2\pi x/\lambda)$$

の出力が得られるので，ヘッドの位置が位相として計測できる．分解能が 0.5 μm と高く，30 m におよぶ長いスケールもできており，工作機械や計測器の位置センサとして使用される．

2.2.5 差動変圧器

非磁性材料の巻枠に 1 次コイルと 2 次コイルを巻き，巻枠の中に鉄心を置く（図 2.15）．1 次コイルに正弦波電圧 $E \sin \omega t$ を加えると，電磁誘導により，鉄心の位置 x に比例する大きさの $kxE \sin \omega t$ の出力電圧が 2 次コイルに得られる．鉄心の位置により図 2.16 に示す出力特性が得られ，その線形部分を測定範囲として用いる．出力 0 の前後で，出力波形の位相が変化するので位置の正負が判定できる．

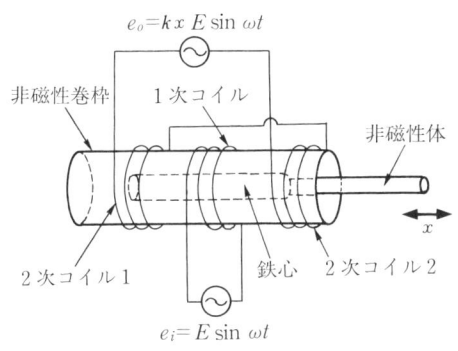
図 2.15 差動変圧器

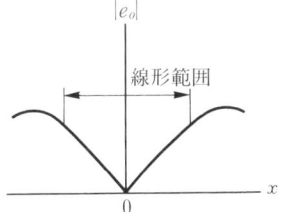
図 2.16 差動変圧器の出力特性

2.2.6 超音波による変位計測（図 2.17）

リアルタイムで簡便に変位を計測できるので，移動ロボットでよく使用されている．超音波パルスを対象物に発射し，発射時刻から反射波を受信するまでの時間間隔 Δt を計測することで，変位 d は $d = (v\Delta t)/2$ で求まる．ここで v は超音波の伝播速度であるが，空中では温度 T（摂氏）の関数として $v = 331 + 0.5T$ [m/s] で与えられる．超音波は指向性があり，対象物に斜め方向に入射すると反射波が受信器にもどらなかったり，乱反射した波を受信して誤った

計測となるので使用時に注意が必要である．

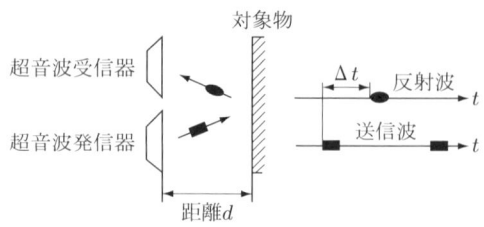

図 2.17　超音波による変位計測

▷ 2.3　速度の計測

2.3.1　タコメータゼネレータ (tachometer generator)

タコメータゼネレータ (略してタコゼネレータとも呼ばれる) は速度計測用の発電機であり，回転速度に比例する電圧を出力し，図 2.18 に示す DC (direct current) 形と AC (alternating current) 形がある．DC タコゼネレータの構造は，他励磁直流発電機となっており，磁界の強さを一定に保つため固定子に永久磁石を用い，回転子からブラシを介して回転速度に比例する直流電圧を得るが，回転方向によって電圧の符号が変わる．ブラシと回転子との接触状態が変動するため，電圧波形に雑音が重畳する．回転子が円筒状のコイルで，固定永久磁石がその内側にある構造のコアレス形 (図 2.19) は雑音が小さく，直線性に優れている．AC 形は永久磁石の回転子と固定子コイルからなり，回転速度に比例する電圧と周波数の交流起電力が得られ，回転方向は各コイルの位相差より計測できる．

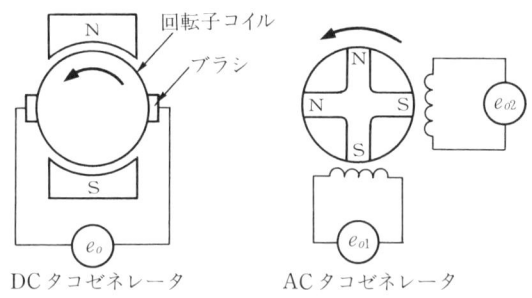

図 2.18　タコゼネレータ

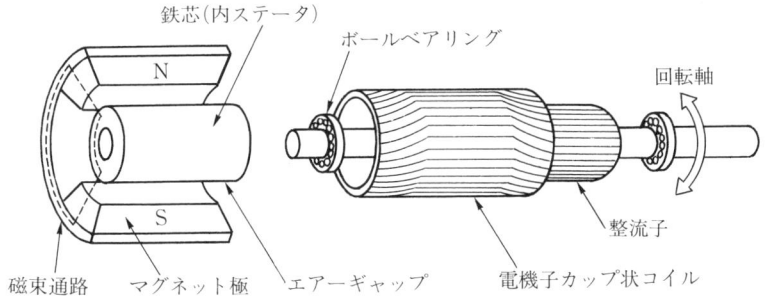

図 2.19 コアレス形 DC タコゼネレータ
[多摩川精機㈱:DC タコゼネレータカタログより]

2.3.2 ディジタル微分

サーボ制御では,フィードバック信号として変位と速度が必要であるが,これをそれぞれのセンサをモータ軸に取り付けて計測することは経済性,省スペースの点で問題が多い.変位センサを用いて,速度を変位の微分演算で求めることが行われている.サンプル周期 T での変位が P_i, P_{i-1} であるとき,速度は $(P_i - P_{i-1})/T$ で求まる.ディジタル型の変位信号を得るエンコーダを用いて変位を求めるときは,超低速領域ではパルスとパルスの間隔が長くなり,その間の速度信号が得られなくなるため,通常 10000 パルス/回転以上の分解能が要求される.また 1000 パルス/回転程度のエンコーダを用い,超低速領域では速度フィードバックを止め,位置フィードバックだけの定値制御に切り換えることも実際の機器制御では行われている.

▷ 2.4 加速度の計測

重り(質量 m)をばね(ばね定数 k)とダンパ(粘性減衰係数 c)を介して支持枠に固定した構造(サイズモ系)を考える(図 2.20).重りの絶対変位を y,枠の変位を x,重りの枠に対する相対変位を $z(=y-x)$ とする.重りの運動方程式は

$$m\ddot{y} + c(\dot{y}-\dot{x}) + k(y-x) = 0 \tag{2.1}$$

支持枠が $x = A\sin\omega t$ の振動をするとき,相対変位の方程式は

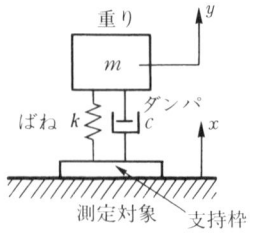

図 2.20　サイズモ系

$$m\ddot{z}+c\dot{z}+kz=-m\ddot{x}=mA\omega^2\sin\omega t \tag{2.2}$$

となり，定常振動を求めると

$$z=\frac{\left(\dfrac{\omega}{\omega_n}\right)^2}{\sqrt{\left\{1-\left(\dfrac{\omega}{\omega_n}\right)^2\right\}^2+4\left(\dfrac{\omega}{\omega_n}\right)^2\zeta^2}}A\sin(\omega t-\phi) \tag{2.3}$$

ただし，$\phi=\tan^{-1}\dfrac{2\zeta\dfrac{\omega}{\omega_n}}{1-\left(\dfrac{\omega}{\omega_n}\right)^2}$

となる．ここで固有振動数 $\omega_n=\sqrt{k/m}$，粘性減衰比率 $\zeta=c/2\sqrt{mk}$ である．$\omega/\omega_n\ll 1$ の場合，式 (2.3) は

$$z=-\frac{1}{\omega_n^2}(-A\omega^2\sin\omega t)=-\frac{1}{\omega_n^2}\ddot{x} \tag{2.4}$$

となり，相対変位が支持枠に加わる加速度 $\ddot{x}$ に比例する．相対変位を一定とすると，固有振動数が高いほど加速度測定範囲が広くなる．相対変位を計測するためにひずみゲージを利用すると，図 2.21 に示す加速度センサが得られる．周波数範囲を広くするため，0.6<ζ<0.7，ω/ω_n<0.5 程度が選ばれる．圧電素子を用いて，ばねと変位計測の両方の役割をさせる加速度センサも作られており，小型軽量で 20 kHz 以上の高振動数に対応できる．

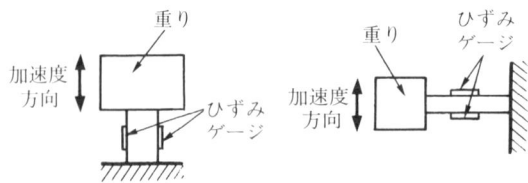

図 2.21　ひずみゲージ式加速度センサ

▷ 2.5 力の計測

2.5.1 ひずみゲージ (strain gage)

金属抵抗線あるいは半導体に外力を加えてひずみを生じさせると，その大きさに比例する抵抗変化が生じることを利用したセンサであり，広く使用されている．抵抗変化率 $\Delta R/R$ とひずみ ε の比を表すゲージ率 K は

$$K = \frac{\Delta R/R}{\varepsilon} = 1 + 2\nu + \frac{\Delta \rho/\rho}{\varepsilon} \qquad (2.5)$$

で表される．ここで ν はポアソン比，ρ は比抵抗である．ゲージ率は金属線では 2 前後，半導体ではピエゾ抵抗効果により 100～200 と大きい．厚さ数 μm の銅ニッケル合金の抵抗箔を樹脂フィルムのベース上に接着し，エッチング加工した図 2.22 の箔ひずみゲージは品質が均一で，断線しにくく，電気容量大，長期安定，低価格などの特徴から広く使用されている．抵抗線を格子状にして樹脂フィルムに接着した線ひずみゲージが，ひずみゲージ開発の初期には使用されたが，現在では特殊な用途にしか使われていない．半導体ひずみゲージは出力が大きく，直接オシロスコープで測定できるが，温度依存性が高く，高価でもある．これらのひずみゲージは接着剤で被測定物に貼りつけて用いる．

金属線ひずみゲージでは，抵抗変化率はひずみと同程度であり，被測定物の線形範囲での使用を考えると，10^{-3}～10^{-6} 程度の非常に小さな値となる．抵抗変化を精度よく測定するには図 2.23 のホイートストンブリッジが使用される．出力電圧 E_o は回路に流れる電流を想定して，キルヒホッフの法則を適用すると

$$E_o = \frac{R_1 R_3 - R_2 R_4}{(R_1 + R_2)(R_3 + R_4)} E_i \qquad (2.6)$$

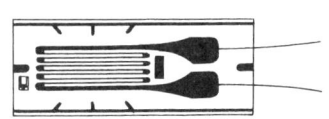

図 2.22 箔ひずみゲージ
[共和電業㈱：総合カタログより]

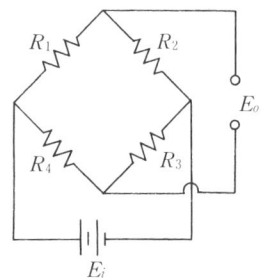

図 2.23 ホイートストンブリッジ

が求められる.$R_1R_3=R_2R_4$ としてブリッジを平衡させた後,抵抗が変化したときの出力電圧の変化分は式 (2.6) を全微分して

$$\Delta E_o = \frac{R_1R_3}{(R_1+R_2)^2}\left(\frac{\Delta R_1}{R_1}-\frac{\Delta R_2}{R_2}+\frac{\Delta R_3}{R_3}-\frac{\Delta R_4}{R_4}\right)E_i \quad (2.7)$$

で表される.R_1 にひずみゲージを入れ,$R_1=R_2=R_3=R_4=R$ とすれば式 (2.7) は

$$\Delta E_o = \frac{\Delta R}{4R}E_i = \frac{1}{4}K\varepsilon E_i \quad (2.8)$$

となり,ひずみ ε に比例する出力電圧の変化分が得られる.

　出力感度を増大するとともに,温度補償および誤差消去のために,複数のゲージを被測定物に貼り,ブリッジの各辺に入れる使い方がなされる.片持ばりの先端に外力が加わるとき,はりの表と裏にゲージを貼り,ブリッジの 1,2 辺に接続する例を図 2.24 に示す.引張り力(表),圧縮力(裏)による抵抗変化はそれぞれ ΔR,$-\Delta R$ であり,温度変化によるものはともに $-\Delta R_t$ である.すなわち,$\Delta R_1=\Delta R-\Delta R_t$,$\Delta R_2=-\Delta R-\Delta R_t$ となり,式 (2.7) に代入すると出力変化は

$$\Delta E_o = \frac{R^2}{(2R)^2}\left(\frac{\Delta R-\Delta R_t}{R}-\frac{-\Delta R-\Delta R_t}{R}\right)=2\frac{\Delta R}{4R}E_i \quad (2.9)$$

となり,ゲージ 1 個に比べ,感度が 2 倍となり温度の影響を受けない.

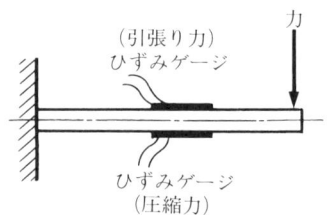

図 2.24　片持ばり 2 ゲージ計測

2.5.2　力,圧力,トルクの変換器

　計測すべき力,圧力,トルクを受けて変形する弾性部材を作成し,その変位やひずみを計測して測定量に変換する.力の計測では加える外力の大きさに応じ,図 2.25 のコラム,はり,リングを弾性部材として用いる.ひずみゲージを 4 枚貼ってブリッジの 4 辺を構成し,外力による部材ひずみの感度を高めて計測する方式が多いが,たわみ変位の大きいリングでは差動変圧器を用いて変

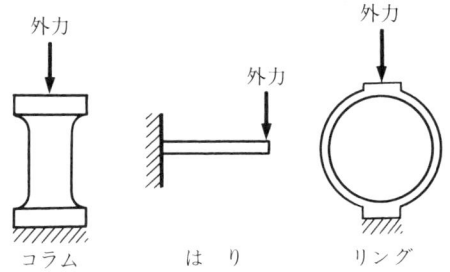

図 2.25　荷重変換器用弾性部材

位を計測する方法も使用される．圧力計測では簡単な構造として薄い膜を用いて膜背面に特別なゲージを貼る方法も使われる．

トルク計測では一様断面の丸棒がねじりトルクを受けると，回転軸に 45°方向にはトルクに比例する圧縮ひずみと引張りひずみを受けることを利用し，図 2.26 に示す直交する 4 個のひずみゲージを用いてトルクを計測する．出力電圧の変化は

$$\Delta E_o = \frac{16\,T\,(1+\nu)}{\pi D^3 E} K E_i \qquad (2.10)$$

で表されトルクに比例する．ただし，T はねじりトルク，D は直径，E はヤング率である．回転運動中のトルク計測ではブリッジの電圧をブラシを介して入出力できるスリップリングや，無線を用いる非接触テレメトリが使用される．

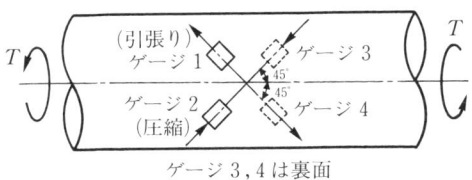

図 2.26　ねじりトルクの計測

演習問題

2.1 角度の分解能が 1 度以内となる計測を行うためには何パルス/回転以上のインクリメンタルエンコーダを使えばよいか．また，アブソリュートエンコーダでは何ビット以上の装置を選べばよいか．

2.2 サンプリング周期 1 ms で 100 rpm (revolution per minute 毎分回転数)以上の回転速度を計測する．何パルス/回転以上のインクリメンタルエンコーダを選

べばよいか．

2.3 インクリメンタルエンコーダにおいて，サンプル間隔 T で続けて計測した3個の出力を原点からのパルス数で P_{i-1}, P_i, P_{i+1} とするとき，加速度の計算式を求めなさい．

2.4 図2.20のサイズモ系で，$\omega/\omega_n \gg 1$, $\omega/\omega_n \fallingdotseq 1$ の場合，重りの枠に対する相対変位はそれぞれ支持枠の変位，速度に比例し，変位計，速度計として使用できることを示しなさい．

2.5 ゲージ率 $K=2$ の $120\,\Omega$ ひずみゲージに 4×10^{-4} のひずみが加わるときの抵抗率変化 $\Delta R/R$ と抵抗変化 ΔR を求めなさい．

2.6 問題2.5のひずみゲージをホイートストンブリッジの1の辺に入れ，他の辺の抵抗を $120\,\Omega$ とする．入力電圧 $10\,\mathrm{V}$ としたときの出力電圧の変化を求めなさい．

2.7 式(2.6)を導きなさい．

2.8 式(2.7)を導きなさい．

第3章 アクチュエータ

本章と次章では代表的なアクチュエータとその駆動装置について述べる．第1章の図1.4において説明したように，メカトロニクスシステムでは情報とエネルギーの伝達が同時に行われなければならない．これがメカトロニクス分野とエレクトロニクス分野の基本的な大きな違いであるし，メカトロニクスの実現が単にマイクロエレクトロニクスにのみ依存して発展しうるものでないことを意味している．すなわち，メカトロニクス分野では最終的には質量をもった機構を動かすということが要求される．したがって，情報を処理するコンピュータの指令をできるだけ忠実にパワーアップして機構に伝達することがきわめて重要なことになる．図3.1は，このような立場からのアクチュエータとその駆動装置の概念図である．

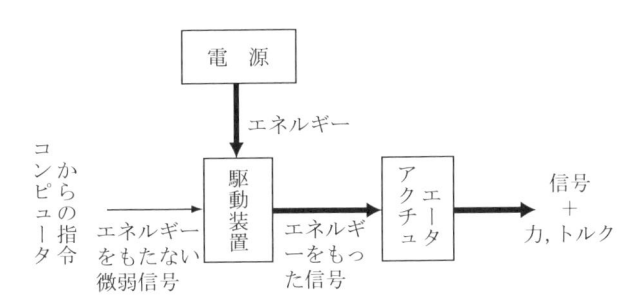

図3.1 アクチュエータと駆動装置における情報とエネルギーの流れ

コンピュータであれば，わずかなエネルギーをもった信号を処理し，それを伝送することは容易なことであるが，エネルギーをもった信号を高速に伝送することはきわめて困難なことである．たとえば，日本から海を越えた外国との情報の伝達は電話，FAX，電子メール，TVなど，現在では海底ケーブルや

人工衛星などを利用することによって，ほとんど時差なく実行できる．しかし，その外国に情報をもった人間や荷物などを運ぶ場合，特に高速で運ぼうとすれば問題は一挙に難しくなる．それは質量のあるものを運ぶには多くのエネルギーを必要とするからである．メカトロニクスの実現の難しさと期待の大きさのポイントの一つはここにある．アクチュエータとその駆動装置は，メカトロニクスシステムにおけるこの役割を担っている．

最終的に機械的エネルギーに変換するアクチュエータとしては，大きく分けて電気式アクチュエータと油圧式アクチュエータ，空気圧式アクチュエータがある．メカトロニクス分野でのアクチュエータに要求される機能は大きな力を出すことは当然であるが，加えて頻繁な起動，停止，逆転を高速に行い得ることである．

本章では，アクチュエータの代表的で基本的なものについてのみ説明する．特にメカトロニクスにおけるアクチュエータでは上に述べたように，動力用の機器と違って，ただ力を出すだけでなくコントローラからの指令に忠実に，遅れなく任意の力を出すことが要求されている．すなわち，アクチュエータの静特性のみならず動特性にも配慮すべきであることから，基本的ないくつかのものについては両者を表現できる状態方程式あるいは伝達関数を導出する．

▷ 3.1 アクチュエータの種類

3.1.1 電気式アクチュエータ

電気式アクチュエータは，いわゆる電気モータがその大半を占めるが，動電アクチュエータとも呼ばれる微小変位のアクチュエータなどもある．いずれも電源を用いてフレミング左手の法則に従ってトルクを発生し，最終的に機械的運動を得るものである．次のような種類がある．

　a) 動電アクチュエータ：微小変位用に適する
　b) ステップモータ：オープンループ制御に適する
　c) 電気モータ：回転型，リニア型など多種多様

電気モータとしては回転型と直線型（リニアモータ）のモータがあるが，基本的には原理は同じである．電気モータは当初から動力用として用いられてきたが，永久磁石材料等の進歩に伴って制御用のアクチュエータとして採用されることが多くなってきた．このように制御用として電気モータを用いるとき，

基本的な原理は動力用と同じではあるが，サーボモータ(servo motor)と呼ばれる．動力用モータは通常一定速度で運転され，大容量で効率が良いことが要求されるが，サーボモータとしてもつべき特性は次のようになる．

① 頻繁な加減速や停止の要求に応えるための速応性と，停止していることも多いので効率よりも加熱などに対する耐久性にも配慮が必要である．
② 高精度の位置制御が可能なためにトルク脈動や摩擦等の少ないこと．

上の性能を確保するために種々の工夫がなされているが，慣性モーメントを小さくし，トルク/慣性比を大きくするために，外見的には細長い形状となっているのが特徴である．また電気モータは直流サーボモータ(DCモータ)，交流サーボモータ(ACモータ)に分けられ，各々に特徴を有して使い分けられる．

電気式アクチュエータの特徴は以下のようである．
 a) 動力源は電源から直接得られる
 b) 位置制御，速度制御，力制御などの制御性が良い
 c) 耐環境性，保守性，信頼性が良い
 d) 電子回路や計算機とのインターフェースが良い
 e) 負荷の影響を受けやすく，速応性に欠ける
 f) 大パワーを得ることが容易ではない

3.1.2 油圧式アクチュエータ

油圧源を用いて機械的運動をするアクチュエータである．高速・大出力のアクチュエータであり，電気式アクチュエータに比較して出力重量比や加減速性能はおおまかにいって現在のところ一桁高い．しかし，最大の欠点は，高価で保守管理の手間のかかる油圧源が必要なことなどである．

油圧式アクチュエータの特徴は以下のようである．
 a) 高圧化が容易であるので大パワーが得やすい
 b) 力/質量比，トルク/慣性比ともに大きく，高速応答が可能である
 c) システムの剛性が高いので，高精度の位置制御，速度制御が可能である
 d) 保守面，火災の危険など問題がある
 e) 油圧源や配管などの付帯設備を必要とし，広いスペースを要する

3.1.3 空気圧式アクチュエータ

圧縮機によりつくりだされる圧搾空気をエネルギー源とする．作動原理は油圧アクチュエータと同じであるが，作動流体が圧縮性のある空気であることと粘性係数が油に比較して小さいなどが特徴であり，利点にも欠点にもなる．構成の容易さと簡便さ，低コスト，安全性などの点で使われる．

空気圧式アクチュエータの特徴は以下のようである．

a) 空気の圧縮性を利用することにより，力制御やコンプライアンス制御が容易である (空気圧ゴム人工筋)
b) 火災や環境汚染がない
c) 構成が容易で，操作性も良く，大きな作業速度が得られる
d) 空気の圧縮性のためシステムの剛性がきわめて低く，高精度の位置決めが困難でありかつ応答性が悪い

図 3.2 は以上三つのアクチュエータの性能領域を示したものである．以下ではいくつかの代表的なアクチュエータのみについて説明する．

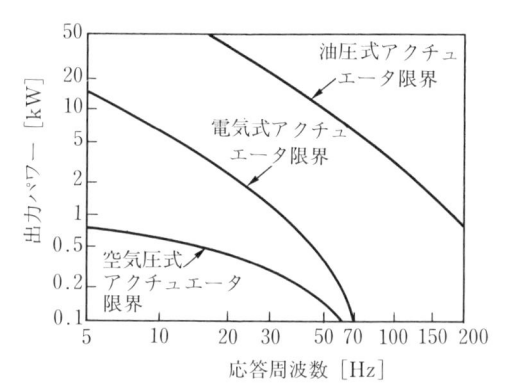

図 3.2 各種アクチュエータの性能領域
[吉岡茂樹他：自動車における電子油圧
制御技術の動向，日産技報，23号より]

▷ 3.2 動電アクチュエータ

磁気ディスクのヘッド駆動等に使われているが，その原理はムービングコイル型スピーカの原理そのものである．微小変位しかできないが，その範囲では

高速応答が期待でき，さらに直線性が良いなどの特長がある．

図3.3は動電アクチュエータの原理図である．永久磁石か電磁石により磁界を作り，その周りを円形のコイルが囲んでいる．永久磁石によって円筒状の空隙に一様な磁界を作る．円形のコイルに電流を流すと，フレミング左手の法則によって図に示す方向の力を発生する．

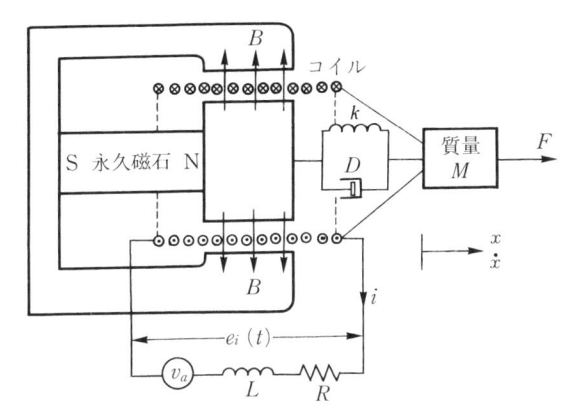

図3.3 動電アクチュエータの原理図

原理に従ってその運動を記述すると以下のようになる．

コイル幅は空隙に比較して充分長く，空隙内では一様な磁束密度 B とする．発生する力 F はフレミング左手の法則により次のようになる．

$$F(t) = 2\pi r N B i(t) = K_T i(t) \tag{3.1}$$

ただし，N：コイルの巻き数　　r：コイルの半径

　　　　$K_T = 2\pi r N B$：トルク定数，推力定数

電気系の方程式はキルヒホッフの法則により次式が成り立つ．

$$L\frac{di(t)}{dt} + Ri(t) = v_a(t) - e_i(t) \tag{3.2}$$

ただし，L, R：コイルのインダクタンスと抵抗

　　　　$v_a(t)$：コイルへの印加電圧

ここで $e_i(t)$ は逆起電力と呼ばれるもので，磁界内をコイルが動くことによりフレミング右手の法則により発生する電圧である．その大きさは次のようになる．

$$e_i(t) = 2\pi r N B v(t) = K_e v(t) \tag{3.3}$$

ただし，$v(t)$：コイルの移動速度

$K_e = 2\pi r NB$：逆起電力定数

以上よりこのアクチュエータの機械系の運動方程式は，ニュートンの法則により次のように書ける．

$$M\frac{d^2 x(t)}{dt^2} = F(t) - kx(t) - D\frac{dx(t)}{dt} \tag{3.4}$$

ただし，$\dfrac{dx(t)}{dt} = v(t)$ であり $x(t)$ は位置変数

M：可動部分の質量　　D：粘性係数

k：ばね係数

次にこのアクチュエータの伝達関数を求めよう．すべての初期値を零として式 (3.2) と式 (3.4) のラプラス変換をとる．ただし K_T と K_e は単位系を同じにとれば数値は一致する．したがって，とくに断わらない場合は $K_T = K_e = K$ とおく．

$$(Ls + R)I(s) = V_a(s) - KsX(s)$$
$$(Ms^2 + Ds + k)X(s) = KI(s) \tag{3.5}$$

ここで，$\mathscr{L}[x(t)] = X(s)$, $\mathscr{L}[i(t)] = I(s)$, $\mathscr{L}[v_a(t)] = V_a(s)$

式 (3.5) から $I(s)$ を消去して，入力を印加電圧 $V_a(s)$, 出力を位置 $X(s)$ としたときの伝達関数 $G(s)$ は次のように求まる．

$$G(s) = \frac{X(s)}{V_a(s)} = \frac{K}{[LMs^3 + (DL + MR)s^2 + (kL + DR + K^2)s + kR]} \tag{3.6}$$

もしコイルのインダクタンス L が小さくて，電気的時定数 L/R が無視できるときには，この伝達関数は次のように簡単になる．

$$G(s) = \frac{X(s)}{V_a(s)} = \frac{K/R}{[Ms^2 + (D + K^2/R)s + k]} \tag{3.7}$$

このような近似は通常よく使われる．上式で $(D + K^2/R)$ の項は入力電圧から位置までの運動において制動を与える項になり，R の大きさの選び方によりこの制動項を種々の大きさに容易に選べることは大変好都合である．制動項を大きくすると，上の伝達関数は次のような 1 次遅れ系の積で表される．このようにすれば振動のない特性を得ることができる．

$$G(s) = \frac{X(s)}{V_a(s)} = \frac{K/Rk}{(T_1 s + 1)(T_2 s + 1)} \tag{3.8}$$

ただし，T_1, $T_2 = \dfrac{-2M}{-(D+K^2/R) \pm \sqrt{(D+K^2/R)^2 - 4Mk}}$

$\{(D+K^2/R)^2 > 4Mk$ の場合$\}$

▷ 3.3　DC サーボモータ

3.3.1　DC サーボモータの原理

　電気式アクチュエータの中で，基本的モデルとなる直流サーボモータ (direct current servo motor，以下 DC サーボモータと呼ぶ) について説明する．電気式モータにはそのほかいくつかのものがあるが，それらの性能面での目標はこの DC サーボモータであるといえる．

　DC サーボモータには固定した永久磁石 (固定子，stator) に対応して，コイルを巻かれた電機子 (回転子，armature，rotor) と呼ばれるものがあり，これは中心軸の回りを回転するようになっている．これには外部から電流が流れ込み，これを電機子電流という．DC サーボモータの原理図を図 3.4 に示す．永久磁石により磁界を作った中に，外部から電流を流し込むコイルを設置し，このコイルが中心軸の回りを回転できるようにする．永久磁石により作られた磁界の大きさを磁束密度 B で，コイル電流を i で表す．この図は電機子コイルが一つだけある場合である．さらに DC サーボモータの最も重要な要素として整流子 (commutator) とブラシ (brush) がある．その働きについては順次説明を行う．

　図において，磁束密度 B と電機子電流 i は直交関係にあるものとすると，このとき，フレミング左手の法則により，B と i のどちらにも直角の方向に

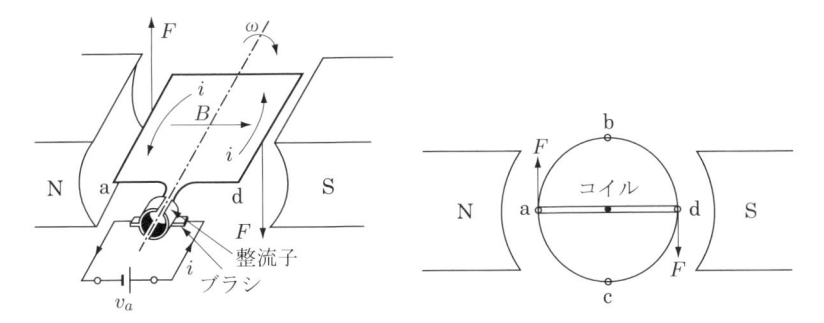

図 3.4　DC サーボモータの原理図

力 F が発生する．この力 F によりコイルは回転力（トルク，torque）を受ける．この図のような1回巻きのコイルだけでは電機子コイルはb点からc点までの180度しか回転できない．それ以上回転してもトルクは逆方向に発生することになるからである．この範囲でのトルクを利用しているのが検流計や電流計などのメータである．モータとして回転させ続けるためにはコイルがc点にきたとき，コイルの電流方向を切り換えて電流の向きを逆転する．するとコイルは前と同じ方向にトルクを受けて回転し続けることができる．このように，適切な位置にコイルがきたときに電流の方向を変えるための装置が整流子とブラシである．

電気現象としてはこれで終わらない．フレミング左手の法則でまずトルクを発生することによって，次には磁界の中をコイル導体が動く（回転する）ことに着目する．するとこのコイルは磁界に直角方向に動くことから，このコイルにはフレミング右手の法則によって電圧が発生する．この電圧のことを逆起電力 (counter electromotive force) と呼ぶ．そして，この逆起電力とコイルに外部から印加した電圧との差の差電圧に対応して，コイル電流が流れることになる．このコイル電流によりトルクが発生するが，これが負荷トルクと平衡するような回転数でコイルが回転を続けることとなる．このような経過をたどってDCモータは電気的・機械的に平衡状態に達する．

これが一つのコイルのみ存在する場合の説明であるが，これではトルクの大きさがa点とd点で最大で，c点とb点では零となり，トルク脈動が非常に大きいものとなるので望ましくない．実際のDCモータでは同様なコイルを電機子周辺に多数配置し，発生トルクがむだにならないように整流子とブラシをそれぞれ配置する．これにより発生トルクはほぼ脈動のないものとなり，滑らかな回転といかなる回転子位置からでもいつも同じ条件で起動できるようになる．原理からわかるようにDCモータを逆転するためにはコイル電流を逆にするだけで良い．

3.3.2 DCサーボモータの運動方程式

以上の原理に基づいて，DCモータの運動を記述する運動方程式，さらに状態方程式と伝達関数が導出される．以下に述べる各種のアクチュエータも同様な考察により運動方程式が求められるが，運動方程式などの導出についてはこのDCモータのみについて述べることとする．

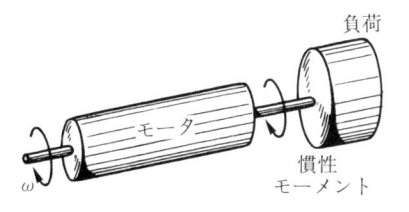

図 3.5　機械系の構成

　まず機械系の運動を考察する．図 3.5 は機械系の構成を示している．これよりニュートンの法則に基づいて運動方程式を導出する．

$$\frac{d\theta(t)}{dt} = \omega(t)$$

$$J\frac{d\omega(t)}{dt} + B\omega(t) = T_g(t) - T_L(t) \tag{3.9}$$

発生トルク：$T_g(t) = K_T i(t)$

ただし，$\theta(t)$：回転角度　　$\omega(t)$：回転角速度　$i(t)$：電機子電流
　　　　J：慣性モーメント　　B：制動係数　　K_T：トルク定数
　　　　$T_L(t)$：負荷トルク

　次に電気系は図 3.6 の等価回路により示される．これにキルヒホッフの法則を適用して運動方程式を記述する．なお，ここでは簡単のために電機子反作用といわれる現象は考慮に入れないことにする．

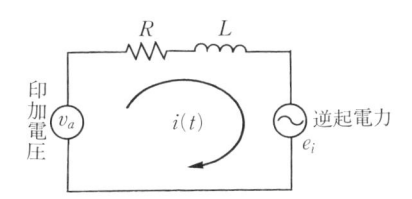

図 3.6　電気系の等価回路

$$L\frac{di(t)}{dt} + Ri(t) = v_a(t) - e_i(t) \tag{3.10}$$

$e_i(t) = K_e \omega(t)$：逆起電力

ただし，$v_a(t)$：電機子印加電圧　K_e：逆起電力定数 $(= K_T)$
　　　　L, R：電機子コイルおよび回路の全インダクタンスと全抵抗

前節の動電アクチュエータの場合と同じく，$K = K_T = K_e$ とする．

　式 (3.9) と式 (3.10) により DC サーボモータの運動を記述する運動方程式が求められた．これは DC サーボモータのすべての状態，すなわち，過渡状態

も定常状態も記述できる方程式である．これらをもとにして，状態方程式と伝達関数が求められる．

（1）状態方程式

式 (3.9) と式 (3.10) を変形して次のような連立一階微分方程式を得る．

$$\dot{\theta}(t) = \omega(t)$$

$$\dot{\omega}(t) = -\frac{B}{J}\omega(t) + \frac{K}{J}i(t) - \frac{1}{J}T_L(t)$$

$$\dot{i}(t) = -\frac{K}{L}\omega(t) - \frac{R}{L}i(t) + \frac{1}{L}v_a(t)$$

これを次のように行列微分方程式に表現する．これを状態方程式と呼ぶ．

$$\begin{bmatrix} \dot{\theta}(t) \\ \dot{\omega}(t) \\ \dot{i}(t) \end{bmatrix} = \begin{bmatrix} 0 & 1 & 0 \\ 0 & -B/J & K/J \\ 0 & -K/L & -R/L \end{bmatrix} \begin{bmatrix} \theta(t) \\ \omega(t) \\ i(t) \end{bmatrix} + \begin{bmatrix} 0 \\ 0 \\ 1/L \end{bmatrix} v_a(t) + \begin{bmatrix} 0 \\ -1/J \\ 0 \end{bmatrix} T_L(t) \tag{3.11}$$

これを一般的に次のように表す．

$$\dot{\boldsymbol{x}}(t) = \boldsymbol{A}\boldsymbol{x}(t) + \boldsymbol{B}u(t) + \boldsymbol{E}d(t)$$

$$y(t) = \boldsymbol{C}\boldsymbol{x}(t) \tag{3.12}$$

ここで，$\boldsymbol{x}(t)$：状態変数ベクトル　　$u(t)$：入力変数
　　　　$y(t)$：出力変数　　　　　　　$d(t)$：外乱

式 (3.12) で出力変数は DC サーボモータの場合には回転角 $\theta(t)$ となったり，回転角速度 $\omega(t)$ になったり，場合によって違ってくる．すなわち回転角 $\theta(t)$ を出力としてとる場合には出力方程式は次のようになる．

$$y(t) = \begin{bmatrix} 1 & 0 & 0 \end{bmatrix} \boldsymbol{x}(t)$$

また，回転角速度 $\omega(t)$ が出力となる場合には次のようになる．

$$y(t) = \begin{bmatrix} 0 & 1 & 0 \end{bmatrix} \boldsymbol{x}(t)$$

（2）伝達関数

式 (3.12) をすべての初期値を零としてラプラス変換して伝達関数を求める．

$$s\boldsymbol{X}(s) = \boldsymbol{A}\boldsymbol{X}(s) + \boldsymbol{B}U(s) + \boldsymbol{E}D(s)$$

$$Y(s) = \boldsymbol{C}\boldsymbol{X}(s)$$

これを $Y(s)$ について解いて次式を得る．

$$Y(s) = \boldsymbol{C}[s\boldsymbol{I} - \boldsymbol{A}]^{-1}\boldsymbol{B}U(s) + \boldsymbol{C}[s\boldsymbol{I} - \boldsymbol{A}]^{-1}\boldsymbol{E}D(s)$$

したがって，入力-出力間の伝達関数 $G(s)$ は次のようになる．

$$G(s)=\frac{Y(s)}{U(s)}=\boldsymbol{C}[s\boldsymbol{I}-\boldsymbol{A}]^{-1}\boldsymbol{B} \tag{3.13}$$

また外乱-出力間の伝達関数 $G_D(s)$ は次のようになる．

$$G_D(s)=\frac{Y(s)}{D(s)}=\boldsymbol{C}[s\boldsymbol{I}-\boldsymbol{A}]^{-1}\boldsymbol{E} \tag{3.14}$$

式 (3.11) で出力を角速度とした場合の伝達関数を求めると次のようになる．

$$\begin{aligned}G(s)&=\boldsymbol{C}[s\boldsymbol{I}-\boldsymbol{A}]^{-1}\boldsymbol{B}\\&=\begin{bmatrix}0 & 1 & 0\end{bmatrix}\begin{bmatrix}s & -1 & 0\\ 0 & s+B/J & -K/J\\ 0 & K/L & s+R/L\end{bmatrix}^{-1}\begin{bmatrix}0\\ 0\\ 1/L\end{bmatrix}\\&=\frac{\varOmega(s)}{U(s)}=\frac{\mathscr{L}[\omega(t)]}{\mathscr{L}[v_a(t)]}=\frac{K}{LJs^2+(LB+JR)s+BR+K^2}\end{aligned} \tag{3.15}$$

ここで，$\mathscr{L}[\omega(t)]$ は $\omega(t)$ のラプラス変換を表す．

$$\begin{aligned}G_D(s)&=\boldsymbol{C}[s\boldsymbol{I}-\boldsymbol{A}]^{-1}\boldsymbol{E}\\&=\begin{bmatrix}0 & 1 & 0\end{bmatrix}\begin{bmatrix}s & -1 & 0\\ 0 & s+B/J & -K/J\\ 0 & K/L & s+R/L\end{bmatrix}^{-1}\begin{bmatrix}0\\ -1/J\\ 0\end{bmatrix}\\&=\frac{\varOmega(s)}{D(s)}=\frac{\mathscr{L}[\omega(t)]}{\mathscr{L}[T_L(t)]}=\frac{-(Ls+R)}{LJs^2+(LB+JR)s+BR+K^2}\end{aligned} \tag{3.16}$$

出力を回転角度 $\theta(t)$ とする場合については各自の演習とする．

式 (3.15) や式 (3.16) で示されるように，DC サーボモータは 2 次遅れ系で表される．動電アクチュエータの場合と同じように，次に述べる電気系の時定数が機械的時定数に比較して小さく無視できる場合には，さらに近似した形が使える．

（3）機械的時定数，電気的時定数

DC サーボモータにおいてよく使われ，かつカタログなどに載せてあるデータの一つに，機械的時定数と電気的時定数があるのでその導出をしておく．

式 (3.9) において減衰係数 $B=0$ とおくと次のようになる．

$$J\frac{d\omega(t)}{dt}=T_g(t)-T_L(t)$$

式 (3.10) において $L=0$ とおいて次の発生トルクの表現を得る．

$$T_g(t) = \frac{K}{R} v_a(t) - \frac{K^2}{R} \omega(t) \tag{3.17}$$

$T_g(t)$ を代入して次式を得る．

$$J \frac{d\omega(t)}{dt} + \frac{K^2}{R} \omega(t) = \frac{K}{R} v_a(t) - T_L(t)$$

これより機械的時定数 τ_m を次のように定義する．

$$\tau_m = \frac{JR}{K^2} \quad [\text{s}] \tag{3.18}$$

一方，電気的時定数 τ_e は式 (3.10) より次のように定義される．

$$\tau_e = \frac{L}{R} \quad [\text{s}] \tag{3.19}$$

（4） 静特性

DC モータを電力用として通常用いる場合には，動特性にはほとんど関心を払わず，静特性のみを問題にする場合がある．このような場合には式 (3.10) において微分項を零とおき，さらに $B=0$ とおいて次のような関係式を得る．

$$\omega(t) = \frac{v_a(t) - Ri(t)}{K} \tag{3.20}$$

これより一定印加電圧のもとでは，電機子電流すなわち負荷電流が大きくなると無負荷時に比較して回転数が低下することがわかる．

さらに発生トルクは式 (3.17) で表されるが，定常状態で負荷を負うために負荷トルク T_L に等しいトルクを発生するには $T_g(t)$ には次式が成り立つべきである．

$$T_g(t) = Ki(t) = \frac{K}{R} v_a(t) - \frac{K^2}{R} \omega(t) = T_L(t) \tag{3.21}$$

よって

$$i(t) = \frac{T_L(t)}{K}$$

また

$$\omega(t) = \frac{v_a(t)}{K} - \frac{R}{K^2} T_L(t) \tag{3.22}$$

これより，負荷トルク $T_L(t)$ の増加につれて電機子電流は直線的に増え，回転数は直線的に減少することがわかる．この回転数-トルク曲線（図 3.7）は DC サーボモータの静特性における重要な表現である．

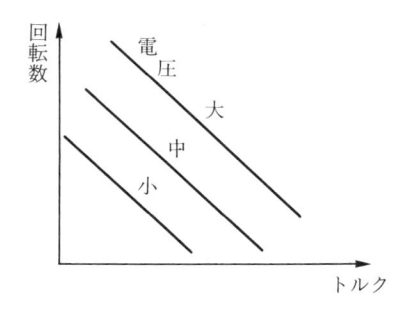

図 3.7 DC サーボモータのトルク-回転数特性

3.3.3 DC サーボモータの駆動方法（電流制御ループの付加）

まず DC サーボモータにおける信号の流れをみやすくするためにブロック線図を描くと図 3.8 のようになる．

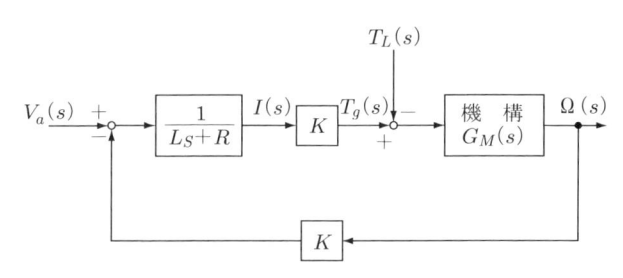

図 3.8 DC サーボモータのブロック図

【例 3.1】 図 3.8 のブロック線図を導く．

式 (3.9) と式 (3.10) をラプラス変換して次式を得る．ただし初期値はすべて 0 とおく．

$$J(s)\Omega(s) + R\Omega(s) + T_L(s) = KI(s)$$
$$L_s I(s) + RI(s) + K\Omega(s) = V_a(s) \tag{3.23}$$

ただし，$\Omega(s) = \mathscr{L}[\omega(t)]$　　$I(s) = \mathscr{L}[i(t)]$　　$V_a(s) = \mathscr{L}[v_a(t)]$
$K = K_T = K_e$　　$T_g(s) = \mathscr{L}[T_g(t)] = \mathscr{L}[Ki(t)]$

上式に従い，ブロック線図は図 3.8 のように表される．ここで機械系はモータの機械部分のみならず，歯車や負荷などを含めて $G_M(s)$ で示している．

この DC サーボモータを駆動するために採用される有効な方法に，図 3.9 に示す電流制御ループを付加した方法がある．すなわち，モータ電流を h を通

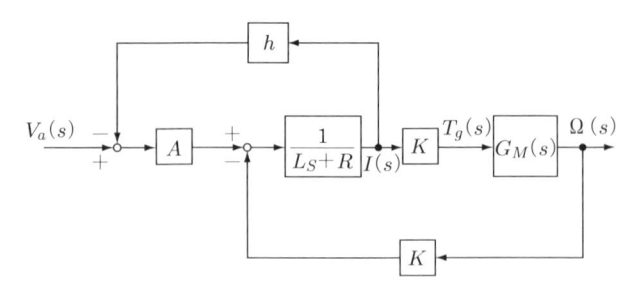

図3.9 DCサーボモータの電流制御ループ付加による駆動

してフィードバックし，さらにフィードバックされた信号と入力電圧の差信号をゲイン A の増幅器で増幅する．

図により，入力電圧 $V_a(s)$ から発生トルク $T_g(s)$ までの伝達関数を求めると次のようになる．

$$\frac{T_g(s)}{V_a(s)} = \frac{AK}{Ls + R + K^2 G_M(s) + Ah}$$

ここで増幅器ゲイン A を大きくすると次式が得られる．

$$\frac{T_g(s)}{V_a(s)} = \frac{K}{(Ls + R + K^2 G_M(s))/A + h} \fallingdotseq \frac{K}{h}$$

つまり

$$T_g(s) \fallingdotseq \frac{K}{h} V_a(s) \tag{3.24}$$

すなわち，発生トルクが入力電圧（電流指令値，トルク指令値に対応）に比例するという形になり，目標値信号 V_a に対してほとんど遅れのない発生トルク T_g が得られることとなり，DCサーボモータの使用にあたり好都合である．

【例3.2】 電流制御ループのないDCサーボモータ図3.8の場合の応答と，図3.9に示す電流制御ループを付加した場合の応答の比較をする．

詳細な計算は参考文献（7）に譲るが，大雑把に定性的な説明は以下のようである．

図3.8において V_a をステップ信号とした場合を考える．図において V_a がステップ状に変化した場合，DCサーボモータの電流 I，したがって，発生トルク T_g は電気系の時定数 L/R のために遅れた応答（ほぼ一次遅れ系の応答）になる．一方，電流制御ループ付加した図3.9の場合には，式(3.24)に示されたように発生トルク T_g はステップ信号 V_a にほとんど遅れることなく，ほ

ぼステップ状の応答が得られ，きわめて望ましい応答が得られる．
　電流制御ループを付加したDCサーボモータ駆動では，電流指令（ここではV_aの値）を制限することにより，サーボモータに流れる最大電流を抑えることができるなどの利点もあり，きわめて有効な方法として用いられている．

　なお，DCサーボモータの整流子とブラシを電子回路で置換することによって，DCサーボモータのブラシと整流子の接触という機械的な問題を克服することを目的としたサーボモータとして，ブラシレスDCサーボモータがあり，ロボットや工作機械などの多くの分野に使用されているが，説明の都合上，ACサーボモータの後で述べる．

▷ 3.4　ACサーボモータ

　前節で述べたDCサーボモータは制御性が良く，制御精度も高いなど性能的にはきわめて好ましいサーボモータであるが，整流子とブラシという機械的接触部分があり，この部分がDCサーボモータの心臓部である．この部分は機械的な接触トラブルの発生を常に意識していなければならない．すなわち，環境の悪いところでの使用の制限，耐久性，保守，ブラシの交換など種々の問題を抱えている．そこで，このような機械的な接触部分のないモータとして交流モータ（ACモータと記す）を用いることが考えられるが，ACモータ自身はほぼ一定回転数で運転されることが基本であるために，可変速度運転が不可避なサーボモータとしての利用には，なんらかの工夫が必要である．ここではまず，ACモータとして同期電動機と誘導電動機の原理を簡単に説明し，その後サーボモータとしての利用について説明する．

3.4.1　同期電動機・同期サーボモータ

　図3.10のように外側に回転できる永久磁石を配置し，内側の回転子にも永久磁石が回転できるように設置した回転機を考える．外側の永久磁石が回転すれば回転子の永久磁石はその回転にピッタリとくっついて回転することが容易にわかる．これが同期電動機（同期サーボモータ）の原理である．外側の永久磁石と回転子の永久磁石は全く同じ速度で回転する．これを同期する(synchronize)といい，その速度を同期速度(synchronous speed)という．

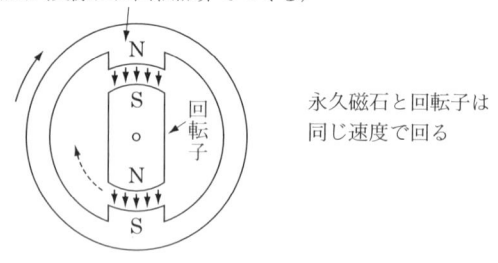

図3.10 同期サーボモータの原理図

図3.10では外側の永久磁石を回転させることが必要であるが，実際的に意味のある回転機とするためには永久磁石を回転する何らかの仕組みが必要である．以下これについて説明する．

図3.11(a)に示すように三つの巻線，すなわちa-a′コイル，b-b′コイル，c-c′コイルを幾何学的に120度ずつの間隔で配置する．これを3相巻線と呼ぶ．さらに図3.11(b)には3相交流の波形を示している．3相交流の電流は120度ずつ角度（位相という）がずれた正弦波交流である．通常の電力輸送はこのような3相交流が発電所で作られて，それが送電線を通して送られるもので，ど

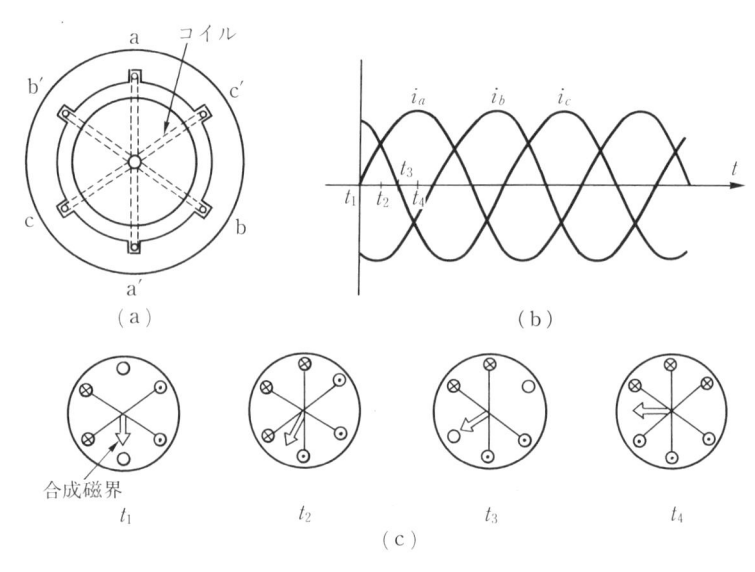

図3.11 3相交流による回転磁界

こででも容易に利用可能な電源である．このような3相交流を図(a)の3相巻線に流す．すなわち，電流 i_a は a-a' コイルに，i_b は b-b' コイルに，i_c は c-c' コイルに流す．そうすると図(c)に示すように，三つのコイルによりできる合成磁界(白い矢印)は，時刻 t_1, t_2, t_3, t_4 と進行するに従って回転することがわかる．すなわち図3.10における永久磁石の回転による現象と同じことが，3相交流と三つの静止コイルにより実現される．このようにして発生された磁界を回転磁界(rotating magnetic field)と呼び，その回転速度は電源の周波数とコイルの極数，すなわち電動機の極数により決まる．これを同期速度と呼び，次のようになる．

$$N_s = \frac{120f}{P} \tag{3.25}$$

ただし，N_s：同期速度 [rpm]　　f：電源の周波数 [Hz]
　　　　P：モータの極数

【例3.3】 電源周波数 $f=50$ [Hz]，モータの極数 $P=4$ である電動機の同期速度は上式に数値を代入して次のようになる．

　　　$N_s = 120 \times 50/4 = 1500$ rpm

電源周波数が 60 Hz ならば次のようになる．

　　　$N_s = 120 \times 60/4 = 1800$ rpm

つまり，同じ電動機でも電源周波数が違えばその同期速度は違ってくる．日本の電源は(ごく一部を除いて)西日本では 60 Hz，東日本では 50 Hz であるから，同じ電動機あるいは電動機を利用した機器をこの両地域にわたって移動させた場合，注意が必要なときがある．

わが国の電力使用量の大半は，電動機の運転に消費されており，電動機の消費電力を抑えることは省エネルギー化・地球環境保護などを進める上で強力なポイントである．その面で高性能希土類永久磁石を回転子に用いた永久磁石式同期電動機(PMモータ，permanent magnet type synchronous motor，あるいはPMサーボモータ)が高効率・高性能化の面で注目されている．

3.4.2　誘導電動機・誘導サーボモータ

図3.12に誘導電動機の原理を説明するための仮想的なモータを示す．外側には回転できる永久磁石が配置されており，内側の回転子には図に示すような

42 第3章 アクチュエータ

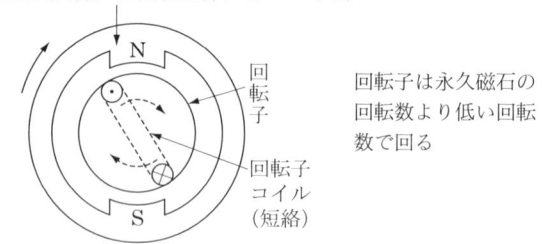

図3.12 誘導サーボモータの原理図

コイルが1個だけ設置されている．このコイルは短絡されており，外部とはなんらの電気的接続もない．図において外側の永久磁石を時計方向に回転させる．すると静止している回転子のコイルは永久磁石の磁束を切ることになるので，フレミング右手の法則によりコイルには図の方向に電流が流れる．この電流と永久磁石との間で，今度はフレミング左手の法則によりコイルを時計方向に回転させるトルクが発生し，回転子は永久磁石と同じ方向に回転する．さきほどの同期サーボモータの場合と違って，回転子の回転速度は永久磁石の回転速度より必ず低くなる．なぜならば，コイルの電流が誘導されるためには，永久磁石とコイルには相対速度がなければならないからである．この回転速度の差をすべり，あるいはスリップ(slip)という．回転子にかかる負荷が大きくなるとこのすべりが大きくなり，したがって，流れる電流が増えて負荷に対応することになる．外側の永久磁石による磁界は前述のように3相交流による回転磁界によって実現される．

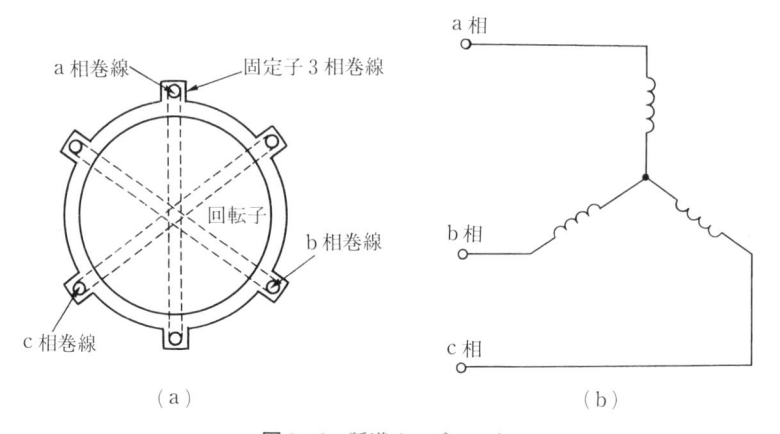

図3.13 誘導サーボモータ

以上によりできる電動機が図 3.13 に示す誘導電動機 (induction motor) である．これをサーボモータに使ったのが誘導サーボモータである．

誘導サーボモータの回転速度 N [rpm]，電源周波数 f [Hz] できまる同期速度 N_s [rpm] とすべり s とは次のように関係づけられる．

$$s = \frac{N_s - N}{N_s}, \quad N = (1-s)N_s \tag{3.26}$$

ただし，$N_s = 120f/P$

【例 3.4】 $P=4$（4極のモータ），$f=50$ Hz の場合ならば $N_s=1500$ rpm，すなわち，同期速度は1分間に1500回転である．つまり固定子側の回転磁界は1分間に1500回転している．この回転磁界に回転子のコイルは引きずられて回転することになる．その回転数はモータにかかる負荷の大きさに依存するが，たとえば，$N=1470$ rpm であったとすると，そのときのすべり s は

$$s = (1500-1470)/1500 = 0.02 \quad (=2\%)$$

ということになる．

誘導電動機は，DCモータと違ってベアリング以外は機械的接触部分がないので非常に保守が楽であり，堅牢であるなど大変好ましいが，誘導電動機単体では残念ながらほぼ一定速度の運転に向いており，DCモータのような制御性の面で大きな問題である．しかし，最近ではサーボモータとしての利用に，この誘導電動機を利用するためのきわめてすぐれた方法の一つとして，いわゆるベクトル制御法 (vector control method) が開発され実用に供されている．

3.4.3 誘導電動機・誘導サーボモータのベクトル制御法

DCサーボモータの説明からわかるように，DCサーボモータでは永久磁石によって磁界を作り，それとは独立に電機子電流を外部から制御できる．そして永久磁石による磁界とこの電流の積に比例するトルクを発生する．永久磁石により，一定の磁界を発生しているので電機子電流により瞬間トルクを時間遅れなく制御できることになる．したがって，DCサーボモータの制御は電機子電流制御さえうまくできれば良いということになる．一方，誘導電動機の場合には永久磁石に相当するものは，前述のように3相巻線に3相交流を流して回転磁界を作ることにより実現される．この点ではDCサーボモータと同じと考

えられるが，電機子電流に相当するものが違っている．

すなわち，DC サーボモータでは外部から自由に電機子電流を制御できるが，誘導電動機では回転子は外部とは電気的にはつながっていないことに注意しなければならない．誘導電動機の場合には，電機子電流に相当する電流は回転磁界と回転子との相互作用による誘導電流となる．つまり，3 相交流電流で固定子の 3 相巻線に流れ込む電流には回転磁界，すなわち磁界を作るための電流（励磁分電流という）と，トルクを発生するための電流（トルク成分電流という）の両方の成分を一緒に区別なく含んでいることになる．すなわち，DC サーボモータのように界磁は一定であって，電機子電流はトルク発生に完全に比例するということにはなっていない．その時々の状況に応じて回転磁界の大きさが変化してしまい，そのためにトルク成分電流が影響を受け，トルク制御が簡単ではない．

ベクトル制御法とはこのような複雑なトルク発生機構に対する実用的な解答の一つである．すなわち，励磁分電流を一定に保ち，かつトルク成分電流を独立に制御できるようにしたものである．その目標とするものは DC サーボモータであり，そのトルク発生機構を実現するように一定の励磁分電流とトルク成分電流とをベクトル的に合成した固定子3相交流電流を指令に遅れることなく瞬時に流すようにしたものである．その具体的な議論はかなり複雑であるが，基本原理は明らかとなっており，すでに種々の分野で利用されている．

3.4.4　誘導電動機・誘導サーボモータの可変速度運転

式 (3.26) によれば，誘導サーボモータの回転数 N を変化させるためには同期速度を変えることができれば良いことがわかる．極数 P はモータが決まれば変化できないが，電源の周波数 f を変化することができれば，特に連続的に変化できれば同期速度 f は自由に変えられることとなる．このような原理による誘導サーボモータの可変速度運転は，図 3.14 のようにして行われる．

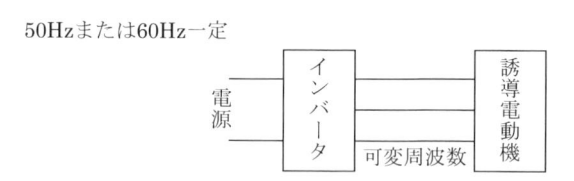

図 3.14　インバータによる誘導電動機・誘導サーボモータの可変速度運転

電源の周波数 50 Hz あるいは 60 Hz をいったん直流に変換し，そのあと任意の周波数に変化させる装置を周波数変換器と呼び，インバータ（後述）などを用いて実行される．

▷ 3.5 ブラシレス DC サーボモータ

DC サーボモータの項で説明したように，性能的には最高のものである DC サーボモータの性能を維持しつつ，整流子とブラシの機械的な接触部分をなくす目的でそれらを電子スイッチで置き換えたのが，ブラシレス DC サーボモータである．

DC サーボモータでは電源が直流であるにもかかわらず，電機子コイルにはコイルの位置によってその電流の流れる方向が逆になる，いわばコイルには交流が流れているのである．この直流から交流への変換を受けもっているのが整流子とブラシである．すなわち，電機子コイルの界磁に対する相対的な位置によって機械的に電流の方向を変更している．このような直流から交流への変換をトランジスタなどの電子スイッチと回転子位置検出器で行い，整流子とブラシに代わって行うようにしたものがブラシレス DC サーボモータである．

図 3.15 に示すものは前節の同期サーボモータを用いたものであり，したがって，回転子には永久磁石を用いている．電子スイッチ S_1 から S_6 を適切に on-off することにより回転子が連続的に回転できるようにトルクを発生させる．on-off 信号の与え方，トルク脈動が原理的に本来の DC サーボモータよ

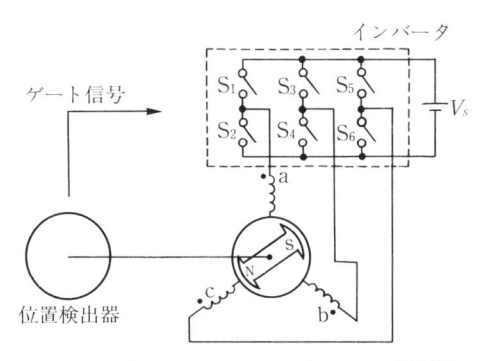

図 3.15 ブラシレス DC サーボモータの原理図
　　　　　[松井信行：電気機器，森北出版より]

り大きくなるなど，詳しい説明は省略するが，このようなブラシレス DC サーボモータの出現により，整流子とブラシの存在によるトラブルから解放された DC サーボモータなみの性能のものが利用できるようになった．

▷ 3.6 ステッピングモータ

これまでのサーボモータが連続的な回転運動を行うのに対して，ステッピングモータは 1 パルスに対してある定められた角度だけステップ状に回転するものである．メカトロニクス分野に用いる場合には，パルス数を出力するだけで望みの角度の回転が確実に得られるので，開ループのままで制御系が組めるという利点がある．一種の同期サーボモータといえるものである．

VR 型 (Variable Reluctance) ステッピングモータの原理図とその動作原理を図 3.16 に示す．I，II，III 相巻線が図に示すように相対する突極に直列に巻かれており，それぞれの巻線にはスイッチ S_1，S_2，S_3 が接続されている．そのスイッチを図 (c) に示すような順番に on-off し，各相電流を流すと，その相の突極が励磁され，図 (d) に示すような位置まで回転する．この場合には，1 パルスにより反時計方向に 30 度回転する様子が示されている．突極の数を増やせば 1 パルスあたりの回転角度を種々に選ぶことができる．

▷ 3.7 油圧式サーボモータ

油圧式サーボモータの動作原理はパスカルの原理に基づいている．図 3.17 にこの原理を当てはめると次式をうる．

$$P = \frac{F_1}{S_1} = \frac{F_2}{S_2}, \quad F_2 = \frac{S_2}{S_1} F_1 \tag{3.27}$$

すなわち，小さな力 F_1 であっても断面積 S_1，S_2 を選べば大きな力 F_2 を得ることができる．

このような原理を利用したものとして，図 3.18 に示すような油圧サーボモータがある．これは案内弁と油圧シリンダで構成されている．案内弁のスプールを右に動かすと，油圧源からの油が給油口から入り込んで左側の油管を通り，油圧シリンダの左側からピストンを右に押すことになり，結局入力のわずかな

3.7 油圧式サーボモータ　47

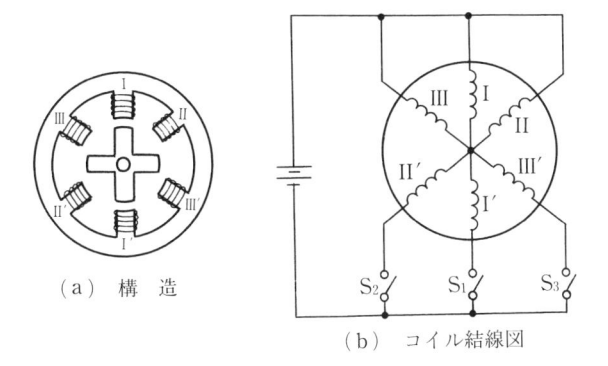

(a) 構造

(b) コイル結線図

(c)

相\入力パルス	1	2	3	4	5	6
I	1	0	0	1	0	0
II	0	1	0	0	1	0
III	0	0	1	0	0	1

入力パルス
I相電流
II相
III相

(d)

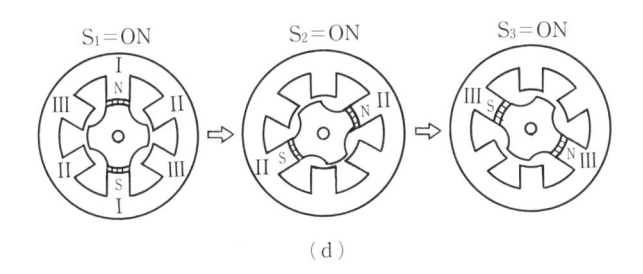

図3.16　ステッピングモータの原理
　　　　［メカトロニクス研究会：電子機械，コロナ社より］

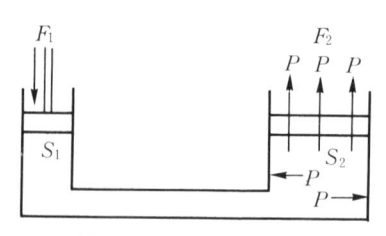

図3.17 パスカルの原理

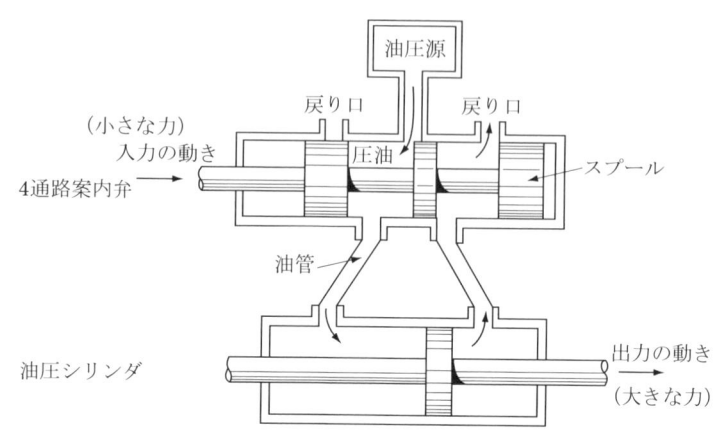

図3.18 油圧サーボモータの原理図

動きが油圧シリンダのピストンの大きな力となる．なお，図3.18では案内弁と油圧シリンダの大きさが同程度に描かれているが，実際には案内弁側は小さな装置で構成されている．入力信号から出力信号までの伝達関数は線形近似して，2次遅れ系＋積分要素で表される．

$x(t)$：スプールの動き　　$y(t)$：ピストンの動き

$$\frac{Y(s)}{X(s)} = \frac{K\omega_n^2}{s(s^2 + 2\zeta\omega_n s + \omega_n^2)} \tag{3.28}$$

なお，案内弁のスプールを動かすときに電磁石のような電気的な装置を使ったときには，これを電気-油圧サーボモータという．このようなものは電気系との接続が容易であり，よく用いられる．

演習問題

3.1 動力用のアクチュエータに比較してメカトロニクス用アクチュエータにとって必要な機能は何か．

3.2 電気式アクチュエータ，油圧式アクチュエータ，空気圧式アクチュエータのそれぞれの特徴をあげなさい．

3.3 DCモータの運動方程式(3.9)と(3.10)から式(3.15)と(3.16)で求められたような電機子印加電圧から回転速度までの，および外乱から回転速度までの伝達関数を導出しなさい．

3.4 アクチュエータの動作を表現するのに伝達関数による方法と状態方程式による方法とがあるが，それらの特徴について説明しなさい．

3.5 式(3.15)で与えられる2次遅れ要素のステップ信号に対する応答を計算しなさい．ただし，簡単のために $B=0$ の場合を考える．

$$\frac{\Omega(s)}{V_a(s)} = \frac{K}{LJs^2 + JRs + K^2}$$

なお，一般に2次遅れ要素は次のような一般系に表現されるので，これを用いること．

$$\frac{\Omega(s)}{V_a(s)} = \frac{1}{K} \frac{\omega^2}{s^2 + 2\zeta\omega s + \omega^2}$$

ここで，$\omega = \dfrac{K}{\sqrt{LJ}}$：固有角周波数，$\zeta = \dfrac{R\sqrt{J}}{2K\sqrt{L}}$：制動係数

3.6 図3.9において入力電圧 $V_a(s)$ から発生トルクまでの伝達関数が式(3.24)のようになることを示しなさい．

第4章 パワーエレクトロニクス

　第3章では制御対象である機構に力を加え，働きかけるアクチュエータについて説明した．メカトロニクス分野では，アクチュエータはコントローラ(コンピュータ)からの指令に従って任意の速度で運転されなければならない．コントローラからの直接の信号ではアクチュエータは動かない．そのために，コントローラからの微弱信号を増幅してアクチュエータをドライブする駆動装置が必要である．これがあって初めてアクチュエータとしての働きができる．図1.4に示したように［駆動装置＋アクチュエータ］という要素があり，コントローラからの情報を受け取って，それに大きなエネルギーを与え，機構を動かす．つまり，情報も扱い，かつエネルギーも扱う必要がある．このような分野をパワーエレクトロニクス(power electronics)という．簡単にいえば，サーボモータを動かすための駆動装置ということになる．図3.1に示すように，コンピュータからの信号をモータを動かすまでにパワーアップするのが駆動装置である．多くはいわゆる増幅器に相当する．

　増幅器を構成する場合には，大きく分けて線形素子を用いて線形増幅器を作る場合と，スイッチング素子を用いて非線形増幅器を作る場合とに分けられる．以下ではまずこれらの増幅器に用いられる半導体素子についてその応用面からの簡単な説明を加え，ついでそれらを使った線形増幅器，および非線形増幅器(チョッパー，インバータなど)について説明する．

▷ 4.1　トランジスタ

　図4.1にPNPトランジスタとNPNトランジスタの構造の模型を示す．これらはP型半導体とN型半導体をPNPあるいはNPNの順に接合して作ら

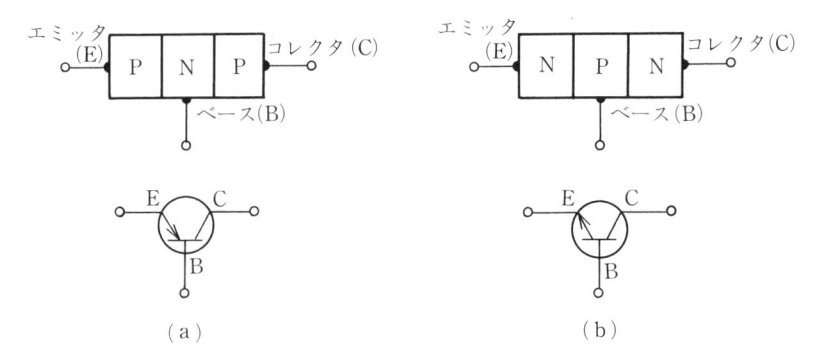

図 4.1 トランジスタ

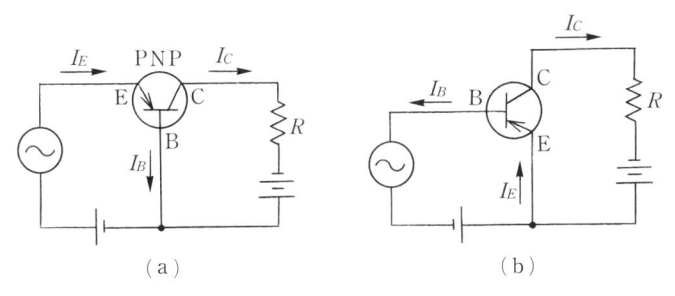

図 4.2 トランジスタの基本増幅回路

れる．そのために接合型トランジスタ，あるいは電流が少数キャリアと多数キャリアの双方により運ばれることから，バイポーラトランジスタと呼ばれる．三つの電極はそれぞれエミッタ (emitter)，ベース (base)，コレクタ (collector) と名付けられている．これらのトランジスタでは，エミッタからベースに注入された少数キャリアの大部分がコレクタに到達できるように，ベースの幅は充分狭く作られている．図 4.2(a)，(b) にそれぞれベース接地回路とエミッタ接地回路を示し，トランジスタの増幅作用を説明する．

4.1.1 ベース接地回路

この回路は，トランジスタの動作説明の基礎である．入力信号はエミッタ電流，出力信号はコレクタ電流に対応すると考えられる．したがって，この回路の電流増幅率 α は次のように定義される．

$$\alpha = \frac{\Delta I_C}{\Delta I_E} = \frac{\text{コレクタ電流の変化分}}{\text{エミッタ電流の変化分}} \tag{4.1}$$

図より次の関係が成り立つ．

$$\Delta I_E = \Delta I_B + \Delta I_C$$

ΔI_B はきわめて小さい値なので，α はほぼ1に近い値である．ついで電圧利得 A_v は次のようになる．ただし R_i，R_o はこの回路における入力抵抗と出力抵抗である．

$$A_v = \frac{\Delta V_o}{\Delta V_i} = \frac{R_o \Delta I_C}{R_i \Delta I_E} = \alpha \frac{R_o}{R_i} \tag{4.2}$$

また電力増幅 A_P は次のようになる．

$$A_P = \frac{\Delta P_o}{\Delta P_i} = \frac{R_o \Delta I_C^2}{R_i \Delta I_E^2} = \alpha^2 \frac{R_o}{R_i} \tag{4.3}$$

この回路の電流増幅度 α は，ほぼ1 ($\alpha \fallingdotseq 1$) である．一方，この回路では通常 R_o は数 $10\,\mathrm{k\Omega}$ であり，R_i はせいぜい数 $10\,\Omega$ であるので，上式からわかるように，α が1に近い値であっても電圧利得と電力利得が得られることになる．

4.1.2 エミッタ接地回路

増幅器や発振器などの実用回路で，もっともよく用いられるのがエミッタ接地回路である．この場合には，入力信号はベース電流，出力信号はコレクタ電流に相当すると考えられる．したがって，電流増幅率 β は次のようになる．

$$\beta = \frac{\Delta I_C}{\Delta I_B} = \frac{\Delta I_C}{\Delta I_E - \Delta I_C} = \frac{\alpha}{1-\alpha} \tag{4.4}$$

α はほぼ1に近い値であるから，β は非常に大きな値となることがわかる．たとえば，$\alpha = 0.98$ とすれば $\beta = 49$ となる．β はものによっては1000を超えるものもある．また入力抵抗は数 $\mathrm{k\Omega}$ 程度以下であり，出力抵抗は数 $10\,\mathrm{k\Omega}$ 程度以下であることから，電圧増幅も電力増幅も大きな値をもつ．

エミッタ接地型の増幅回路は，原理的には図4.3(a)のようになる．図(a)では V_{BE} と V_{CE} の2個の電源が描かれているが，実際の回路である図(b)での電源は V_{CE} 1個しか用いていない．V_{BE} は V_{CE} と抵抗やコンデンサを組み合わせて作っているのであって，その他，実際の回路では種々の工夫がなされている．

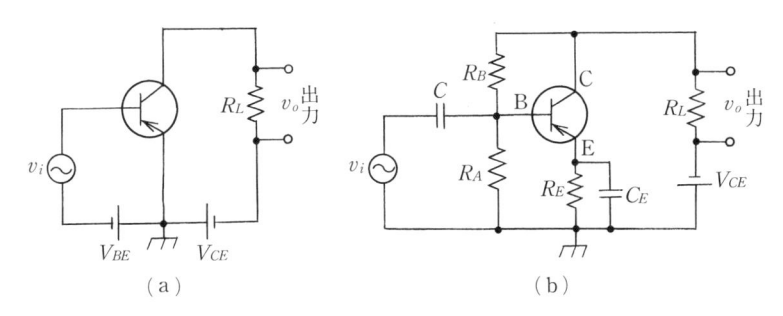

図4.3 エミッタ接地増幅回路

▷ 4.2 サイリスタ

サイリスタは，図4.4(a)に示すようなPNPN接合の半導体制御整流素子である．このような4層構造の半導体スイッチをサイリスタと呼んでいるが，これを原形として各種の構造と特性をもったものがある．ここでは最も基本的な逆阻止3端子サイリスタについて説明する．電極はアノード(A)，カソード(K)，ゲート(G)の3端子である．主電流が流れるのはアノードとカソード間である．この主電流を流す指令を与えるのがゲートへの信号である．ゲートのわずかな電流がきっかけとなり，主電流が流れるという形がサイリスタの使い方である．トランジスタを用いたエミッタ接地増幅器では，ベース電流の大小に応じてコレクタ電流(出力電流)が比例して変化するが，サイリスタではトランジスタと違って，いったん主電流が流れ始めるとその後はゲート信号では

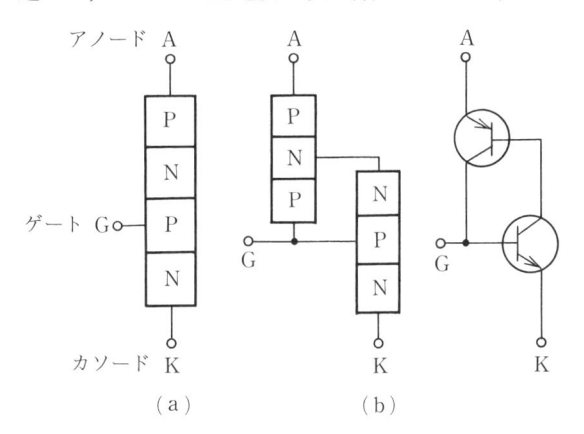

図4.4 逆阻止3端子サイリスタ

主電流を制御することは一切できない．すなわち，サイリスタはスイッチとしてのみ働く．

このようなサイリスタの動作は，図 4.4(b) のように 2 個のトランジスタがカスケード接続されていると考えることにより説明される．すなわち，AK 間に順電圧をかけておく．そのままでは逆方向の接合部分のために電流は流れない．そこで GK 間の正方向にわずかな電流を流すと，右側の NPN トランジスタではベース電流が流されたことになるので，このトランジスタには大きなコレクタ電流が流れる．そのコレクタ電流は，左側のトランジスタのベース電流に相当するため，左側のトランジスタのコレクタ電流が大きく流れる．それが今度は右側のトランジスタのベース電流になるというように，正のフィードバックがかかった形となってサイリスタが動作する．

この原理から明らかなように，いったんゲートに適当な信号電流が流れると，最終的な大きさの主電流がゲート電流の大きさにかかわらず，ほぼ瞬時に流れることになり，その電流をゲート電流で制御することはできない．これがサイリスタとトランジスタの大きな違いである．このような動作は電流を任意に制御する目的には都合の悪いことであり，いろいろの回路的な工夫が必要である．他のタイプのサイリスタ，たとえば GTO サイリスタ (Gate Turn Off thyristor) ではゲート電流で主電流を切ることができるし，トランジスタの一種である IGBT (Insulated Gate Bipolar Transistor) はゲートを電圧駆動することにより，小さな制御電力で主電流の高速スイッチングが可能であるなど，新しいタイプの半導体素子もかなり使用されるようになってきている．

ここで述べるサイリスタは，上記のような欠点はあるが，高い耐電圧や大電流を扱うことが可能な素子を製作できるのが特徴である．以上で明らかなように，サイリスタなどによるスイッチング動作 (on-off 動作) により電力増幅器を構成するには，前節におけるトランジスタによる線形増幅器と同じものを作ることができないことに注意しなければならない．

▷ 4.3 線形増幅器と電力損失

線形増幅器とは，前節で述べたトランジスタなどの線形素子を用いた線形電子回路技術に基づくものであり，たとえば図 4.5 に示すようなトランジスタを用いた線形増幅器である．線形電力増幅器には A 級増幅と B 級増幅と呼ばれ

4.3 線形増幅器と電力損失   55

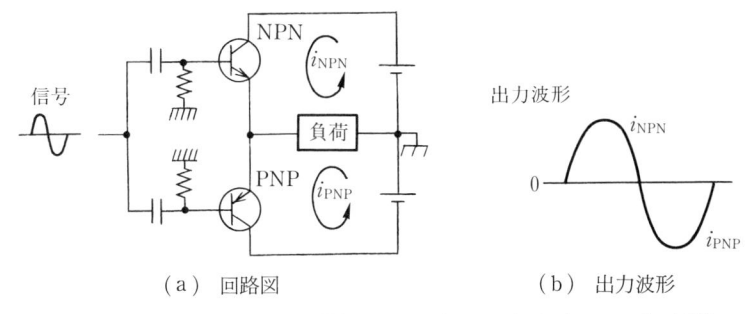

(a) 回路図 　　　　　　　(b) 出力波形

図 4.5　トランジスタによる増幅器：コンプリメンタリプッシュプル回路

る方法が代表的であるが，A級増幅では入力側に信号がない場合でも増幅回路が電力を消費する仕組みなので，電源から供給される電力の利用効率が悪い．そこで無信号時には電流が流れないように工夫した増幅回路がB級増幅といわれるものである．その一例が，図4.5に示したようなNPNトランジスタとPNPトランジスタを組み合わせたコンプリメンタリプッシュプル増幅回路 (complementary push pull) である．

このような線形増幅理論に基づいた増幅器は，入力と出力との関係が常に線形関係にあることから，入出力間の特性がきわめて良好であり，たとえばOAやAV機器のような分野では必須の技術である．しかし，以下に述べるようにこのような線形増幅器では，内部における電力損失が大きくなるのがさけられない．そのためメカトロニクス分野での利用はある程度（おおよそ100W程度）までに限られたものとなり，それ以上のパワーを扱う場合には別の方法を考えなければならない．

そこで線形素子を用いて電力増幅した場合と，スイッチング素子による電力増幅を行った場合との内部電力損失について検討しよう．もちろん，スイッチング素子を用いた場合には，入力信号と出力信号の間には線形関係がないので，増幅の質については圧倒的に線形増幅器の方が優れていることは当然である．以下の議論では，スイッチング素子を用いた方が内部電力損失が少ないという結果となるが，それならばスイッチング素子を用いて内部電力損失を少なくし，かついかにして入出力間の信号伝達関係をできるだけ線形に保つための補償をするかという話につながる．

図4.6にトランジスタを用いた簡単な増幅回路と各部位の波形を示す．この回路で入力に図①のような正弦波の半波の入力信号が入ったときを考える．

① 入力信号 e_b

② コレクタ―電流 I_C

③ 出力電圧 V_L
$V_L = R_L I_C$

④ トランジスタ電圧 V_{Tr}
$V_{Tr} = E_S - V_L$

⑤ トランジスタ消費電力 P_{Tr}
$P_{Tr} = V_{Tr} \cdot I_C$

⑥ 電源からの電力 P_S
$P_S = E_S I_C$

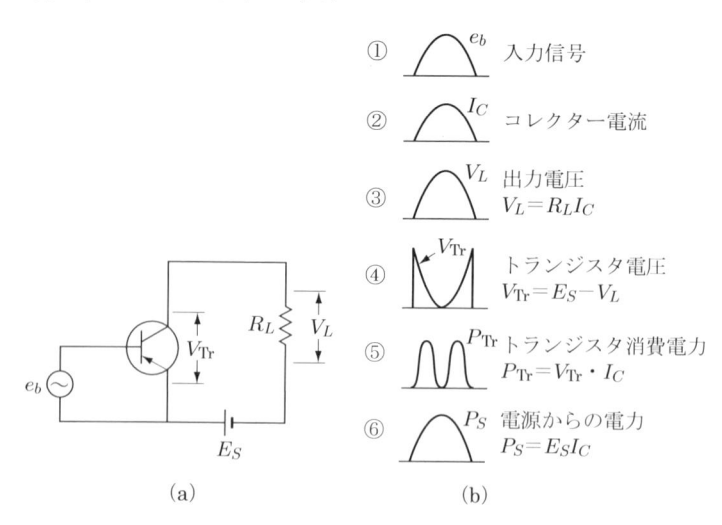

(a)　　　　　　(b)

図4.6 線形増幅回路における各部波形

このとき，信号のベース電流 I_B とコレクタ電流 I_C とは比例する．

$$I_C = \beta I_B$$

このときのコレクタ電流，すなわち負荷に流れる電流 I_C，負荷抵抗の電圧すなわち出力電圧 $V_L = R_L I_C$ が図②，③に示されている．

また，そのときのトランジスタにかかる電圧を V_{Tr} とすると，図の回路において電源電圧 E は負荷の電圧 V_L とトランジスタにかかる電圧 V_{Tr} になるはずである．すなわち，

$$E_S = V_L + V_{Tr} \tag{4.5}$$

これより，トランジスタの電圧 V_{Tr} が図④に描かれている．上式両辺に I_C を掛けて次式を得る．

$$E_S I_C = V_L I_C + V_{Tr} I_C \tag{4.6}$$

すなわち，次の関数が得られる．

［電源からの電力］＝［負荷電力］＋［トランジスタ消費電力］

トランジスタでの消費電力が図⑤に示されている．電源から取り出される電力 $P_S = E_S I_C$ を図⑥に示す．

ここで，電源電圧 E_S，増幅器（トランジスタ）にかかる電圧 V_{Tr}，出力電圧 V_L として次のような式が成り立つ．

電源の電力　　　$P_S = E_S I_C = E_S V_L / R_L$

4.3 線形増幅器と電力損失

増幅器での消費電力　　$P_A = V_{Tr} I_C = (E_S - V_L) V_L / R_L$

負荷で取り出せる電力　$P_L = V_L I_C = V_L^2 / R_L$

$P_S = P_A + P_L$

これにより図 4.7 に示すように，増幅器での消費電力が負荷電圧の値によって変化する．電源から供給される電力のうち，かなりの部分が増幅器での消費電力となることがわかる．特に，負荷電圧が電源電圧の 1/2 になるときには増幅器での消費電力が最大となることがわかる．負荷電圧が電源の電圧のすべてを利用するならば，増幅器による電力消費はないが，線形増幅器ではこれは実現できない．増幅器で消費される電力は結局，熱として増幅器の温度を上昇させることになる．それは同時に許容電力損失の大きな半導体素子の使用を強制したり，大きな放熱板をつけたりする必要が起きることになる．何より増幅器の電力損失はむだな電力損失になることから，大きな電力をあつかう増幅器はこのような線形増幅器では作らない．

以上より，トランジスタのような線形素子を用いて線形増幅を行う場合には，電源から取り出される電力のうちのある部分は，トランジスタでの電力損失になることがわかった．負荷が要求する電力が少ない，すなわち負荷電流が少ない場合には，この内部電力損失は許されるが，負荷電流が大きくなってくると，電源の利用という面からも，またトランジスタの電力消費の面からもこのような線形増幅の方法の採用は困難になる．

それならば，図 4.6 でのトランジスタを線形的に使う代わりに，トランジスタを on-off 動作でのみ使うとか，サイリスタを使うとか，スイッチとしてのみの働きをする素子を用いたならどうなるであろうか（図 4.8）．この場合には

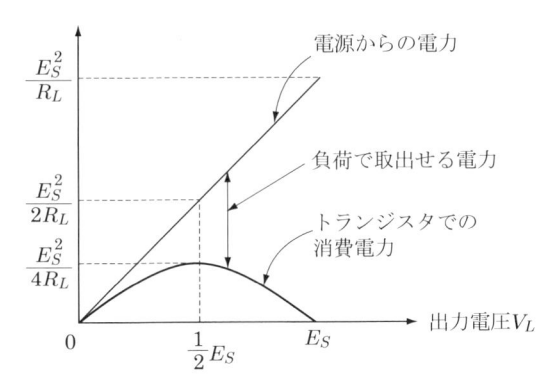

図 4.7　線形増幅回路における電源からの電力の分配

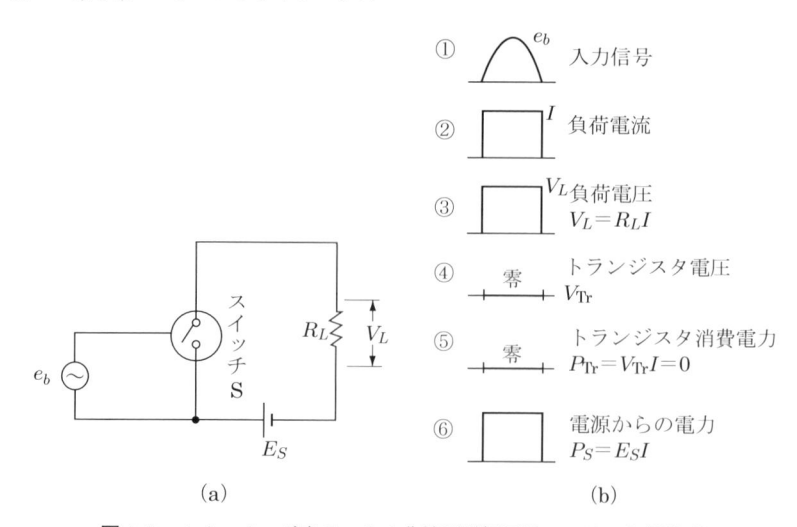

図 4.8 スイッチング素子による非線形増幅回路における各部波形

負荷電圧は電源電圧に等しいか，零かどちらかしかないから，図 4.7 からわかるように，増幅器での電力損失の意味では最適な方法である．すなわち，この場合には信号の正弦波の形には関係なく，素子は信号が入ってきた瞬間から完全な導通状態，すなわちスイッチが on の状態になる．したがって，各部の波形は以下の図のようになり，電源からの電力はすべて負荷に供給され，スイッチング素子での電力損失はないことになる．このようにスイッチング素子を用いると素子での電力消費はなくなるので，大電流を必要とする場合にも内部電力消費の問題はなくなる．もっとも実際上はスイッチでの電力損失は零ではなく，電流が大きくなればそれはそれで大きな問題になるが，問題の質は違うものである．

ところで図 4.8 によれば，入力信号として入れた波形と出力にでてくる波形とは相当違ったものである．にもかかわらずこれを増幅器として使うためには工夫が必要である．次節ではこのようにスイッチング素子を用いて電力増幅を行ういくつかの問題を扱う．

【例 4.1】 図 4.9 の電源回路で電源から負荷に取り出せる電力には制限があることを示す．

図 4.9 において電源は内部抵抗 r をもち，起電力 E の電池が抵抗 R の負荷

図 4.9

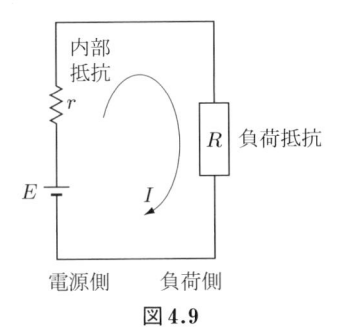

に電力を供給している．r と E が一定であり，R のみが可変であるとき，負荷に最大電力を供給できるための条件を求める．

図の回路に流れる電流 I は次のようになる．

$$I = \frac{E}{R+r}$$

負荷抵抗 R で消費される電力 P は次のようになる．

$$P = I^2 R = \left[\frac{E}{R+r}\right]^2 R = \frac{R}{(R+r)^2} E^2$$

E と r は一定であるので P が最大となる条件は

$$\frac{\partial P}{\partial R} = \frac{(r-R)E^2}{(R+r)^3} = 0$$

を満足する条件より $R = r$ となる $\left(2\text{階微分} \dfrac{\partial^2 P}{\partial R^2} < 0 \text{である}\right)$．これを「最大電力供給条件」あるいは内部抵抗（内部インピーダンス）と負荷抵抗（負荷インピーダンス）が等しいことから「インピーダンスマッチング条件」という．この条件が成り立つ場合の負荷電力 $P_{\max}$ は次のように求まる．

$$P_{\max} = \frac{1}{4r} E^2 = \frac{1}{4R} E^2$$

すなわち，負荷抵抗で消費される電力は，内部抵抗で消費される電力と同じである．ということは電源から取り出される電力のうち，半分は内部抵抗により消費され，残りの半分が負荷で消費されるということになる．つまり半分は電池の発熱に使われるという原理である．負荷抵抗がこれより大きくても小さくても負荷に供給される電力は小さくなる．なお，内部抵抗がゼロという電源は現実にはありえない．

このような最大電力供給条件の存在は，身の回りではオーディオ装置，すな

わちアンプからスピーカにエネルギー(電力)を送り込む場合にもあてはまり，アンプの内部インピーダンスとスピーカのインピーダンスをマッチングさせるということが行われ，これもインピーダンスマッチング(インピーダンス整合)と呼ばれている．

▷ 4.4 チョッパ(DC-DC 変換)

DC サーボモータなどを任意の速度で制御するためには，任意の大きさの直流電圧が必要である．しかし，直流の場合には，交流のように変圧器を用いることができない．そのために一定の直流電圧を任意の大きさの直流に変換するためのチョッパ(chopper)と呼ばれる変換装置(増幅器)を使わなければならない．以下にそれについて説明する．増幅器という言葉のイメージとはやや違った感じがするが，必要な大きさの直流電圧を出力するということからいえば，同じ意味で考えていただきたい．チョッパとは，スイッチング素子を用いて高速で連続的にスイッチングを行い，on 時間 T_{on} と off 時間 T_{off} の比，$T_{on}/(T_{on}+T_{off})$ を制御して負荷にかかる平均電圧・平均電力を制御するものである．この比をデューティファクタ(duty factor)，あるいは通流率という．原理的なチョッパ回路を図 4.10 に示す．

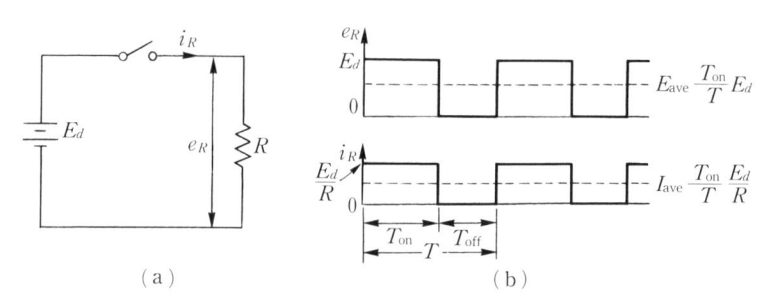

図 4.10　チョッパ回路：抵抗負荷
[藤田宏：電気機器，森北出版より]

4.4.1 降圧チョッパ

T_{on}，T_{off} の時間比を制御して，チョッパの出力電圧の平均値を 0 電圧から電源電圧に等しい電圧まで連続的に変化できるようにしたものである．図 4.10 において，スイッチング素子を on, off することによって平均電圧を任

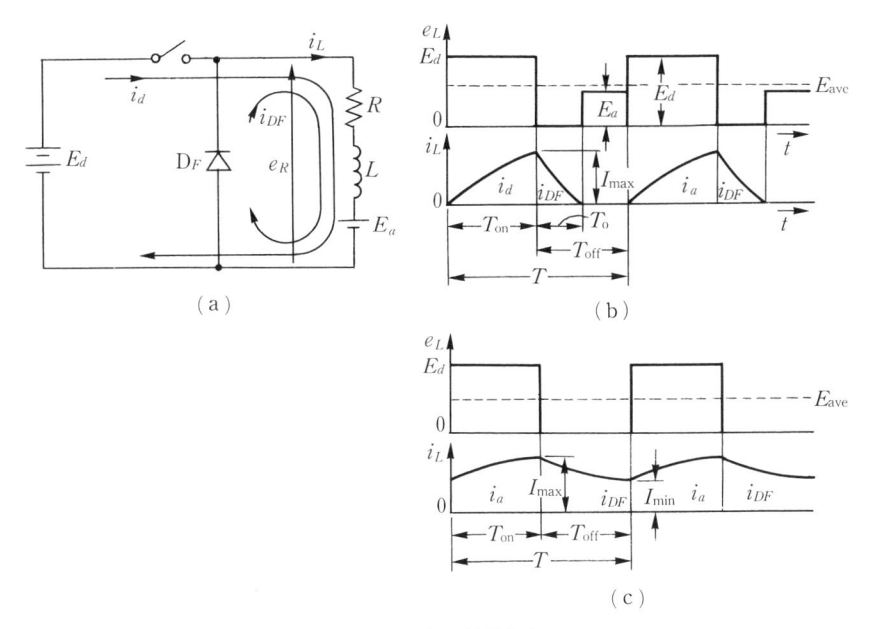

図 4.11 チョッパ回路：誘導負荷
　　　　［藤田宏：電気機器，森北出版より］

意に得ることができる．

$$E_{\text{ave}} = \frac{T_{\text{on}}}{T_{\text{on}} + T_{\text{off}}} E_d = \frac{T_{\text{on}}}{T} E_d \tag{4.7}$$

$0 \leq E_{\text{ave}} < E_d$ であり，電源電圧以下の電圧が取り出せるので降圧チョッパーと呼ばれる．

負荷としてサーボモータのような誘導性（インダクタンスを主として含むもの）負荷がつながる場合には，図 4.11 のような回路が代表的なものである．図におけるダイオードを帰還ダイオードと呼び，主スイッチが off の場合に負荷に電流が連続して流せられるような回路となっている．

4.4.2 昇圧チョッパ

インダクタンスを利用し，インダクタンスに蓄えられたエネルギーをスイッチング動作の適切な方法により蓄積と放出を繰り返すことによって，昇圧するものである．

図 4.12 においてスイッチが on のとき，すなわち T_{on} のときは電流 i_1 が流

(a)

(b)

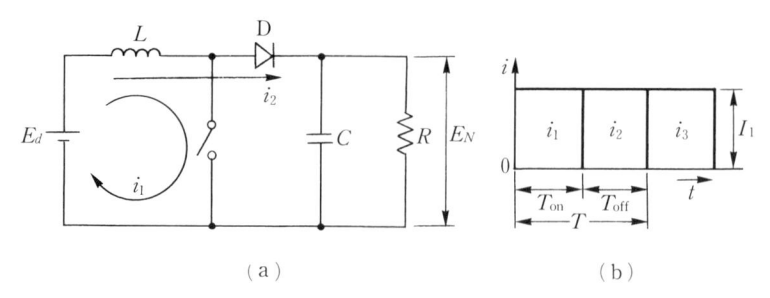

図 4.12 昇圧チョッパ回路の原理
[藤田宏：電気機器, 森北出版より]

れ，インダクタンス L にエネルギーが蓄積される．スイッチが off の期間，すなわち T_{off} の間はこの蓄えられたエネルギーが負荷側に放出される．この電流は，減衰電流であるためにインダクタンスには電源電圧と同じ極性の誘導起電力が発生し，電源電圧と相加わって電流 i_2 を流してコンデンサ C を充電するので，コンデンサの電圧が高くなり負荷電圧が高くなる．このとき，L が充分大きければ，i_1, i_2 は一定の値 I_1 となると考えられる．

T_{on} 期間に L に蓄えられたエネルギー：$E_d I_1 T_{on}$

T_{off} 期間に負荷に放出されるエネルギー：$(E_R - E_d) I_1 T_{off}$

これらを等しいとおいて次式を得る．

$$E_d I_1 T_{on} = (E_R - E_d) I_1 T_{off}$$

これより，次の関係を得る．

$$E_R = \frac{T_{on} + T_{off}}{T_{off}} E_d = \frac{T}{T_{off}} E_d \tag{4.8}$$

すなわち，出力電圧は電源電圧より大きくすることが可能であることがわかる．これより昇圧チョッパーと呼ばれる．また，負荷電流 i_2 の平均値 I_2 は，I_1 が T_{off} 期間だけ負荷回路に流れるので，次の関係を得る．

$$I_2 = \frac{T_{off}}{T} I_1$$

これより，次のような関係が導出される．

$$\frac{E_R}{E_d} = \frac{I_1}{I_2} = \frac{T}{T_{off}} \tag{4.9}$$

▷ 4.5 方形波インバータ (DC-AC 変換)

　誘導サーボモータなど交流サーボモータを運転するためには，式 (3.25) からわかるように電源の周波数 f を連続的に変化させ，回転磁界の回転速度，すなわち同期速度 N_s を任意に変化させる必要がある．直流電源を用いて任意の周波数の交流を発生させる目的の装置をインバータ (inverter) という．インバータには各種のものがあるが，大きく分けると他励式と自励式がある．ここでは，補助回路なしでそれ自身でインバータの働きをする自励式インバータについて説明する．なお，他励式インバータとは，転流という必須の動作を他からの助けを借りて行うものであり，大電力の変換装置や大容量の電動機制御などの用途に使われる．

4.5.1 単相ハーフブリッジインバータ

　図 4.13 にもっとも基本的なインバータ回路を示す．負荷は通常誘導性であるので図 4.11 の場合と同様に帰還ダイオード D_1，D_2 がスイッチング素子 (ここではトランジスタ) Tr_1，Tr_2 に逆並列に接続されている．on 信号あるいは off 信号を，図に示すような順序にトランジスタ 1 あるいは 2 のベース電流として入れる．その結果，負荷には方形波の交流電圧が出力される．この回路の詳しい説明は省略するが，このようにして DC-AC 変換ができる．このようなものを方形波インバータという．

4.5.2 単相フルブリッジインバータ

　図 4.14(a) は，図 4.13 の単相ハーフブリッジ回路を二つ合成したものとみなせる．図 (b) に示す順序でトランジスタのベースに信号を入れると，負荷の出力波形はやはり方形波の交流が得られる．

4.5.3 3 相インバータ

　図 4.15 は，誘導サーボモータなどを可変速度で運転する場合に用いられるインバータの基本形である．その波形は図 (b) のように 3 相交流の方形波である．

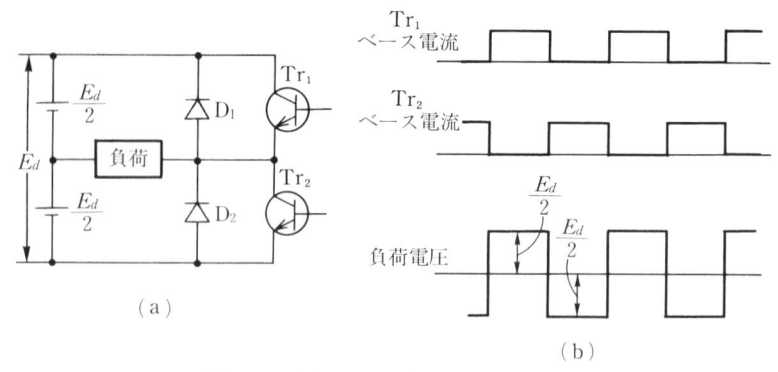

図 4.13　単相ハーフブリッジインバータ

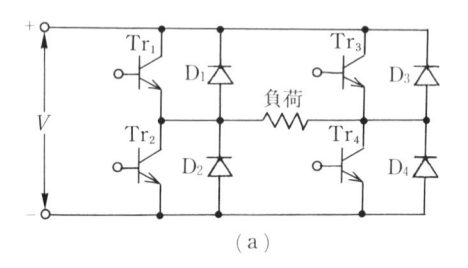

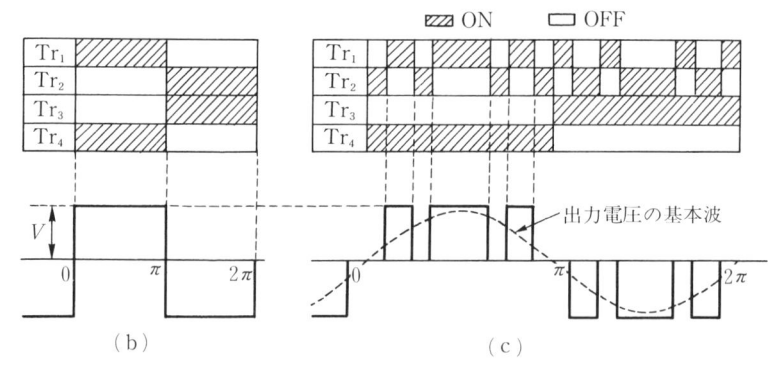

図 4.14　単相フルブリッジインバータ
　　　　［宮入圧太・磯部直吉：基礎電気・電子工学，東京電機大学出版局より］

4.5 方形波インバータ（DC-AC 変換）　65

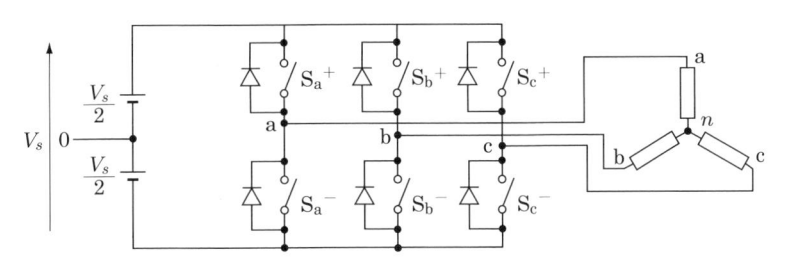

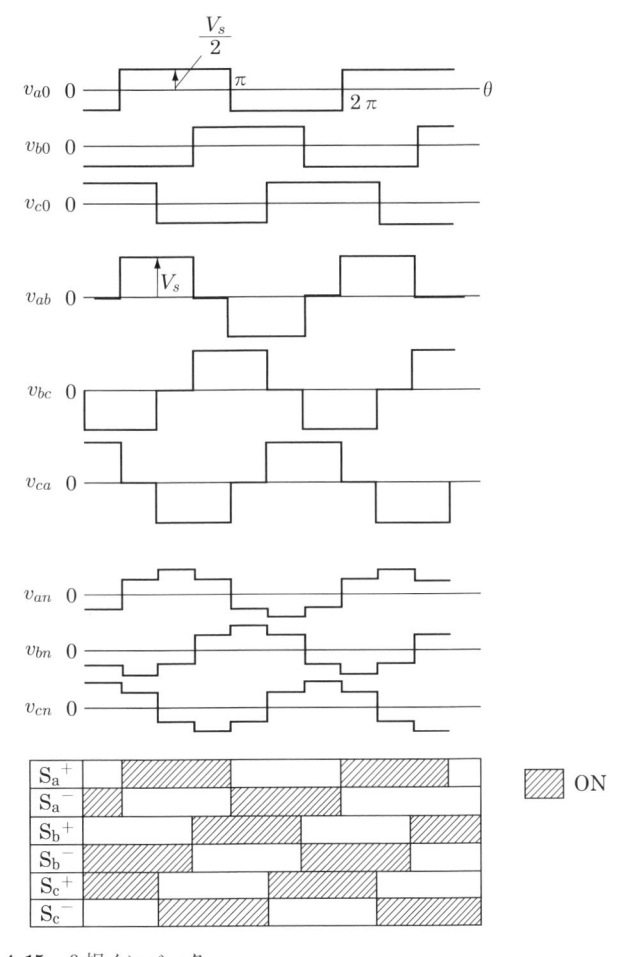

図 4.15　3相インバータ

　　　　［笹島春巳，江上　正：電気機器とサーボモータ，産業図書より］

▷ 4.6 PWM 変調による増幅

前節のインバータの出力は方形波であり，多くの高調波が含まれている．高調波を少なくするために多重化の工夫（多重インバータ）などが行われている．一方，このような高調波をできるだけ除去する出力波形の改善と，出力電圧の大きさ両方を同時に調整できる重要な方法として，PWM 方式（パルス幅変調方式，Pulse Width Modulation）がある．PWM 方式による増幅の原理を検討してみる．図 4.16(a) の回路においてスイッチ S が on-off することによって，図 (b) に示すような周期 T_S，パルス幅 T_o の矩形波電圧が負荷 (R と L) 回路に印加される場合を考える．このとき回路に流れる電流 $i(t)$ については，次の関係が成り立つ．

$$L\frac{di(t)}{dt}+Ri(t)=e_S(t) \qquad 初期条件\ t=0,\ I(0)=I_o$$

これをラプラス変換して，電流 $I(s)$ は次のように表される．

$$I(s)=\frac{E_S(s)/L}{s+1/T_e}+\frac{1}{s+1/T_e}I_o \qquad T_e=\frac{L}{R}：時定数$$

図 (b) において周期 T_S，パルス幅 T_o の矩形波電圧 $e_L(t)$ は，T_o のむだ時間要素の表現を利用して，次のように表される．

$$0<t<T_S$$

$$E_L(s)=\frac{E_S}{s}(1-e^{-T_o s})$$

以上の二式を使って電流は次のように求められる．ここで $u(t)$ はステップ関数である．

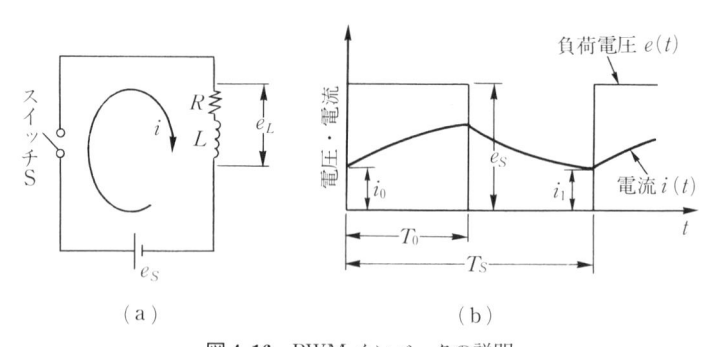

図 4.16 PWM インバータの説明

$$i(t) = \frac{E_s}{R}(1 - e^{-t/T_e}) - \frac{E_s}{R} u(t - T_o)(1 - e^{-(t-T_o)/T_e}) + i_o e^{-t/T_e}$$
(4.10)

$t = T_s$ において，$i(T_s) = i_1$ とすると定常状態では，$i_o = i_1$ が成立するので式 (4.10) より次式が得られる．

$$i_o = \frac{E_s}{R} \frac{e^{T_o/T_e} - 1}{e^{T_s/T_e} - 1}$$
(4.11)

ついで，電気的時定数 T_e に比較して T_s と T_o はきわめて小さいとして上式を近似する．

$$i_o \fallingdotseq \frac{E_s}{R} \cdot \frac{T_o}{T_s}$$
(4.12)

つまり，回路に流れる電流は，負荷に電圧がかかっている時間 T_o に比例することになる．結局，負荷に供給される電力は T_o により調整できるということになる．

▷ 4.7　PWMインバータ（DC-AC変換）

インバータ回路は，図4.14(a)のフルブリッジ回路と同じである．トランジスタのスイッチングを図(c)に示すように，出力波形の半周期の間に複数のパルスを配列するように多数回スイッチングを繰り返す．その代表的な方法としては三角波比較方式がある．これは図4.17(a)に示すように，正弦波と三角波をコンパレータで比較してPWM信号を作り，これによりトランジスタのスイッチングを行っている．

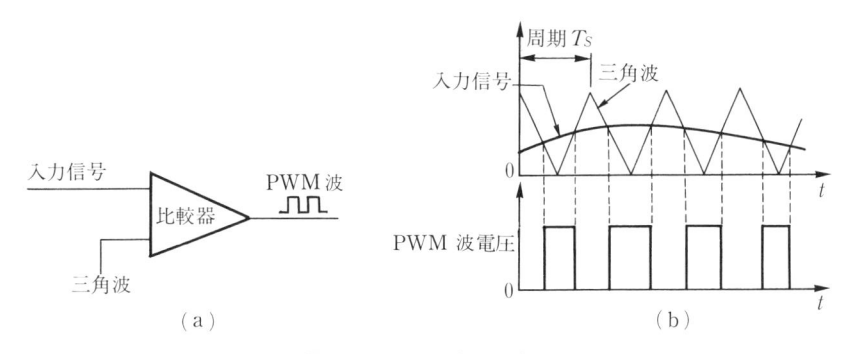

図 4.17　PWM変調の方法

PWM方式による出力波形は図にあるように矩形波の連続である．図4.18に正弦波を出力する場合の波形を示す．2レベル方式とは，ゼロ電圧を利用しない方式であり，電源電圧 E_d と $-E_d$ のみにより望みの波形に近いPWM変調波形を出力するものである．3レベル方式はゼロ電圧も利用し，電源電圧 E_d と $-E_d$ と0電圧の組合せを用いるものである．さらにレベルを多くする多重レベル方式もある．

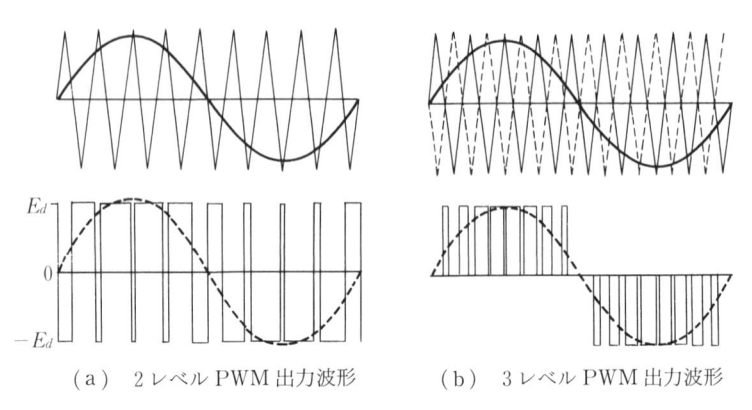

　　　　（a）2レベル PWM 出力波形　　　（b）3レベル PWM 出力波形

図4.18　PWMインバータ
[藤田宏：電気機器，森北出版より]

上述のようにPWMインバータによる出力波形は，たとえば正弦波出力を要求している場合でも正弦波がそのまま出力されるものではなく，線形増幅器の出力とは大きく違っている．三角波のキャリア周波数を上げると必要な周波数成分以外の不要な高調波成分を高い周波数域にもっていくことができるので，

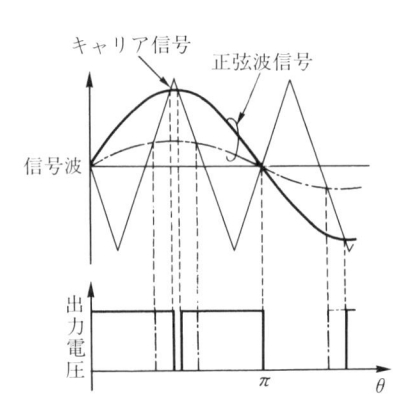

図4.19 PWMインバータにおける電圧制御

適当なフィルタによりこれを除去することが可能である．つまりこのような方法によりある程度の波形改善ができる．さらにPWMインバータでは出力波形の改善に加えて電圧の大きさを制御できるという利点がある．図4.19にその原理を示す．すなわち，三角波であるキャリア信号を一定の大きさで与え，その振幅に対する正弦波信号の振幅を変え，PWM信号のパルス幅を変えることにより電圧の大きさが変化する．これにより可変電圧可変周波数インバータ(VVVF : Variable Voltage Variable Frequency)として用いられている．

3相インバータは，方形波インバータに用いられる図4.15と同じ回路を用いてPWM信号を導入する．

▷ 4.8 サイクロコンバータ(AC-AC変換)

以上で説明したインバータでは直流電源を用いて任意周波数の交流を出力するものであるので，交流電源を用いる場合には整流回路(AC-DC変換)を用いてAC-DC変換を行った後でインバータでDC-AC変換を行うことになる．こ

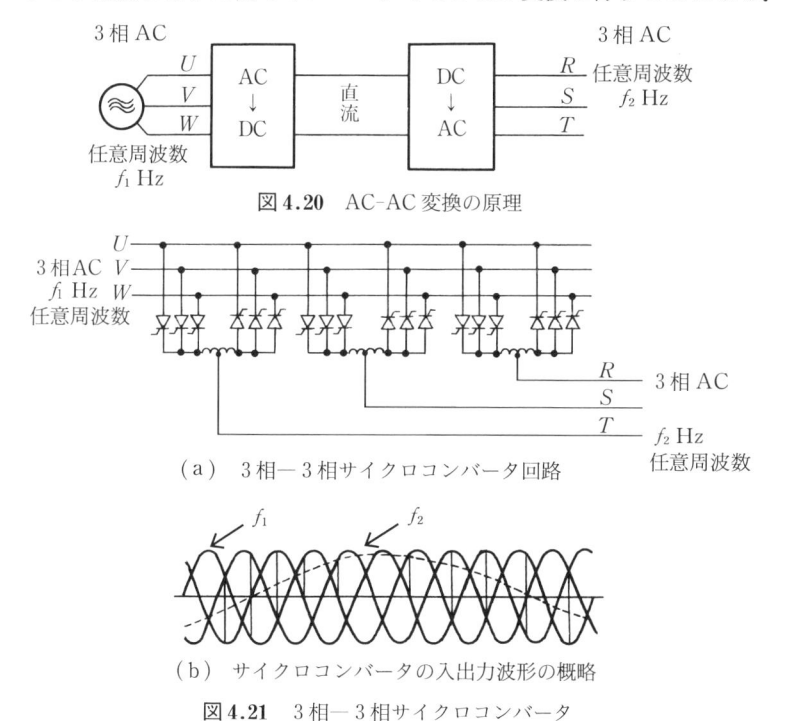

図4.20 AC-AC変換の原理

(a) 3相—3相サイクロコンバータ回路

(b) サイクロコンバータの入出力波形の概略

図4.21 3相—3相サイクロコンバータ

の原理を図 4.20 に示す．

このような直流を介することなく直接任意周波数の交流を得ることのできるものとしてサイクロコンバータがある（図 4.21(a)）［参考文献　第 4 章(8)］．この装置では受電側からサイリスタ群のゲートコントロールを行うことにより電力は双方向に変換可能である，すなわち電力回生が可能である．図 4.21(b)にはサイクロコンバータの電力変換における入出力波形の概略を示す．

ここでは 3 相―3 相サイクロコンバータを示したが，3 相―単相サイクロコンバータもよく知られている．

▷ 4.9　自励式インバータと他励式インバータ

AC-DC 変換装置インバータには以下のように自励式インバータと他励式インバータがある．メカトロニクス分野で主として用いられるインバータは自励式インバータであり，他励式インバータは大容量電力分野に用いられる．

- 自励式インバータ：サイリスタ等の転流をインバータ回路自身のエネルギーを利用する，すなわちインバータ自身が転流能力を備えているもの
   例：PWM インバータなど
- 他励式インバータ：サイリスタ等の転流を受電側の電源電圧により行うものであり，インバータ自身には転流能力がないもの．この場合，受電側の電源電圧を利用するにあたり転流失敗というトラブルが発生する可能性がある．転流余裕角と呼ばれるサイリスタ群のゲートの適切な位相制御が重要である．
   例：サイクロコンバータなど

演習問題

4.1　トランジスタとサイリスタ（基本的なサイリスタである逆阻止 3 端子サイリスタ）の動作において最も違う点について述べなさい．

4.2　比較的大きな出力電力を要求される増幅器では，半導体素子を on-off 動作で使うことが必要である理由を述べなさい．

4.3　PNPN 接合のサイリスタの動作原理を，二つのトランジスタの結合として説明しなさい．

4.4　降圧チョッパ回路と昇圧チョッパ回路の例をあげ，それぞれのチョッパにより任意の大きさの直流電圧を出力できることを説明しなさい．

第5章 機構

　メカトロニクスの中での機構は，図5.1に示すように，第3章で説明したアクチュエータの発生する運動を伝達，変換して駆動負荷に目標とする運動を与える役割を果たしている．伝達機能はアクチュエータの運動発生位置と負荷の駆動入力位置が空間的に離れているとき，運動を伝えるために必要となる．変換機能はアクチュエータの運動と異なる運動を負荷が得るために，機構の入力と出力の間の関数として要求されるものであり，入出力の比が一定の線形変換と，一定ではない非線形変換がある．

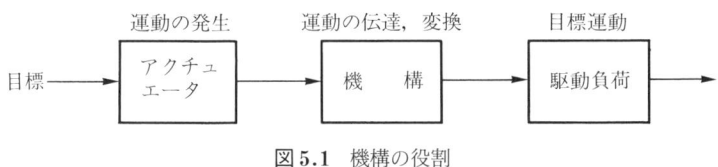

```
目標 → [アクチュエータ] → 運動の伝達,変換 [機　構] → 目標運動 [駆動負荷] →
       運動の発生
```

図5.1　機構の役割

　アクチュエータとして広く使用されている回転モータは，回転速度が速く，発生トルクが小さい．駆動負荷の要求する大きなトルク，低い速度に合わせるためには減速機能が必要である．さらに直線運動を得る場合には，回転運動を直線運動に変換する回転・直動変換が必要になる．これらの変換は線形変換であり，機構としては歯車，巻掛け伝動および送りねじが使用される．いくつかの機構は，減速と回転・直動変換を兼ねることができる．表5.1にメカトロニクスの要素として利用されることの多い線形変換機構の一覧を示す．

　入力と出力の比が一定でない非線形変換機構を使用すると，定速運動入力に対して不等速の間欠運動や空間軌跡を得ることができる．これにはカム，ゼネバおよびリンク機構が用いられる．アクチュエータの制御は不要で，一定速度の回転運動が得られればよく，機構だけの開ループとして簡便に装置を構成で

表5.1 メカトロニクスで使用される線形変換機構

機構種別	名　称	変換機能	入出力軸の関係
歯車	平歯車	減速	平行
	かさ歯車，ウォーム歯車		直角
	遊星歯車，ハーモニックドライブ		一直線上
	ラックピニオン	回転・直動	直角
巻掛け伝動	チェイン	減速	軸間距離を大きく取れる
	ワイヤロープ，歯付きベルト	減速,回転・直動	
送りねじ	すべりねじ，ボールねじ	回転・直動	一直線上

きるため，目標とする運動が変更されない場合には実用的である．このため，従来から自動機器などで広く利用されてきた．一方，アクチュエータを計算機で制御して速度を変える場合には，線形変換機構を用い，制御プログラムを変更するだけで，目標とする任意の不等速運動が得られる．メカトロニクス化は後者を採用する方向を促している．

以下では代表的な機構を取りあげ説明するが，実際の機器では伝達・変換機能実現のために，複数の機構を組み合わせた使用法もしばしば採用される．

▷ 5.1 線形変換機構

5.1.1 歯　車

（1）平歯車(spur gear)

歯車には多くの種類があるが，図5.2の平歯車は平行な2軸間の運動伝達を

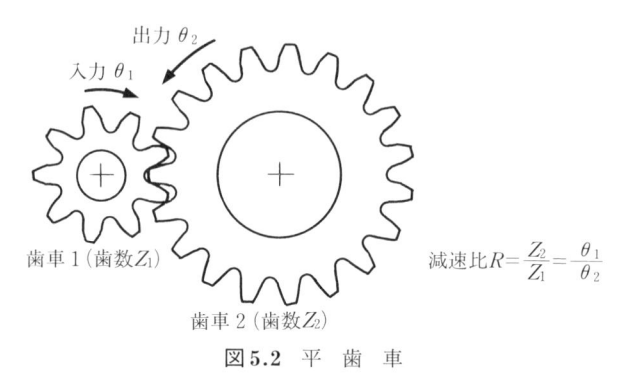

減速比 $R = \dfrac{Z_2}{Z_1} = \dfrac{\theta_1}{\theta_2}$

図5.2 平　歯　車

行う単純な構成であり，減速機構として広く使われている．歯すじは回転軸と平行で，組み合わせる歯車の歯数に逆比例する減速比を有する．運動，力の伝達に滑りはないが，歯のピッチと歯形の誤差によるガタ（バックラッシュ）（図5.3）があり，回転方向が変化したとき，このバックラッシュのために運動が伝達されない現象が発生する．軸間距離を縮めて，予圧をかけるとバックラッシュは減少できるが，摩擦が大きくなる．一組の歯車で得る減速比は3程度であり，大きな減速比が必要なときは，歯車を組み合わせた図5.4のような歯車列も使用されるが，容積が大きく実装密度の高い構成は難しい．

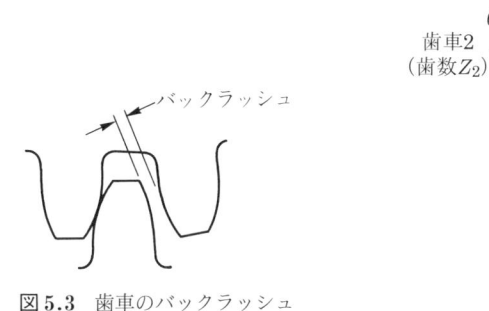

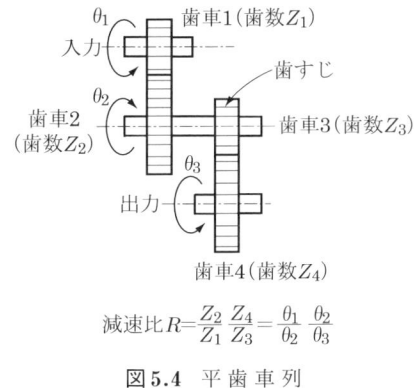

$$減速比 R = \frac{Z_2}{Z_1}\frac{Z_4}{Z_3} = \frac{\theta_1}{\theta_2}\frac{\theta_2}{\theta_3}$$

図5.3 歯車のバックラッシュ

図5.4 平歯車列

（2） かさ歯車 (bevel gear)

減速とともに運動伝達方向を90度変えるときには，図5.5のかさ歯車が使用される．構造上，軸支持が片持ちになるので，支持剛性が平歯車に比べ低い．

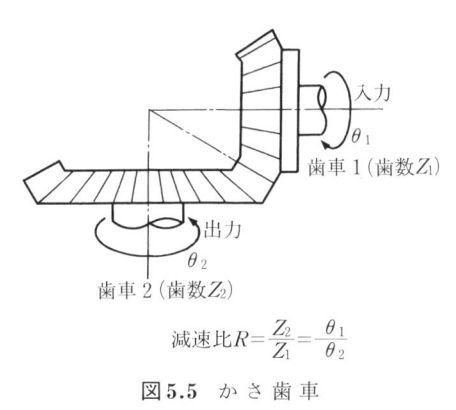

$$減速比 R = \frac{Z_2}{Z_1} = \frac{\theta_1}{\theta_2}$$

図5.5 かさ歯車

(3) ウォーム歯車 (worm gear)

図5.6に示すウォーム歯車は，小歯車（ウォーム）と大歯車（ウォーム歯車）から構成され，それぞれの軸が直角方向を向き，交わらない．一段で10〜60の大きな減速比が得られるが，効率が80％〜85％と低い．歯の角度を適切に選べば，ウォーム歯車からウォームを回すことはできず，駆動負荷に外力が加わっても逆転を防止できる．

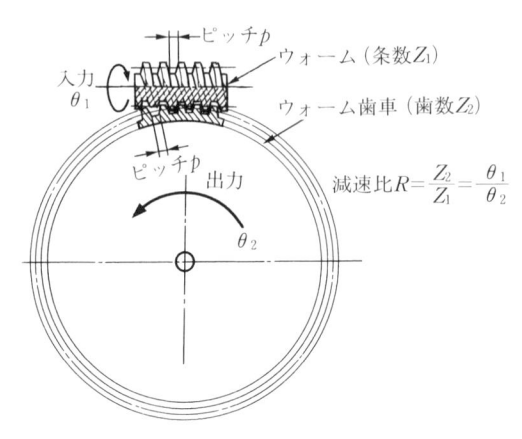

図5.6 ウォーム歯車

（図中）
- ピッチp
- 入力 θ_1
- ウォーム（条数Z_1）
- ウォーム歯車（歯数Z_2）
- 出力 θ_2
- 減速比 $R = \dfrac{Z_2}{Z_1} = \dfrac{\theta_1}{\theta_2}$

(4) 遊星歯車 (planetary gearset)

図5.7に示すように太陽歯車，遊星歯車，両者をつなぐ腕および遊星歯車がガイドされる固定リングから構成され，通常は太陽歯車を入力，腕を出力とする．入出力軸が一直線上にあり，コンパクトな構成で，5〜100の大きな減速

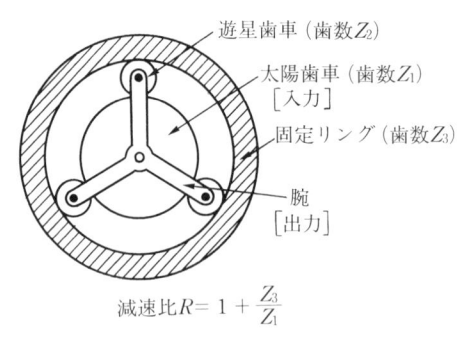

（図中）
- 遊星歯車（歯数Z_2）
- 太陽歯車（歯数Z_1）［入力］
- 固定リング（歯数Z_3）
- 腕［出力］
- 減速比 $R = 1 + \dfrac{Z_3}{Z_1}$

図5.7 遊星歯車

比が一段で取れ，伝達効率も高い．歯車をローラに置き換え，歯車伝動から転がり伝動とした遊星ローラ減速機はバックラッシュの角度が1分以下で，騒音，振動も小さい．

（5） **ハーモニックドライブ**(harmonic drive)

ハーモニックドライブは楕円状カムと外周にはめたボールベアリングからなるウェーブジェネレータ，リング状の剛体の内周に歯が切られている内歯歯車のサーキュラスプライン，薄肉カップ状の金属弾性体で外周部に歯が切られたフレクスプラインから構成される（図5.8）．ウェーブジェネレータが回転すると，楕円の長軸部が，たわめられたサーキュラスプラインに嚙み合う．ウェーブジェネレータの回転に伴い，嚙み合い点が移動し，ウェーブジェネレータが一回転すると，サーキュラスプラインは歯数の差（2枚）だけ嚙み合い点が移動する．フレクスプラインを固定し，ウェーブジェネレータを入力，サーキュラスプラインを出力とする．入出力軸が一直線上にあり，構成部品が少なく小型軽量であり，50～200の高減速比が取れ，バックラッシュが小さい．弾性体のフレクスプラインが入出力の間に介在するため，剛性がここで低下する問題がある．しかし，SCARA (selective compliance assembly robot arm) ロボットでは，このことがはめ合い作業に必要なたわみ特性を発生させ，好都合であり，多数使用されている．図5.9はハーモニックドライブを産業用ロボットの旋回駆動装置に利用した例である．

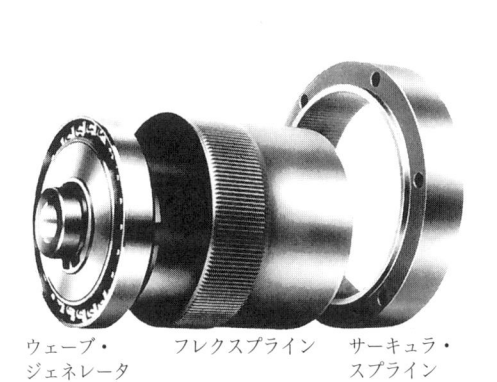

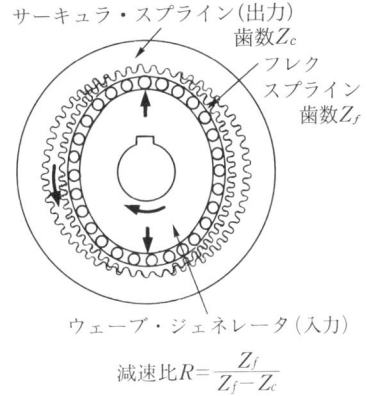

減速比 $R = \dfrac{Z_f}{Z_f - Z_c}$

図5.8 ハーモニックドライブ®
　　　　［㈱ハーモニック・ドライブ・システムズ：カタログ No. 8909-05R-CS より］

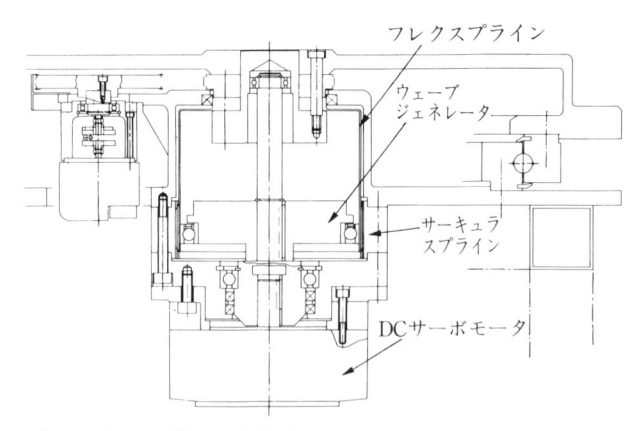

図5.9 産業用ロボットの旋回駆動装置
[㈱ハーモニック・ドライブ・システムズ：カタログ No. 8909-05R-CS より]
＊ハーモニックドライブは㈱ハーモニック・ドライブ・システムズの登録商標です．

（6） ラックピニオン（rack and pinion）

平歯車で，一方の歯車の歯数を無限大とすると平面になる．この平面の歯をラック，回転歯をピニオンと呼び，ピニオンの回転運動はラックの直進運動に変換される．歯形にインボリュート曲線を使用すると，ラックの歯形は直線（台形）となる（図5.10）．

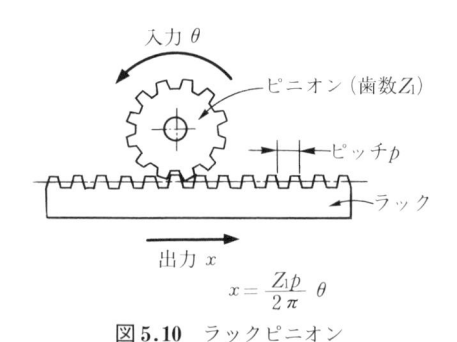

$$x = \frac{Z_1 p}{2\pi} \theta$$

図5.10 ラックピニオン

5.1.2 巻掛け伝動

入出力間にチェイン，ワイヤロープ，歯付きベルトなどの部材を介して運動を伝達する機構を巻掛け伝動と呼び，軸間距離を大きく取れる特徴がある．

（1） チェイン（chain）

滑りのない大きな力が働き，確実な運動伝達ができる．しかし，重く，うる

さく，潤滑が必要などのため，歯付きベルトに代替される傾向がある．使用に伴う摩耗によりたわみが発生するので，遊び車をチェインに押しつけて適宜張力を保つ必要がある．図 5.11 は腕ロボットに使用された例である．

（2） **ワイヤロープ**(wire rope)

狭い隙間を通しての自由な運動伝達ができ，入出力軸の方向を自由に変えられる．図 5.12 は回転・直動変換機構として，プリンタのキャリッジ送りに使用された例である．図 5.13 に示すように，ばね定数は張力の増加に伴い大きくなり，動特性を一定に保つには一定の張力を保持する必要がある．

（3） **歯付きベルト**(toothed belt)

抗力を上げるための鋼線，ケブラーなどの心線が入っているゴムベルトに歯を付け，歯が駆動プーリと噛み合って運動を伝達するので，滑りがない確実な

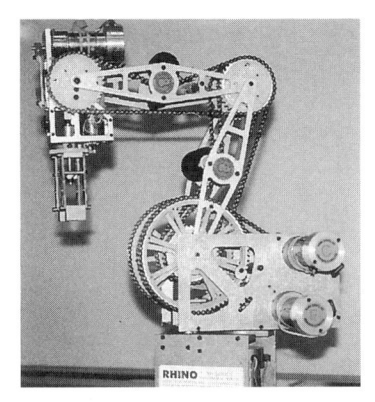

図 5.11 ロボットにおけるチェインの使用例

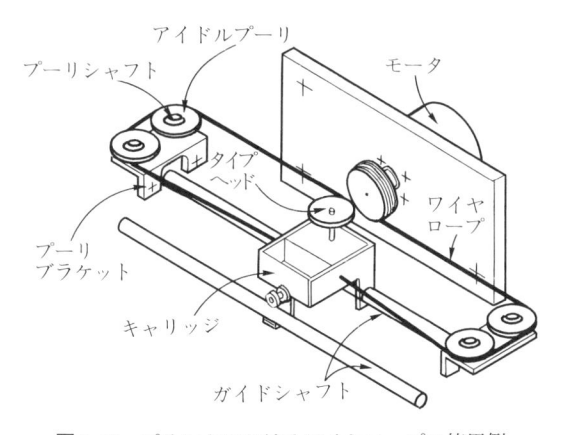

図 5.12 プリンタにおけるワイヤロープの使用例

78　第5章　機構

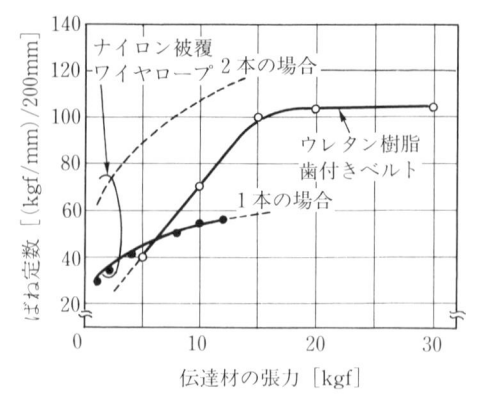

図5.13　ワイヤロープ，歯付ベルトの張力とばね定数の関係
　　　　［柳川利武ほか：モータ制御式60字/秒プリンタの実用化，通研実報，27, 8 より］

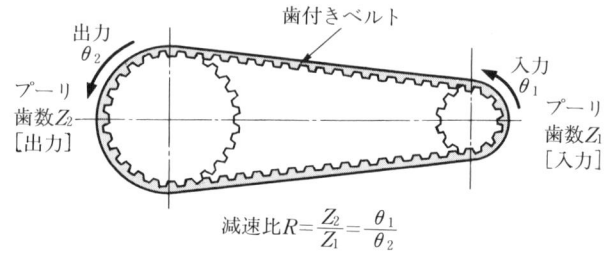

減速比 $R = \dfrac{Z_2}{Z_1} = \dfrac{\theta_1}{\theta_2}$

図5.14　歯付きベルト減速機構

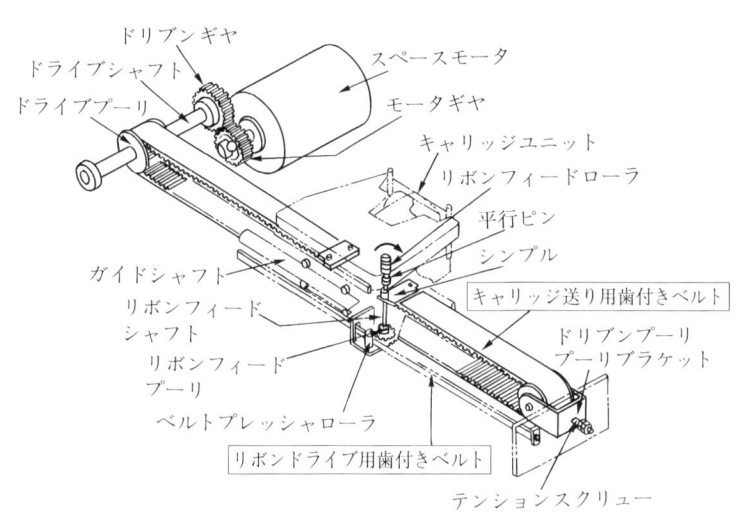

図5.15　プリンタにおける歯付きベルトの使用例
　　　　［板生清：精密機素(2)　メカトロニクスのメカニズム，コロナ社より］

伝動ができ，伝達効率大，軽量，潤滑不要などの特徴を有している．バックラッシュがないため位置決め精度も高い．高速駆動時にはベルトとプーリのかみ合い衝撃音が大きい．軸間距離が自由に取れ，プーリの歯数を選べば減速機構としても使用できる（図5.14）．図5.15はアルミ合金製の小慣性モーメントの同径プーリを用いて，プリンタのキャリッジ送りに使用した例で，回転・直動変換機能を果たしている．また同図のリボンドライブはキャリッジの直線運動を回転運動へ変換して使用している．ばね定数は図5.13に示すように，張力が増えると増加し，やがて飽和する．

5.1.3 送りねじ
送りねじは回転運動を直進運動に変換する機構として広く使われている．
（1） 滑りねじ (sriding screw)（図5.16）
ねじとナットを組み合わせ，ねじの回転に伴いナットに直進運動をさせる．滑り摩擦が作用するので，摩擦抵抗低減のための潤滑材使用が欠かせない．剛性が高いので，適切に設計製作されれば，0.01 μm の微小な位置決めが可能である．

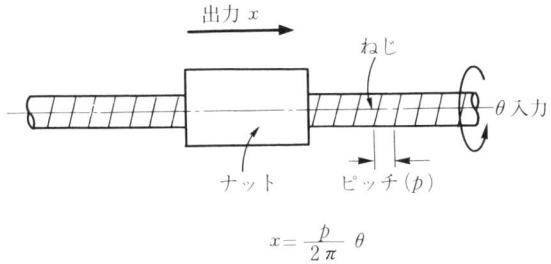

$$x = \frac{p}{2\pi}\theta$$

図5.16 滑りねじ

[例題5.1]
滑りねじのねじ回転角 θ と，ナット移動量 x との関係を求めよ．
[解]
ねじが1回転(回転角：2π)すると，ナットは1ピッチ(p)進むので，$2\pi : p = \theta : x$ が成り立ち，$x = p\theta/(2\pi)$ の関係が得られる．

（2） ボールねじ (ball screw)
ねじとナットの接触面にボールを入れ，ボールの転がり運動によりナットの直進運動を行う．転がり摩擦のため摩擦係数が小さく，図5.17に示すように

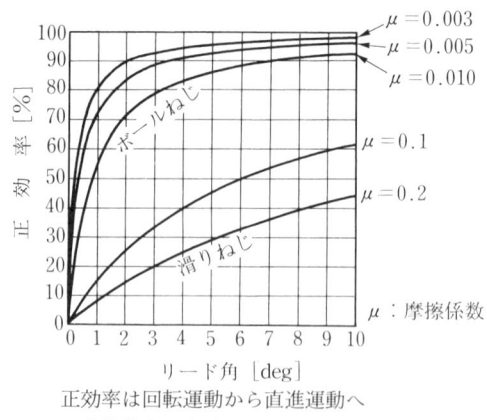

図5.17 送りねじの伝動効率
[NTN㈱：精密ボールネジ　カタログ No.6000/J より]

滑りねじに比べ高い伝動効率が得られ，ロボット，自動機で多数使用されている．ボールの循環はナットの外部のチューブ内を通るリターンチューブ式（図5.18），ナットの内部を通りナット外径が小さくなるコマ式（図5.19）およびナット内部のデフレクタによってすくい上げられるガイドプレート式（図5.20）がある．2個のナットを用い予圧をかけるとバックラッシュは除去可能である．

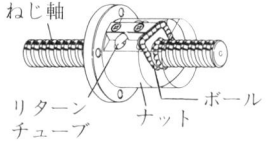

図5.18 リターンチューブ式ボールねじ
[NTN㈱：精密ボールネジ　カタログ No.6000/J より]

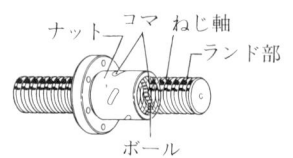

図5.19 コマ式ボールねじ
[NTN㈱：精密ボールネジ　カタログ No.6000/J より]

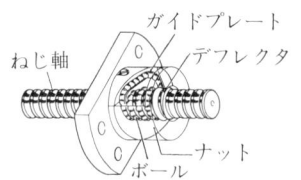

図5.20 ガイドプレート式ボールねじ
[NTN㈱：精密ボールネジ　カタログ No.6000/J より]

5.2 線形変換機構の入出力関係

5.2.1 平歯車減速機構

図 5.21 に示すモータが，歯車を介して負荷を減速駆動する場合を考える．入力側を 1，出力側を 2 の添字で区別する．モータ，負荷，歯車の慣性モーメントをそれぞれ J_M, J_L, J_T で表し，モータの発生トルク，歯車 1 の伝達トルク，歯車 2 の被伝達トルクを T_M, T_1, T_2 とする．回転角を θ，減速比を R (>1) とする．粘性減衰と歯車伝達効率を省略すると，以下の式が成り立つ．

$$J_1 = J_M + J_{T1} \tag{5.1}$$

$$J_2 = J_L + J_{T2} \tag{5.2}$$

$$T_M = J_1 \ddot{\theta}_1 + T_1 \tag{5.3}$$

$$T_2 = J_2 \ddot{\theta}_2 \tag{5.4}$$

$$T_1 \theta_1 = T_2 \theta_2 \tag{5.5}$$

$$\theta_1 = R \theta_2 \tag{5.6}$$

式 (5.5)，(5.6) より

$$T_2 = R T_1 \tag{5.7}$$

が得られる．式 (5.3) に式 (5.4)〜(5.6) を代入整理すると

$$T_M = (J_1 + J_2/R^2) \ddot{\theta}_1 \tag{5.8}$$

が得られる．式 (5.7) より負荷に与えられるトルクは，モータ発生トルクのうち負荷に伝達されるトルク T_1 の R 倍となる．また式 (5.8) より，負荷の慣性モーメントをモータ側に換算するには $1/R^2$ を掛ければよい．

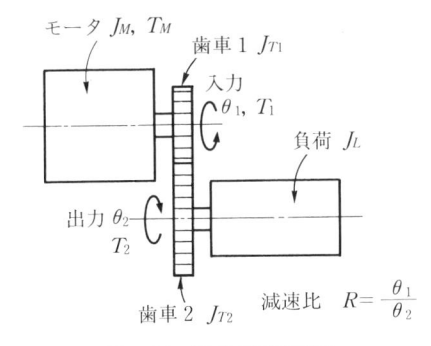

図 5.21 平歯車減速機構

[例題5.2]

図5.22の歯車列でモータ軸に換算した歯車1〜4および負荷の総慣性モーメントを求めよ．ただし，各軸の慣性モーメントは小さいので無視する．

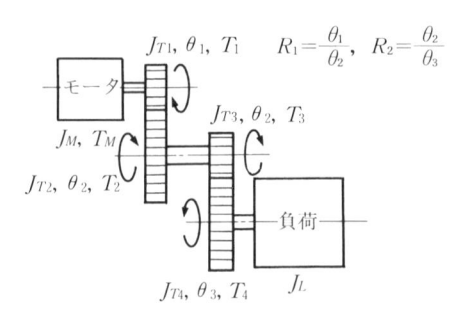

図5.22 平歯車列減速機構

[解]

モータ軸，中間歯車軸，負荷軸回りの慣性モーメントを J_1，J_2，J_3 とすると $J_1 = J_M + J_{T1}$，$J_2 = J_{T2} + J_{T3}$，$J_3 = J_{T4} + J_L$ となる．中間歯車軸回りの慣性モーメントをモータ軸に換算すると $J_2/(R_1^2)$，負荷とモータ間の減速比は $\theta_1/\theta_3 = (\theta_1/\theta_2) \cdot (\theta_2/\theta_3) = R_1 R_2$ なので，負荷軸回り慣性モーメントをモータ軸に換算すると $J_3/(R_1^2 R_2^2)$ となる．したがって総慣性モーメントは

$$J_1 + \frac{J_2}{R_1^2} + \frac{J_3}{R_1^2 R_2^2}$$

5.2.2 送りねじ回転・直動変換機構

図5.23のモータが送りねじを介して，負荷を直線駆動する場合を考える．モータ，ねじ，駆動部の慣性モーメントをそれぞれ J_M，J_S，J，ナット，負荷，出力部の質量を m_N，m_L，m で表す．モータの発生トルク，ねじの伝達トルク，負荷側被駆動力を T_M，T，F，ねじの回転角を θ，ナット変位を x，ね

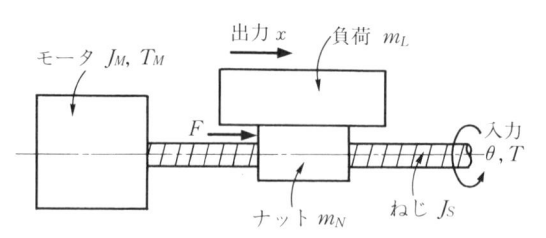

図5.23 送りねじ回転・直動変換機構

じの1回転でナットの進む距離（ピッチ）を p とする．粘性減衰と歯車伝達効率を省略すると，歯車の場合と同じく以下の式が成り立つ．

$$J = J_M + J_S \tag{5.9}$$

$$m = m_N + m_L \tag{5.10}$$

$$T_M = J\ddot{\theta} + T \tag{5.11}$$

$$F = m\ddot{x} \tag{5.12}$$

$$T\theta = Fx \tag{5.13}$$

$$p\theta = 2\pi x \tag{5.14}$$

式 (5.13)，(5.14) より

$$F = 2\pi T/p \tag{5.15}$$

が得られる．式 (5.11) に式 (5.12) 〜 (5.14) を代入整理すると

$$T_M = \{J + m(p/2\pi)^2\}\ddot{\theta} \tag{5.16}$$

となる．式 (5.15) より負荷に与えられる駆動力は，ピッチ p に逆比例する．また式 (5.16) より，負荷の質量をモータ側に換算するには $(p/2\pi)^2$ を掛ければよい．

5.2.3 機械インピーダンスマッチング (mechanical impedance matching)

平歯車減速機構でモータを駆動して負荷を静止状態から θ_{2g} まで最短時間で回転させるには，減速比 R をいくらにすればよいかという問題を考えよう．モータへの印加電圧を大きくしても，磁束飽和のため発生トルクに制限があり，負荷加速度の最大値が制約される．最適制御理論によると，行程の前半を最大

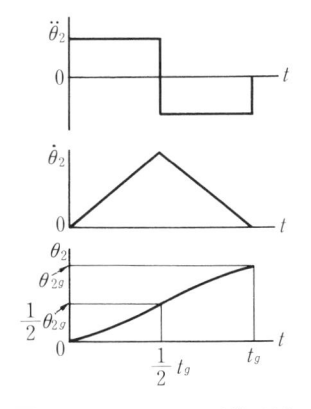

図 5.24 Bang-Bang 制御運動

加速度,後半を最大減速度で駆動させる,いわゆる Bang-Bang 制御により最短時間で負荷を回転させられる。このときの運動を図 5.24 に示す。運動方程式は式 (5.8) に式 (5.6) を代入して次のように得られる。ただし,モータ最大トルクを T_{ML} とする。

$$0 \leq t \leq 1/2 t_g$$

$$\ddot{\theta}_2 = \frac{T_{ML}}{J_1 R + J_2/R} \tag{5.17}$$

これから

$$\theta_2 = \frac{T_{ML}}{J_1 R + J_2/R} \cdot \frac{1}{2} t^2 \tag{5.18}$$

$t = 1/2 t_g$, $\theta_2 = 1/2 \theta_{2g}$ を上式に代入して,

$$t_g = 2 \sqrt{\frac{J_1 R + J_2/R}{T_{ML}} \theta_{2g}} \tag{5.19}$$

t_g を最小にするには,式 (5.19) の $J_1 R + J_2/R$ を最小にすればよく,R で微分した次の式より解が求まる。

$$\frac{d}{dR}\left(J_1 R + \frac{J_2}{R}\right) = 0 \tag{5.20}$$

最短時間となる減速比は $R = \sqrt{J_2/J_1}$ で,負荷慣性モーメントをモータ側へ換算した値が $J_2/R^2 = J_1$ となり,モータ側慣性モーメントに等しい。このことを機械インピーダンスマッチングと呼ぶ。この時の最短回転時間は次式となる。

$$t_g = 2\sqrt{2\sqrt{J_1 J_2} \theta_{2g}/T_{ML}}$$

▷ 5.3 非線形変換機構

はじめに述べたように,一定の速度の制御なしのモータ入力(同期モータなど)から非線形出力を取り出すべく考案された機構であり,メカトロニクスの立場では今後は従となる機構なので簡単に述べる。

5.3.1 カム機構 (cam mechanism)

一定速度の回転運動(直動)入力に対し,運動の一周期中に停止行程を含む間欠運動出力を得るのに広く使用されている機構である(図 5.25)。任意の運動曲線を与えることができるので,加速度や加速度の微分の連続性を保ち振動の少ない高速運動が可能である。

5.3 非線形変換機構 85

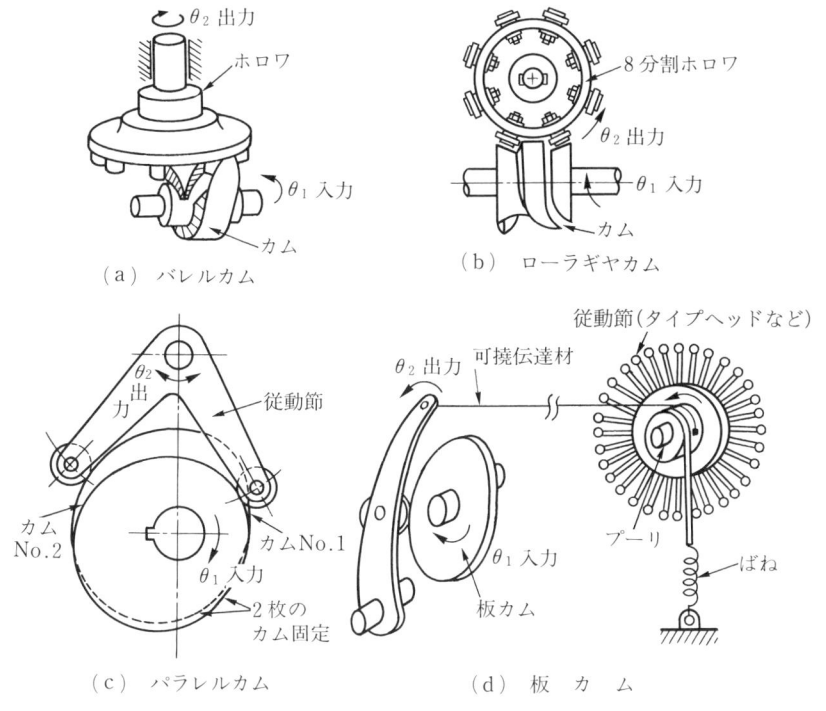

(a) バレルカム

(b) ローラギヤカム

(c) パラレルカム

(d) 板 カ ム

図 5.25 各種のカム機構
[板生清：精密機素(2) メカトロニクスのメカニズム，コロナ社より]

5.3.2 ゼネバ機構 (geneva mechanism)

入力側に固定されたピン（ローラ）が出力側の溝の中を移動することにより，間欠運動を確実に与える．位置決めが正確で，構造が簡単であるが，運動の始点，終点の加速度が大きく，振動を発生させやすい（図 5.26）．

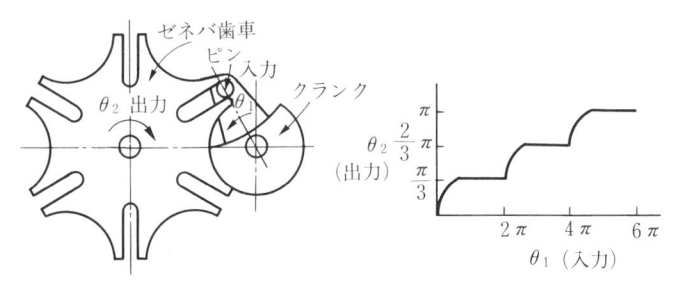

図 5.26 ゼネバ機構とその入出力変換

5.3.3 リンク機構 (link mechanism)

アクチュエータの回転運動や直動を入力として，所望の空間連続軌跡運動へ変換するのに有力な機構であり，その関係は非線形となる．図 5.27 の 4 節リンクは，長さの変化しないリンクをピンで結合した簡単な機構であるが，リンクの長さや，入力，出力に割り振るリンクを変えることにより，異なる特性が得られ，実用的に価値の高い機構であり，広く使用されている．

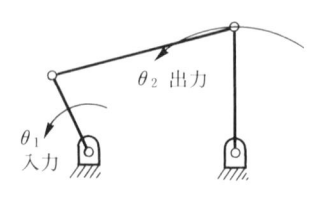

図 5.27 4 節リンク機構

演習問題

5.1 図 5.28 のかさ歯車，平歯車およびウォーム歯車を組み合わせた減速機構の入出力減速比を求めなさい．

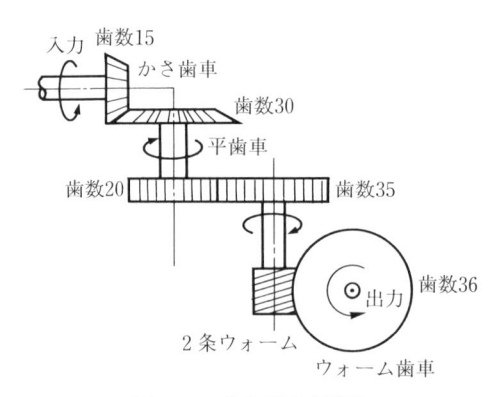

図 5.28 歯車列減速機構

5.2 図 5.29 はかさ歯車とハーモニックドライブを組み合わせた機構で，減速，方向変換のために産業用ロボットで使用されている．入出力減速比を求めなさい．

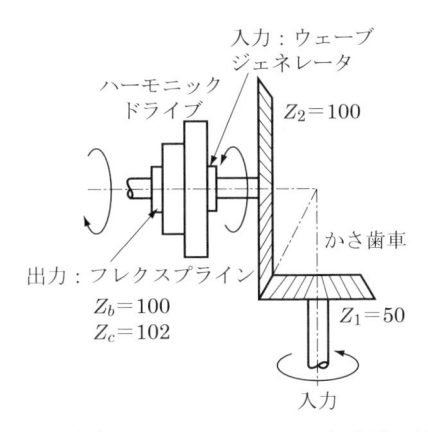

図5.29 かさ歯車とハーモニックドライブの組合せ減速機構

5.3 図5.10のラックピニオン機構の入出力関係を求めなさい．

5.4 図5.30の平歯車と送りねじを組み合わせた機構において，歯車伝達系と直進運動負荷をモータ軸に換算した時の総慣性モーメントを求めなさい．

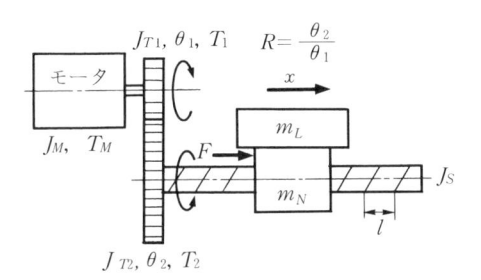

図5.30 平歯車と送りねじの組合せ機構

5.5 図5.23の送りねじ回転・直動変換機構で，機械インピーダンスマッチングを得るためには，ピッチの大きさをいくらにしたらよいか．また，移動距離を x_g，モータの最大発生トルクを T_{ML} としたときの，最短移動時間 t_g を求めなさい．

第6章
マイクロコンピュータ

　1971年に世界最初の4ビットマイクロプロセッサ (micro processor) I4004 がインテル社により開発された．これはトランジスタ2200個で構成され，TTL回路を置き換え10進計算，入出力機器制御を行い，ソフトウェアを変えるだけで，異なる機能の電卓に利用することができた．図6.1に代表的なマ

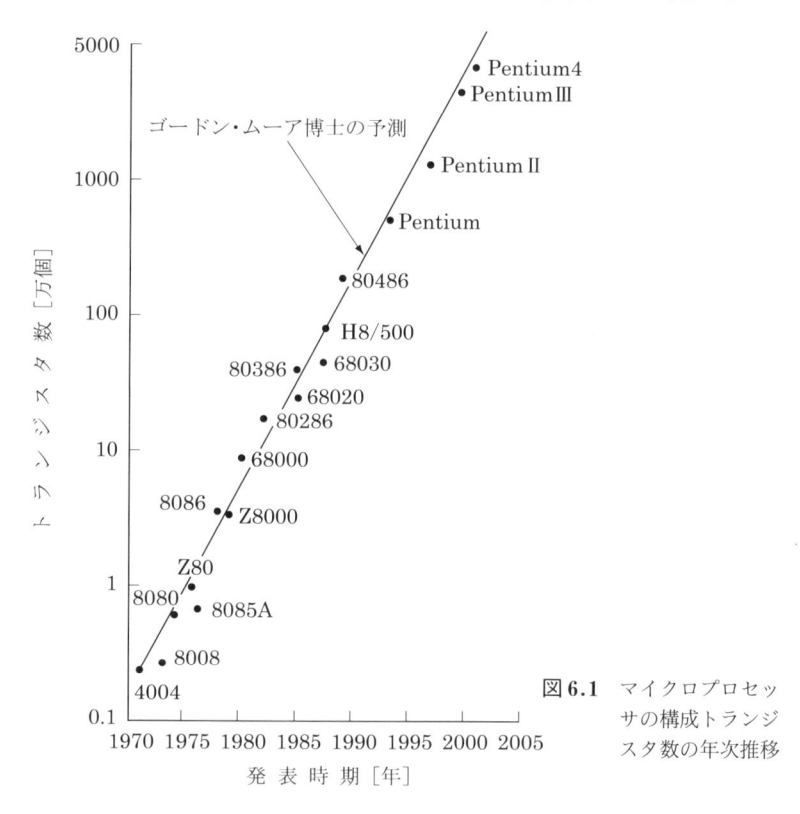

図6.1　マイクロプロセッサの構成トランジスタ数の年次推移

イクロプロセッサを構成するトランジスタ数の年次推移を示す．製造プロセスの細密化技術が進み，マイクロプロセッサのトランジスタ集積度は年率40％，すなわち2年で2倍増加するというインテル社のゴードン・ムーア博士の予測（図中の直線）が実現し，性能，機能は飛躍的に向上している．

マイクロプロセッサは計算機の中央演算装置（CPU：central processing unit）の機能を半導体技術で1チップ化したもので，メモリ，入出力と組み合せてマイクロコンピュータ（マイコン）を構成する．マイコンは入出力装置として簡単なキーボードとディスプレイを装備することで，データ処理への利用が試みられ，やがてパソコン，ワークステーション，サーバなどの情報処理システムとして使われるようになった．同時に，計算能力だけではなく情報の流れを制御する機能に着目して，機器へ組み込んで制御に使用する組み込みシステム（embedded system）としての応用も増大した．組み込み応用はセンサ入力を処理して，アクチュエータに指令を与える，第1章で述べたメカトロニクスの頭脳に相当する使用法である．家電製品，自動車，通信機器など多種多様な機器に組み込まれて使用されている．

この二つの使用分野によるマイコンの要求条件の違いを表6.1に示す．組み込み応用では，消去されることのない読み込み専用のメモリ（ROM）に格納したプログラムが電源を入れると自動実行されるのに対し，情報処理応用では利用者の必要に応じて，使用するプログラムをハードディスクなどの補助記憶装置から読み込み実行する．実時間処理への要求は組み込み応用で大きい．8ビ

表6.1 マイクロコンピュータに対する要求条件の比較

応用分野 要素	機器組み込み	情報処理システム
プロセッサ	・コストパフォーマンスを重視 ・外部信号への高速応答が必要	・リアルタイム要求は小さい ・処理能力強化への要求大
メモリ	・プログラムはROMへ格納 ・データ領域にRAM使用	・ROMはシステム立上げに使用 ・大きなRAM領域を確保
入出力	・入力にセンサ，出力にアクチュエータが接続	・入力に鍵盤，出力にディスプレイ，プリンタ，入出力にハードディスク，通信装置が接続
プログラム	・ROM化プログラム ・対象機器に特化したプログラム	・使用目的に対応するパッケージプログラムを利用

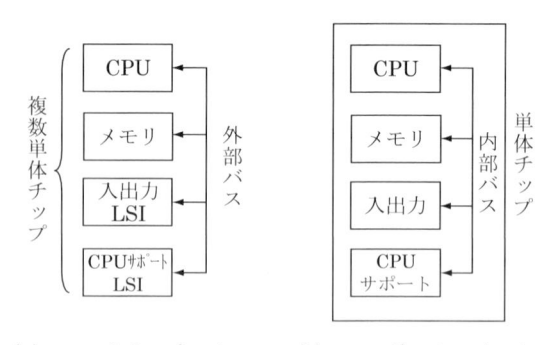

```
            ┌─ ┌─────┐         ┌─────┐ ─┐
            │  │ CPU │         │ CPU │  │
    複      │  └─────┘ ←─┐   ┌→└─────┘  │
    数 単   │  ┌─────┐   │外 │  ┌─────┐  │単
    チ 体   │  │メモリ│←─┤部 │→│メモリ│  │体内
    ッ      │  └─────┘   │バ │  └─────┘  │チ部
    プ      │  ┌─────┐   │ス │  ┌─────┐  │ッバ
            │  │入出力│←─┤   │→│入出力│  │プス
            │  │ LSI │   │   │  └─────┘  │
            │  └─────┘   │   │  ┌─────┐  │
            │  ┌─────┐   │   │  │ CPU │  │
            │  │CPUｻﾎﾟｰﾄ│←─┘   │→│ｻﾎﾟｰﾄ│  │
            └─ │ LSI │              └─────┘ ─┘
               └─────┘
```

　　(a) マルチチップマイコン　　(b) シングルチップマイコン

　　　図 6.2　マルチチップマイコンとシングルチップマイコン

ット，16 ビットマイクロプロセッサはこれら両方の分野で使用されてきたが，さらに高性能な 32 ビット，64 ビットマイクロプロセッサでは最初から情報処理への応用を前提として高速化，高機能化を進めたプロセッサチップが開発されている．

　図 6.2 に示すように，情報処理応用では高性能マイクロプロセッサの単体チップにメモリ，入出力 LSI，CPU サポート LSI を外部バスで結合したマルチチップマイコンの形態をとる．

　一方，組み込み応用では高速化の要求性能がそれほど高くなく，低消費電力，低価格化の要求を半導体の高集積化技術によって実現し，マイコンを構成するCPU，メモリ，入出力および CPU サポートの LSI を個別の素子ではなく，一つのチップ上に搭載したコンパクトなシングルチップマイコンが多数開発されている．

　この場合，構成要素は交換できないので，要素を各種組み合わせることで多種類のマイコンが提供され，利用者が用途に合わせて最適なマイコンを選択することになる．また大量に同一のマイコンを利用する場合には，用途に合わせた構成要素を選択しそれを 1 チップとする特注の ASIC (application specific integrated circuit) マイコンが作られる．

▷ **6.1　マイコンの構成**

　マイコンの基本構成を図 6.3 に示す．計算機を構成する 3 要素 (計算，記憶，

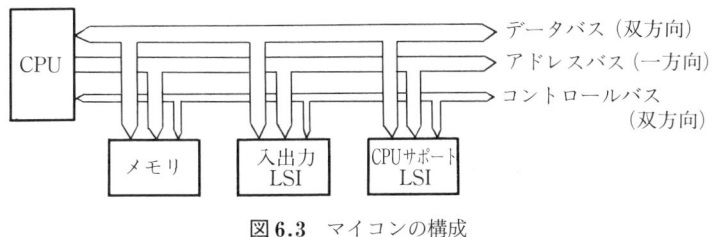

```
        ┌─────┐    ┌──┬──┬──┐         → データバス（双方向）
        │ CPU │════╪══╪══╪══╪═══════→ アドレスバス（一方向）
        └─────┘    │  │  │  │         → コントロールバス
                   ▼  ▼  ▼                    （双方向）
                 ┌──┐┌────┐┌──────┐
                 │メ││入出力││CPUサポート│
                 │モリ││LSI ││ LSI  │
                 └──┘└────┘└──────┘
```

図 **6.3** マイコンの構成

入出力) に対応する LSI 素子である CPU (マイクロプロセッサ)，メモリ，入出力が共用の配線であるバス (bus) によって結ばれ，相互に信号をやり取りする構造となっている．このほか，カウンタ/タイマ，ダイレクトメモリアクセスコントローラおよび割り込みコントローラが，マイクロプロセッサ単体の機能をサポートするために，必要に応じて適宜バス上に接続される．

6.1.1 CPU

マイコンも汎用計算機と同じくストアードプログラム方式を採用している．この方式では計算機の実行すべき仕事を，1 ステップずつの命令として記述 (プログラム)，記憶しておき，実行段階で記憶した命令をメモリから読み込んで解読し，実行するプロセスを 1 ステップずつ繰り返す．CPU (central processing unit, 中央処理装置) はこの仕事を行う．

CPU を使用する側からみて基本となるのは，レジスタ (register；命令とデータを一時的に蓄える小さな記憶場所) であり，プログラム中で番地やデータの値を入れる汎用レジスタと，CPU の動作を制御するためのコントロールレジスタに分けられる．レジスタの名称，種類はマイクロプロセッサの種類により異なる．

6.1.2 メモリ

記憶素子としてのメモリを大別すると，消去することがなく，読み出しのみ使用する ROM (read only memory) と，書込み，読み出しの両方が行え，電源が断たれると消去される RAM (random access memory) がある．回路設計の違いにより，表 6.2 に示す各種のメモリがある．組み込み応用ではプログラムは ROM におかれ，RAM をデータ領域として用いる．生産量が多い機器では，開発段階では電気的に消去・書込みができる EEPROM (electrically

表6.2 メモリの種類

	種類	説明
ROM	マスクROM	LSI製造工程でデータを書き込むので，内容書換えは不可能
	PROM	ヒューズを溶断して一度だけデータ書込み可能
	EPROM	紫外線照射によりデータを消去し，再書込み可能
	EEPROM	電気的に1バイト単位での消去，書込みの可能な不揮発性メモリ
	フラッシュメモリ	EEPROMの一種だが，チップ全体またはブロック単位での一括消去しかできない不揮発性メモリ
RAM	SRAM	・トランジスタのフリップフロップ回路により1ビットを記憶 ・高速アクセスの非破壊読出し
	DRAM	・微小コンデンサに電荷を蓄積して記憶 ・再充電（リフレッシュ）が必要，安価で大容量化可能

erasable programmable ROM) あるいはフラッシュROMを用い，量産時にそれをマスクROM化する．

RAMにはSRAM (static RAM) とDRAM (dynamic RAM) がある．前者はフリップフロップ回路で作られ，電源が入っている間は内容が保持され，高速であるが，価格は高い．DRAMはコンデンサへの電荷のチャージにより記憶する構造となっており，少ない素子で1ビットの記憶ができるため，大容量，高密度のメモリが安価に得られるので，大量に使用される．電荷の洩れがあるため，一定周期の再書込みが必要で，消費電力が大きいことと高速化が困難な欠点がある．

メモリのどの番地をどのように使用するかを，使用目的に応じて領域分けをしたものをメモリマップと呼ぶ．マイコンの電源が入ると，CPUはシステム立上げに必要なプログラムを格納したROMのメモリ番地から実行を開始する．

6.1.3 入出力

CPUとマイコン外部の装置との間でデータを受け渡しする部分であり，動作タイミングの調整，データ伝送形式や信号レベルの変換を行う．外部機器と接続する場所を入出力ポートと呼ぶ．メカトロニクスではセンサからの入力信号，アクチュエータへの出力信号がここを経由する．入出力に必要な機能をまとめた入出力周辺LSIがあり，高機能が容易に得られるため，マルチチップマイコンではそれを利用するが，シングルチップマイコンではその機能がすでにチップに搭載されており，入出力ポートに直接機器を接続すれば使えること

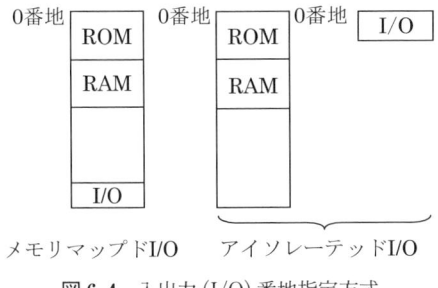

図 6.4　入出力 (I/O) 番地指定方式

が多い．使用前にポートの機能仕様を決定する必要があり，CPU から入出力部分のレジスタにデータを書き込んで使用する機能を決める．

　機器とのデータをやり取りするには，機器を接続した入出力ポートを指定する番地を決めなければならないが，図 6.4 に示すように，メモリと同じマップに入出力ポート番地を割り振るメモリマップド I/O 方式と，入出力ポート番地を別のメモリマップに割り振るアイソレーテッド I/O 方式がある．前者では，メモリへの読み書きと同じ命令を使って入出力ポートへの読み書きができるが，後者では入出力ポート専用の命令を使う．

6.1.4　バス

　バスはマイコンを構成する要素を結合するために，共通に利用する並列に置かれた信号線であり，アドレスバス，データバス，コントロールバスに分かれる．バスはマイコンを構成する LSI 内部でも機能ブロックを接続するのに使われ，この場合内部バスと呼ばれる．これとの対比で複数の LSI を結合する場合，システムバスと呼ぶ．ワンチップマイコンでは内部バスがシステムバスに等しくなる．

▷ 6.2　マイコンのプログラミング言語

　組み込み用マイコンで主に使用されるプログラム言語はアセンブリ言語と C 言語であり，その特徴，長・短所を表 6.3 に示す．アセンブリ言語は機械語と 1：1 の対応ができるニーモニック (mnemonic，記憶を助けるためのアルファベットによる機械語の表記法) を用いてプログラムし，アセンブラを用いて機

表6.3 アセンブリ言語とC言語の比較

	特徴	長所	短所
アセンブリ言語	・機械語と1：1に対応する ・人間にある程度理解できるニーモニックで記述できる ・CPUの機能に直接働きかける	・CPUの機能をフルに引き出せる ・実行速度，メモリ効率の良いプログラムが可能である	・CPUごとに書き方が異なり，異なるCPUへの移植ができない ・プログラムの変更，保守が容易ではなく，生産性が低い
C言語	・一つの命令に4～5個の機械語が対応する ・人間に理解しやすい英単語で記述できる ・アセンブリ言語に近い記述の自由度がある	・CPUに依存せず，移植性が良い ・プログラムの記述が容易で生産性が高い ・プログラムの変更，保守が容易である ・ライブラリが豊富で，生産性が高い	・マイコン固有の処理が記述できない ・実行速度，メモリ効率がアセンブリ言語に比べ悪い

```
        [ない場合が多い]    [必要]         [ない場合もある]    [なくてもよい]
          ラベル           命令語          オペランド          コメント
  例      LOOP：          MOV.B空欄        R0L,R1L 空欄       ；R0LレジスタをR1L
                コロン                                            レジスタにコピー
                 ↑              ↑              ↑                    ↑
           命令コード所在     命令コード      処理の対象         プログラムの説明
           場所を示す
```

図6.5 アセンブリ言語の書式（例はH8アセンブリ言語）

械語に翻訳する．アセンブリ言語の書式は図6.5に示す通りで，オペランドを命令語の種類に応じて処理する．アセンブリ言語はCPUのレジスタでの処理を逐次記述できることから，実行速度，メモリ効率に優れるプログラミングができるが，開発工数がかかり，マイコン機種に依存する言語であるためプログラムの移植が困難である．マイコンの性能とメモリに制限がある組み込み応用では，従来からアセンブリ言語が使用されてきた．

しかし，マイコンの性能が向上し，メモリの低価格化が進んだことから，プログラム生産性の高さに優れ，アセンブリ言語に近い記述が可能なC言語が使われるようになった．C言語でプログラムを作成すると，マイコン機種を変更しても一部の修正をすることで再利用できるのも大きな利点である．C言語

とアセンブリ言語の両方の良さを活かす方法として，処理速度が要求される部分やレジスタの直接操作が必要な部分をアセンブリ言語で記述し，C 言語プログラムに組み込む使い方が行われている．

▷ 6.3 入出力インターフェース

マイコン内部の信号は，TTL レベルの電圧をもつディジタル信号であり，入出力のデータ読み書きはクロックで決まるサイクルタイミングに従ってなされる．しかし，マイコンにつなぐ機器では信号がこれと異なるため，動作タイミングの調整，データ伝送形式や信号レベルの変換などが必要で，これを実現するのが入出力インターフェースであり，シングルチップマイコンではチップ上にインタフェース機能を含んでいるが，チップ上で不足する機能はマイコン外部の外付けとなる．

6.3.1 並列伝送と直列伝送

データを構成するビット数に等しい信号線と数本の制御線を用意し，並列にデータを送るのが並列伝送である（図 6.6）．これに対し，並列データを直列データに変換後，1 本の信号線上を 1 ビットずつ順に送り，受信側で直列データから並列データに戻すのが直列伝送であり，送信，受信各 1 本とグランド 1 本の 3 本の信号線で済む（図 6.7）．機器の距離が遠くなると太いケーブルを引く並列伝送は経済的でなく，直列伝送が使用されるが，原理的には並列伝送に比

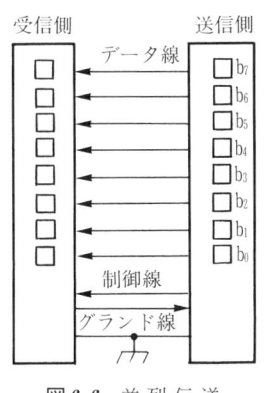

図 6.6　並列伝送

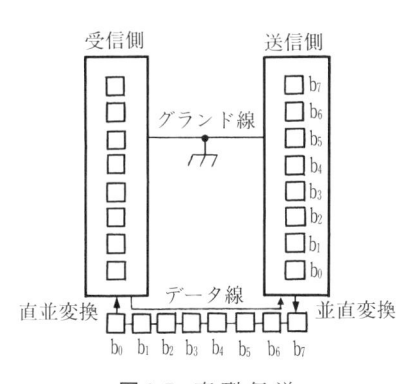

図 6.7　直列伝送

べ速度が遅く，並列データと直列データの変換が必要となる．

半導体技術の進歩に伴い直列伝送の速度が上がり，従来から使われてきたRS-232Cの他に高速伝送が可能なUSB (universal serial bus) を装備するシングルチップマイコンも作られている．

6.3.2 インターフェース制御方式

大きく分けて二つの制御方式がある．

（1） 随時入出力方式

機器の状態を示すデータの入出力ではタイミングは考慮しなくてよいため，接続機器の入出力準備を確認することなく，CPUから一方的に随時読み取り，書込みを実行すればよい．

入力ではデータバスに複数端子を接続した場合，TTLレベルの電圧が一つの線に重畳し，値が決まらないだけではなく過電流による素子の破損を引き起こす．これを避けるため，図6.8に示す3ステートゲートが使用される．これは端子にH，L以外の高インピーダンス状態を生じさせてバスに対し絶縁させる素子で，ゲートの開閉は制御線で行われる．シングルチップマイコンではこの機能を備えたポートが準備されているので，直接入出力ポートに結線すれ

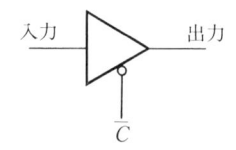

$\overline{C}$=L なら 出力=高インピーダンス
$\overline{C}$=H なら 出力=入力

図**6.8** 3ステートゲート

スイッチONで0V (L)
スイッチOFFで5V (H)

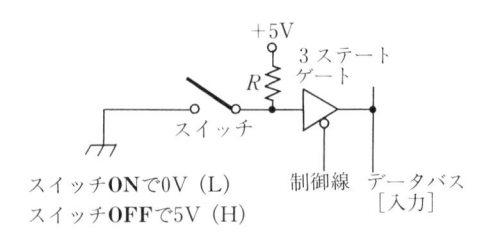

図**6.9** マイコンへのスイッチ入力

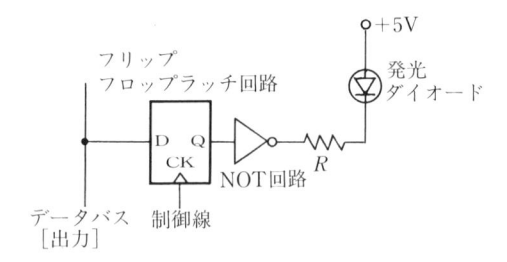

図**6.10** マイコンからの発光ダイオード出力

ば読み込める．

一方，出力ではCPUの出力時間が1クロック以下なので，データを保持する機能をもつICを介する必要があるが，これもシングルチップマイコンではポートに用意されている．図6.9はスイッチ入力の例であり，スイッチONで0V(Lレベル)，スイッチOFFで5V(Hレベル)の信号がデータバスに乗る．図6.10は，CPUでLEDを発光させる例を示す．データバスの出力信号(Hレベル)を引き金にしてフリップフロップ回路がHレベルを保持し，NOT回路を経由してLレベルとなり，電位差が生じるので，電流が流れLEDが発光する．

（2）ハンドシェイク入出力方式

プリンタ，イメージスキャナ，計測機器などの入出力機器を接続すると，時々刻々変化する時系列データの入出力となり，正確なタイミングの読み取り，書込みが必要となる．このためにデータ線の他に用意した2，3本の信号線を使うハンドシェイクが行われる．図6.11に2線式ハンドシェイクの例を示す．送信側はデータ送信後，STROBE信号を制御線で受信側に送る．受信側はSTROBE信号を検出した段階で，データを読み取ると共に，BUSY信号を別の制御線を通して送信側に送る．データの読み取りが完了した時点でBUSY信号をOFFにする．送信側はBUSY信号OFFを確認後，再度送信する．

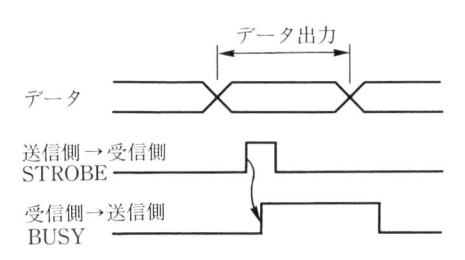

図 6.11　2線式ハンドシェイク

6.3.3　専用インターフェースと標準インターフェース

接続入出力機器ごとに信号レベル，動作タイミング，データ幅，速度などインターフェースに必要な条件を決める専用インターフェースは目的に合わせた設計ができる．しかし，新たに開発するのは効率が悪く，汎用的に機器を接続できない．このため，開示された規格に基づく標準インターフェースが使われており，特殊な用途を除けばこれで十分使用可能な場合が多い．表6.4に標準

表6.4 標準インターフェース

項目＼規格名称	セントロニクス	RS-232C	GPIB (IEEE-488)	USB
規格制定機関 (規格正式名称)	セントロニクス社	米国電子工業会 (ANSI/EIA232-D)	米国電気電子学会 (IEEE Std. 488-1975) (ANSI/IEEE Std. 488.2-1987)	7企業連合 (USB1.0) (USB2.0)
伝送方式	並列	直列	並列	直列
データ幅	8ビット		8ビット	
最大伝送速度		20 Kb/s	1 MB/s 8 MB/s	1.5 Mb/s, 12 Mb/s (USB1.0) 480 Mb/s (USB2.0)
最大ケーブル長		15 m	20 m	5 m
最大接続機器数	1台	1台	14台	127台
接続方法	直通	直通	分岐	分岐
コネクタ	36ピン・セントロニクスコネクタ	25ピン D-SUB	24ピン GPIB コネクタ 25ピン IEC コネクタ	4ピンシリーズAプラグ, シリーズBプラグ 5ピンシリーズミニBプラグ
信号線 データ線	8本	2本	8本	2本
信号線 制御線	3本	0〜6本	8本	(電源線2本)
ハンドシェイク	3線式	フロー制御	3線式	
信号レベル	TTL	+15 V〜−15 V	TTL	差動信号方式 差動電圧0.2 V以上
代表的接続装置	プリンタ, XYプロッタ	モデム	計測装置	マウス, ハードディスク

インターフェースとして使用されるセントロニクス，RS-232C，GPIB，USBの概要を分類して示す．これらのインタフェースの一部はシングルチップマイコンに搭載され，またマイコンの種類を問わない標準的な専用インターフェースLSIが開発されており，それを入出力ポートに接続することで使用できる．

（1） セントロニクス（Centronics standard）

プリンタへのデータ転送のためにプリンタメーカのセントロニクス社が自社規格として定めたものが，事実上の業界標準として多数使用されている．正式な規格として制定されているわけではないので，速度，ケーブル長などの保証値は明記されておらず，ハンドシェイクの詳細は使用者での差異がある．並列伝送で，データ8本，制御2本，グランド1本を用いTTYレベルの信号を送

る．

（2） **RS-232C**

シリアル伝送の標準インターフェースとして広く使用されている．双方向通信でデータ線 2 本，グランド線 1 本の 3 本の信号線だけでインタフェースできる．この場合，制御線がないので，受信側が送信データを受入れられなくなった時点で，別のデータ線を用いて XON (11 h) を送り，送信を停止してもらう．送信可となった時点で XOFF (13 h) を送り送信を続けてもらう．このようにして通信の流れが制御できる (フロー制御)．しかし，XON，XOFF 符号はデータ線に乗るので，これらの符号を含むバイナリデータは送信できないことになる．制御線 2 本を増やして，データ送信状況を両側で監視すればバイナリデータも送れるが，線の数が増え，直列伝送のメリットが薄れる．速度は 19.2 Kbps，距離 15 m が限界であるが，速度を低下させると距離を延ばすことができる．

（3） **GPIB** (general purpose interface bus)

もともと計測器と計算機を接続するために，HP 社 (USA) が社内規格 (HP-IB) として定めたものが広まり，1975 年に IEEE 488 として，正式の規格となった経緯がある．パラレル伝送で，同一ケーブルにコントローラ 1 台と最大 14 台の装置を接続できる．改良された規格 (ANSI/IEEE Std.488.2-1987) では，最大 8 MB/s のデータ転送速度をもつ．計算機の近くに計測器を置くことを想定しているため，ケーブル長は最大 20 m である．

（4） **USB** (universal serial bus)

1993 年，1994 年に日米の企業 7 社がセントロニクス，RS-232C インターフェースの低い転送速度と 1 ポートに 1 デバイスしか接続できない短所を克服し，1 個のコネクタに多種類の周辺機器を接続できることを意図して作成したシリアルインターフェースである．1996 年に USB 1.0 (1.5 Mbps/12 Mbps)，2000 年に USB 2.0 (480 Mbps) の仕様が策定された．1 台のホストに最大 127 台の周辺機器が接続できる．ケーブルには電源線も含み，上流側と下流側でコネクタの形状を違えることで誤接続を防ぐようにしている．回路の電源を ON のままケーブルを抜き差しできるホットプラグ機能があり，マウス，プリンタから始まり，デジタルカメラ，ハードディスクまで多くの機器のインターフェースとして普及している．

▷ 6.4 シングルチップマイコン

　組み込み応用分野のデファクトスタンダードCPUとして使われてきた8ビット CPU の Z80（1976年ザイログ社が開発）は，半導体技術の集積度向上に伴い出現した新しいシングルチップマイコンに席を譲りつつある．しかし，Z80互換の高速CPUをコアプロセッサとするシングルチップマイコンも作られており，過去のソフト資産と開発環境の継承が容易なことから処理能力とシステムコストの点で有利な分野では今後も使われるであろう．ここでは，組み込み応用で広く利用されているシングルチップマイコンとしてH8シリーズ（ルネサステクノロジ社）を取り上げ，メカトロニクスでのマイコンの使用をさらに具体的に説明する．

6.4.1　H8シリーズ概要

　1987年に登場した16ビットのシングルチップマイコン H8/500 から始まり，表6.5に示す8ビット，16ビットの複数のシリーズがあり，これらは H8/500 シリーズを除いてはすべての機種で命令の上位互換性がある．各シリーズ内で搭載している周辺機能やクロック周波数などの違いがあるため，多種類の製品群となっており，利用者は用途に合わせてマイコンを選択することになる．

　例として16ビットの H8/300H をコアプロセッサとする 3048F マイコンの内部ブロックを図6.12に，各ブロックの概要を表6.6に示すが，プロセッサ，メモリ，入出力，CPUサポートの豊富な機能が1チップに搭載されており，

表6.5　H8シングルチップマイコンシリーズ

シリーズ名	CPU，メモリ空間	最高動作周波数	特徴
H8S/2000	CPU：16ビット メモリ空間16 MB 1クロック/命令	33 MHz@ 3.3 V	高速，低消費電力 積和演算命令
H8/300H		25 MHz@ 4.5〜5.5 V	H8/300の高性能化 符号付乗除算命令
H8/300	CPU：8ビット メモリ空間64 KB 2クロック/命令	16 MHz@ 5 V	8ビット高速マイコン
H8/300L		8 MHz@ 5 V	1.8 V 低電圧動作可能
H8/500	CPU：16ビット メモリ空間16 MB 2クロック/命令	16 MHz@ 5 V	高性能タイマ， A/Dコンバータ

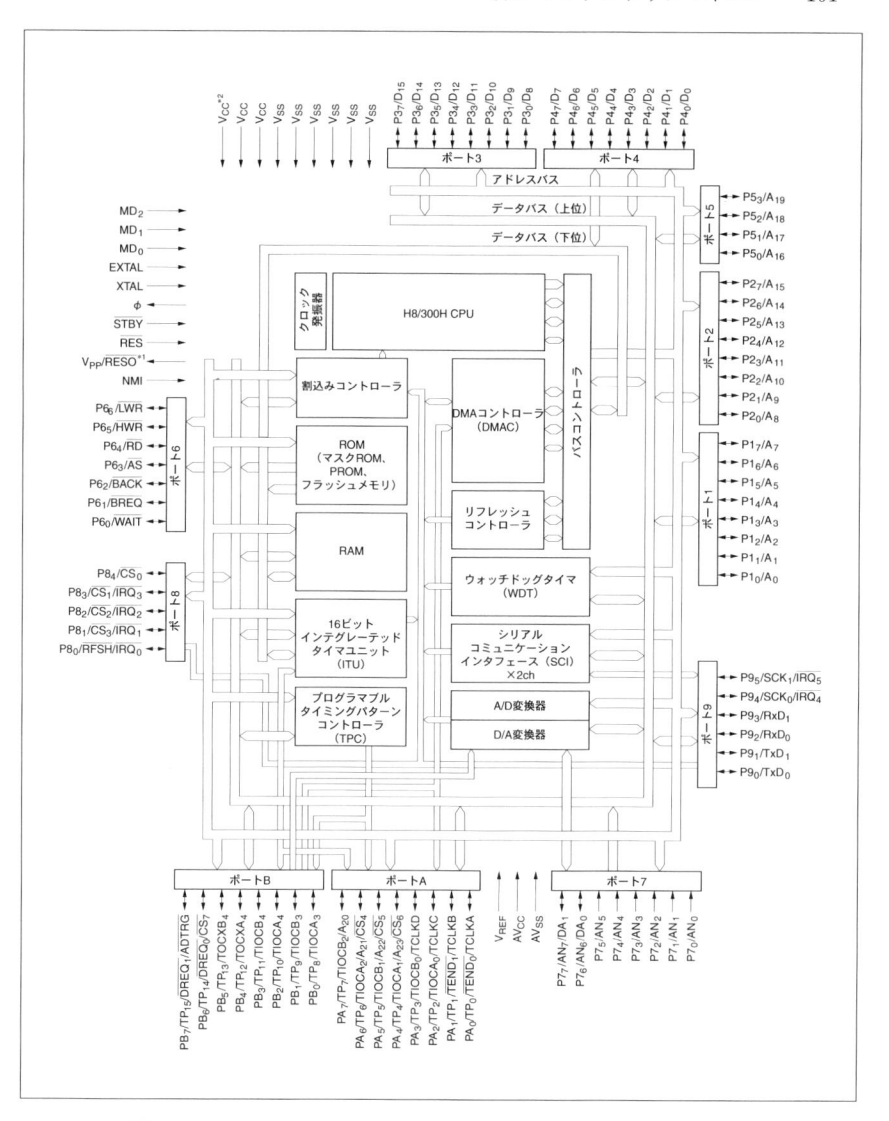

図 6.12 内部ブロック図（H8/3048F マイコン）
　　　　［株式会社ルネサステクノロジ，H8/3048シリーズハード
　　　　ウェアマニュアル（j602093_h83048.pdf）より］

表6.6 H8/3048F マイコンの構成

構成要素	内　容
CPU	H8/300H　データバス幅16ビット，1クロック/命令
メモリ	ROM：128 KB フラッシュメモリ，RAM：4 KB
入出力ポート	1〜9，A，Bの11個，割り込み・DMAとピンを共用
シリアルコミュニケーション・インタフェース (SCI)	調歩同期 (RS-232C)，クロック同期のシリアル通信，2チャンネル
A/D 変換器	分解能：10ビット，入力端子：8本，入力電圧：0〜5 V
D/A 変換器	分解能：8ビット，出力端子：2本，出力電圧：0〜5 V
インテグレーテッド・タイマユニット (ITU)	5チャンネル，16ビットカウンタ
プログラマブル・タイミングパターン・コントローラ (TPC)	インテグレーテッド・タイマユニットと組み合わせ，タイミングパルスを発生
クロック発振器	外部水晶振動子付加でクロック発振
バスコントローラ	データバス，アドレスバス，制御線バスの制御
割り込みコントローラ	割り込み処理機能
DMA コントローラ	8チャンネル指定可能なダイレクトメモリアクセス機能
ウオッチドッグタイマ (WDT)	暴走監視8ビットタイマ機能
リフレッシュ・コントローラ	外部DRAM用リフレッシュタイミング信号の出力機能

このマイコンを使うだけで多様な組み込みシステムを開発できる．

また，フラッシュメモリを ROM として使え，シリアルポートに接続したパソコンから送信する機械語をメモリに書き込めるプログラムと回路がマイコン上に搭載されているため，特別な PROM ライターを必要とせずにソフト開発ができ，プログラム修正も容易である．入出力番地はメモリマップド I/O 方式で指定されるので，メモリと入出力の命令区分はない．なお，設定を変えるとマルチチップマイコンのプロセッサとしても使用できる．

6.4.2　レジスタ構成

CPU 処理での基本となる汎用レジスタとコントロールレジスタの構成を図 6.13 に示す．

（1）汎用レジスタ

汎用レジスタは数値を一時的に格納し，演算を実行するときには ALU

```
汎用レジスタ（ERn）
          15                    0 7        0 7        0
  ER0  |      E0      |    R0H    |    R0L    |
  ER1  |      E1      |    R1H    |    R1L    |
  ER2  |      E2      |    R2H    |    R2L    |
  ER3  |      E3      |    R3H    |    R3L    |
  ER4  |      E4      |    R4H    |    R4L    |
  ER5  |      E5      |    R5H    |    R5L    |
  ER6  |      E6      |    R6H    |    R6L    |
  ER7  |      E7      |(SP) R7H   |    R7L    |

コントロールレジスタ（CR）
          23                                           0
      PC |                                              |

                                    7 6 5 4 3 2 1 0
                               CCR |I|UI|H|U|N|Z|V|C|

【記号説明】
SP:  スタックポインタ
PC:  プログラムカウンタ
CCR: コンディションコードレジスタ
I:   割込みマスクビット
UI:  ユーザビット／割込みマスクビット
H:   ハーフキャリフラグ
U:   ユーザビット
N:   ネガティブフラグ
Z:   ゼロフラグ
V:   オーバフローフラグ
C:   キャリフラグ
```

図 **6.13** レジスタの構成
［株式会社ルネサステクノロジ，H8/3048シリーズハードウェアマニュアル（j602093_h83048.pdf）より］

(arithmetic logic unit，演算論理装置) にこのレジスタのデータを送り，演算後の結果をそのレジスタに残す．レジスタは 8 ビット (RnH，RnL)，16 ビット (En，Rn) および 32 ビット (ERn) (n=0～7) に使い分けができ，アセンブリ言語命令ではオペレーションサイズをこれに対応して B，W，L と記述することでレジスタビット長を指定して使う．レジスタの 1 本は SP (stack pointer；スタックポインタ) として使い，後入れ先出し型のメモリにデータを書込み，読み出すサブルーチンコールで，データの番地を記憶するのに用いる．

（2） コントロールレジスタ

24 ビットの PC (program counter；プログラムカウンタ) は次に読み出すメモリの番地を格納している．CCR (condition code register；コンディションコードレジスタ) は，命令実行結果の状態をフラグビットの ON，OFF の形

で記憶し，また割り込み禁止にも使う．

6.4.3 アセンブリ言語

H8マイコンが豊富な機能を有するだけにH8アセンブリ言語命令も多数あるが，使用頻度の少ない命令や他の命令で代わりができる命令を除くと10命令程度でほとんどのプログラムを作成できる．H8アセンブリ言語の詳細は参考文献を参照してもらうこととし，ここでは基本的な命令を機能別に分類して例示し，アセンブリ言語がレジスタを基本として，CPU機能に密着していることを示す．数値表現として数字の先頭に2進数はB′，10進数はD′(なくてもよい)，16進数はH′を付ける．オペランドの@は番地，♯は数値を示す．命令実行に要する時間は命令ごとにマイコンのクロック周期の倍数として決まっている．

a） データ転送命令

MOV.B R0L,R1L：MOVe，8ビットレジスタR0Lのデータを8ビットR1Lレジスタに転送する．命令の拡張子Bは使用レジスタがバイト(8ビット)の大きさであることを示す．さらにW：ワード(16ビット)，L：ロングワード(32ビット)の拡張子で使用するレジスタビット数を指定する．以下の命令でも同じ表記となる．図6.14.

MOV.B R0L,@H′FFFFCB：レジスタR0LのデータをFFFFCB番地に転送する．

MOV.B ♯B′00010001 R0L：00010001のビットデータをR0Lレジスタへ転送する．

PUSH.L ER4：レジスタER4のデータをスタックに退避する．

POP.L ER4：退避したスタックからレジスタER4のデータを復旧する．

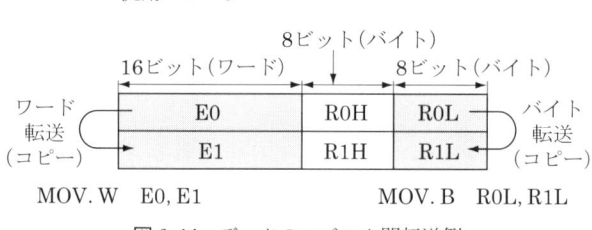

図6.14 データのレジスタ間転送例

b)　算術演算命令

ADD.B R0L,R1L：R0L レジスタと R1L レジスタのデータを加算し結果を R1L レジスタに残す．
SUB.B R0L,R1L：SUBtract，R0L-R1L を R1L レジスタに残す．
DEC.B ♯1,R0L：DECrement，R0L レジスタのデータを 1 減ずる．

c)　論理演算命令

AND.B R0L,R1L：R0L レジスタと R1L レジスタの論理積を取り，R1L に残す．
OR.B ♯H'11 R0L@：16進数 11 と R0L レジスタの論理和を取り，R1L に残す．

d)　シフト命令（図 6.15）

ROTL.B R0L：ROTate Left，R0L レジスタの内容を左に 1 ビット回転する．B_7 は C フラグにも入る．
ROTR.B R0L：ROTate Right，R0L レジスタの内容を右に 1 ビット回転する．b_0 は C フラグにも入る．

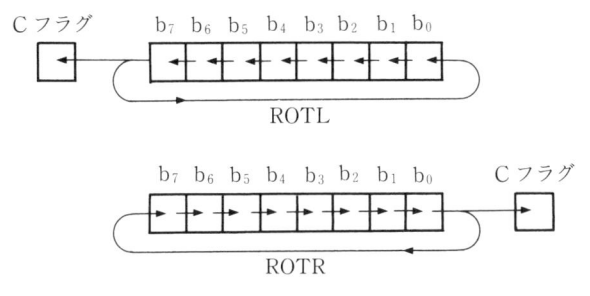

図 **6.15**　ビット回転命令

e)　ビット操作命令

BSET ♯5,R0L：Bit Set，R0L レジスタの 5 ビット目を 1 にセットする．

f)　分岐命令

JMP @LOOP：JuMP，ラベル LOOP へ無条件で分岐する．
JSR @SUB：Jump SubRoutine，サブルーチン SUB へ分岐する．
RTS：ReTurn from Subroutine，サブルーチンからの戻りを示す．
BNE LABEL：Branch Not Equal，等しくなかったら LABEL へ分岐

する．CCR（コンディションコードレジスタ）のゼロフラグがゼロ（Z=0）で等しくないことを示す．

g）その他
NOP：No OPeration，何もしないで次に進む．

▷ 6.5　マイコンを用いたステッピングモータの制御

（1）機器構成

4相ステッピングモータをH8マイコンで制御する例を取り上げる．ステッピングモータの駆動原理は3.6節を参照のこと．機器構成を図6.16に示す．マイコンの入出力ポートP60〜P63に抵抗を介してモータ駆動トランジスタのベースをつなぎ，モータ巻線と並列にダイオードを接続して，巻線の逆起電力によるトランジスタの破壊を防ぐ．

（2）ステッピングモータ励磁パターン

1相励磁でステッピングモータを左回転する場合は，モータの各相を順に時間間隔 T ms をおいて励磁すると $1000/T$（パルス/s）の回転速度が得られる．入出力ポートに図6.17に示すビットパターンを与える．最初に00010001のビットパターンデータを与え，左方向に各ビットを1桁ずつずらす．

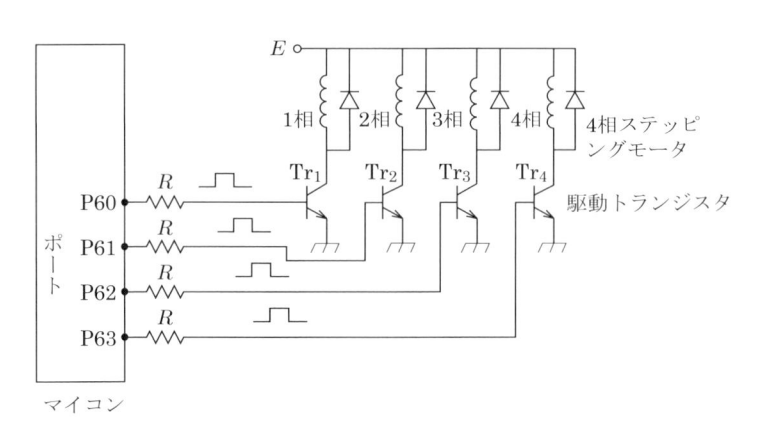

図6.16 ステッピングモータ制御の機器構成

	7	6	5	4	P63 3	P62 2	P61 1	P60 0
	0	0	0	1	0	0	0	1
	0	0	1	0	0	0	1	0
t	0	1	0	0	0	1	0	0
	1	0	0	0	1	0	0	0
	0	0	0	1	0	0	0	1

図 6.17 ステッピングモータの 1 相励磁パターン

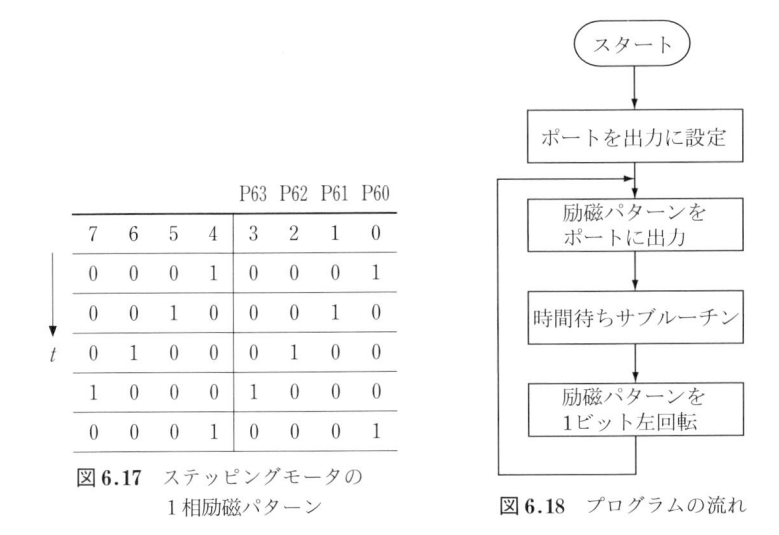

図 6.18 プログラムの流れ

(3) プログラム

図 6.18 にモータ駆動のプログラムの流れを示す．これに対応する H8 アセンブリ言語と C 言語によるプログラムの例をそれぞれ図 6.19，図 6.20 に示す．アセンブリ言語プログラムでは 10 ms 時間待ちサブルーチンを作り，それを 20 回呼び出すことで 200 ms の時間待ちサブルーチンとしており，パルス時間間隔 200 ms に対応する 5 パルス/s で左回転する．ここで CPU 動作周波数 16 MHz の場合，1 クロックは 0.0625 μs なので，DEC.L（2 クロック），NOP（2 クロック），BNE（4 クロック）の 8 クロックを 20000 回繰り返すことで，160000 クロック×0.0625 μs/クロック＝10 ms を作り出している．タイマ割り込み機能を使用すると正確な速度が得られる．C 言語プログラムでは繰り返し回数を数える設定でパルス時間間隔を作っているが，これもタイマ割り込みで正確な時間間隔を作ることができる．

```
            .CPU 300HA                      ;CPUの指定
            .SECTION SMOTOR1, CODE, LOCATE = H'000000
            .SECTION ROM, CODE, LOCATE = H'000100


            MOV.L    #H'FFFF00, ER7         ;スタックポインタの設定
            MOV.B    #H'FF, R0L             ;出力設定用データ
            MOV.B    R0L, @H'FFFFCB         ;ポート6を出力に設定
            MOV.B    #B'00010001, R0H       ;励磁パターン設定
LOOP:       MOV.B    R0H, @H'FFFFC9         ;励磁パターンをポート6へ出力
            JSR      @TIM02S                ;0.2秒時間待ち
            ROTL.B   R0H                    ;励磁パターンを1ビット左回転
            JMP      @LOOP                  ;繰り返し

TIM02S:     MOV.W    #D'20, E5              ;0.2秒時間待ちサブルーチン
L2:         JSR      @TIM10MS
            DEC.W    #1, E5
            BNE      L2
            RTS

TIM10MS:    MOV.L    #D'20000, ER4          ;10 ms 時間待ちサブルーチン
L1:         DEC.L    #1, ER4
            NOP
            BNE      L1
            RTS

            .END
```

図 6.19　ステッピングモータ駆動 H8 アセンブリ言語プログラム

```
#include          "3048f.h"         /* H8/3048F用ヘッダファイル読み込み */
void delay ( long count );
int main ( void )
{
      unsigned char a ;
      P6.DDR = 0xff ;                /* ポート6を出力に設定 */
      a = 0x11 ;                     /* 励磁パターンを設定 */
      while (1) {
            P6.DR.BYTE = a ;         /* 励磁パターンをポート6へ出力 */
            delay (800000) ;         /* 時間待ち */
            a = ( a >> 7) | (a <<1) ;  /* 励磁パターンを1ビット左回転 */
      }
}
void delay ( long count )            /* 時間待ち関数 */
{
      long n ;
      for ( n = 0; n < count; n++) ;
}
```

図 **6.20** ステッピングモータ駆動 C 言語プログラム

演習問題

6.1 半導体技術の進歩で 1 チップの LSI に集積するトランジスタ数が年率 40 % で増加してきた．このことによりマイコンはどのように進化したか．

6.2 身の回りでマイコンが組み込みシステムとして応用されている例を五つあげなさい．

6.3 分解能 10 ビットの A/D 変換器と分解能 8 ビットの D/A 変換器がある．これを用いて 0～5 V の直流電圧を入出力する．入力電圧を何 V 変化させると A/D 変換後の値が 1 ビット変化するか．また 1 ビット変化させたときの D/A 変換の出力電圧の変化は何 V となるか．

6.4 図 6.16 に示す 4 相ステッピングモータを，隣り合う相を同時に励磁する 2 相励磁で右回転させるときのビットパターンはどのようにしたらよいか．

6.5 動作周波数 25 MHz の H8 マイコンを用い，1 ms の時間待ちサブルーチンを H8 アセンブリ言語で作成しなさい．ただし他のプログラムでのレジスタ使用で支障のないようにサブルーチンで使用するレジスタのデータを退避回復させること．

第7章 システム制御理論

　図1.5に示したように，メカトロニクスシステムにおいては，コントローラは頭脳に相当し，全システムをいかに動かすべきかの指令を発するところである．メカトロニクスにおけるコンピュータはコントローラの働きをもっていて，制御対象などに具体的な指令を出すハードウエアであるが，そのソフトウエアに相当するものの一つがシステム制御理論ということができる．メカトロニクスシステムにおいては，システム制御がいかになされるかを司る制御が重要なポイントになる．

　メカトロニクスシステムに限らず，一般的に制御システムにおいては最終目的を達成することはもちろんであるが，そこにいたるまでの過渡状態もできるだけ速くおさまることが望ましい．たとえば，本章の最後に述べているエレベータ制御を考えてみよう（例7.3 p.153）．エレベータが1階から出発し，望みの10階のフロアに段差なく到着することを大きな目標とするが，10階に到着するまでにもいくつかの要求がある．

・定常目標：10階フロアに段差なく到着すること
・過渡目標
　（i）　加速時，減速時の加速度が適度であること．
　（ii）　運転中に上下左右の振動のないこと．
　（iii）　10階に到着するまでの時間が長すぎないこと．

　このように，制御システムは定常目標を達成すると共に，過渡目標も同時に達成しなければ望ましいシステムとはいえない．つまり制御システムでは過渡状態と定常状態の両方を同時に考慮しなければならない．そのために，制御理論ではこの両者を扱うために制御対象や制御システムの表現として微分方程式や伝達関数や状態方程式などを用いることが必要となる．

本章では，システム制御理論の基本的なことについて述べるが，メカトロニクス制御についての広い理解が得られるように，まずメカトロニクスシステムに限らず一般的なシステム制御について説明を行い，その後メカトロニクス制御に関連の深い問題について述べる．

一般に制御系に要求されることは次の3項目である．
① 制御系は安定でなければならないこと：安定性
② 制御量は目標値に一致すること：目標値追従性
③ 外乱，制御対象のパラメータ変動，観測雑音の影響を受けにくいこと：
　　外乱・パラメータ変動抑制

制御系が目指すべき目的はこの三つであり，いかにしてこの性質を確保するかに注目して制御というものを考える必要がある．

ところで，メカトロニクスシステムのように，要求される制御性能が厳しい場合に用いられる制御方法としては，主としてフィードバック制御がある．しかし，大きくシステム制御というときにはシーケンス制御 (sequence control) を忘れてはならない．制御の一般的な理解のためにはフィードバック制御のみに関心をもっていては片手落ちとなるので，シーケンス制御について述べる．ついでフィードバック制御について重要と思われる考え方について説明し，制御系構成の基本を述べる．

これらは線形制御理論の立場での議論であるが，メカトロニクスシステムの制御にはこのような立場に基づく多くの方法が活用されている．本章の前半では具体的な制御方法についての詳細は述べないで，考え方を述べる．またここでは制御対象としては線形系を考えている．つまり線形制御理論の範囲での議論のみを述べている．

メカトロニクス分野における制御では，制御対象は線形系のみではないので注意しなければならない．非線形系に対する制御について対象を表わす非線形微分方程式を線形化して，線形制御理論を適用するという立場は必ずしも許されるものではないことに注意しなければならない．メカトロニクス分野ではロボットは一つの目玉であり，その運動方程式は非線形微分方程式で表される．

本章では，非線形制御の一例としてロボットマニピュレータを取り上げ，その運動方程式の導出，その特徴，および非線形制御の方法をいくつか示す．現状では，どんな場合にも適用可能な非線形制御法を方法と期待することは無理があると思われるので，一般的な方法を期待するよりも，制御対象の構造の特

徴を利用して，それぞれに工夫した方法を開発するのが適当であろう．そのような例として，次の8章ではロボット制御について述べている．

▷ 7.1 シーケンス制御

シーケンス制御とは次のように定義されている．
　「あらかじめ定められた順序，または一定の論理によって定められた順序に従って制御の各段階を逐次進めていく制御」
具体的には自動販売機や自動洗濯機，交通信号機など日常生活で非常に多くのシステムがこのシーケンス制御に基づいて動いている．この制御は各段階でそれぞれ指定された動作を行い，そのいくつかの動作のつながりとして最終的に要求される結果を出す．例を三つあげよう．

[例1]　自動切符販売機での作業の流れは次のようになる．
　　　　　　外部からコインを受け取る➡
　　　　　　　コインの真贋の判定➡
　　　　　　　コインの種類の判定➡
　　　　　　　要求される切符の印刷➡
　　　　　　　釣り銭の計算と準備➡
　　　　　　　切符と釣り銭の出力

[例2]　自動洗濯機
　　　　注水➡
　　　　　洗濯➡
　　　　　　排水➡
　　　　　　　すすぎ➡
　　　　　　排水➡
　　　　　　脱水

[例3]　ロボットアームによる繰り返し作業
　　　　　アームを伸ばす➡
　　　　　　手を開く➡
　　　　　　　物をつかむ➡
　　　　　　　アームをもとに戻す➡

アームを90度回転する➡

物を置く

　ところで，例3においては，各段階ではそれぞれ作業を実行することが示されている．しかし，具体的にはさらに細かいレベルの制御が必要である．たとえば，アームを90度回転するというときには，90度回転したかどうかを正確にチェックする必要がある．もし90度になっていなければ，90度になるように修正動作を行わなければならない．そのような場合に使われる制御は，一般的にはシーケンス制御と呼ばれるものではなく，より定量的な制御を必要とし，その代表的な方法がフィードバック制御である．シーケンス制御はその意味でより大局的で，定性的な制御であるといわれる．あるいは，制御システム（図7.1）でいえば，より階層レベルの高いところで手順を決めることを目的とすることである．

　一方，定量的な制御とは次節で述べるような，物理量（位置，角度，速度，温度など）を望みの値にすることを目的とするフィードフォワード制御あるいはフィードバック制御である．シーケンス制御が作業を目的とするのと違っている．

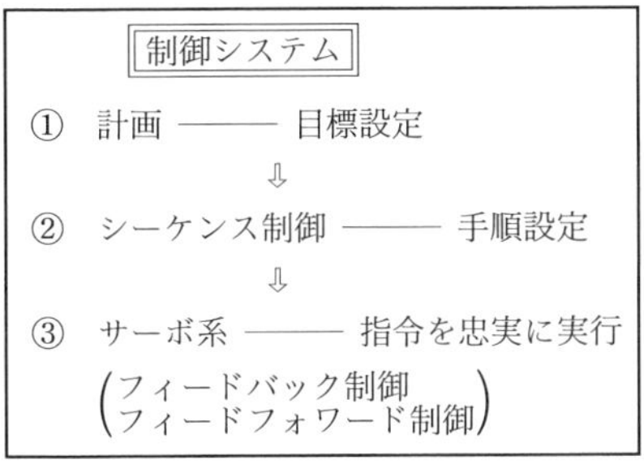

```
            ┌制御システム┐
    ① 計画 ──── 目標設定
               ⇓
    ② シーケンス制御 ──── 手順設定
               ⇓
    ③ サーボ系 ──── 指令を忠実に実行
      (フィードバック制御 )
      (フィードフォワード制御)
```

図 7.1

▷ 7.2　メカトロニクス制御

　メカトロニクスシステムでは，制御の目的は制御対象である機構の位置や角度，速度などの物理量を定常状態はもちろん，過渡状態においてもできるだけ望みの状態にさせることである．そのような例をいくつか以下に示す．

　a）ハードディスクのヘッドを望みの位置に高速で移動させ，しかもその

精度がきわめて厳しい．
b) VTRのヘッドとテープとの相対速度を厳密に制御したい．
c) アンチロックブレーキ（ABS）においてはいかなる路面状況においてもスリップ率（(車体速度－車輪速度)/車体速度）を適切な値に保つことが要求される．
d) CDプレーヤにおいてピックアップのレーザビームがCDディスクのトラックを正しく追従すること．
e) アクティブサスペンションにおいて，路面に凸凹があっても，車体ができるだけ振動せず，乗り心地を悪くしないと同時に操縦性も悪化しないようにすること．
f) クレーンで荷物を運ぶとき，望みの位置にできるだけ早く，かつできるだけ早く振れ止めをすること．

メカトロニクスシステムをシステム制御の立場でブロック図に描いてみると，図7.2のように描ける．コントローラは，位置や速度に対する目標値と，現在の位置あるいは速度との差を入力信号として受け，何らかの判断基準による制御アルゴリズムに基づき計算機による演算を行い，その結果をコントローラの出力信号として出す．その指令を受けて駆動装置でパワーアップしてアクチュエータを動かし，アクチュエータの力を受けて機構が動き，目的の位置や速度などに到達する．この目標値は一定値をとることもなくはないが，メカトロニ

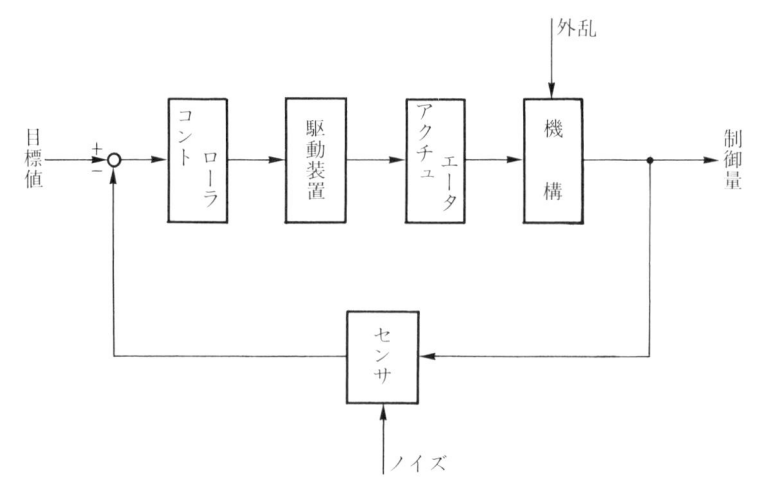

図7.2 制御システム構成図

クスシステムではかなり変化する値となることが多い．すなわち，時々刻々変化する目標値に制御量(出力)が追従することが要求される．このような制御系のことを通称「サーボ系(servomechanism)」と呼ぶ．このようなサーボ系を構成する場合には基本的に次の二つのことを考えなければならない．

（1） システム同定・モデリング

制御方法を考えるためには，制御する相手を知る必要がある．つまり，制御対象の性質を知り，それにふさわしい制御方法をコントローラに組み込まなければならない．制御対象である機構，およびアクチュエータなどの動きが速いのか，遅いのか，あるいは信号の伝達遅れが大きいのかどうかなどをある程度知らなければ，思い通りに機構を動かすことはできない．このような性質を知り，数式などで表現しそのパラメータを決めることをシステム同定あるいはモデリングという．

（2） 制御方法

目標値と制御量とを比較して誤差があればコントローラは修正動作を行うが，このときどのような修正動作をすれば良いのか．誤差の現在値のみにより修正するか，あるいは過去の誤差の履歴も考慮にいれる方が良いかもしれない．さらには将来の動向を予測して修正動作を考えることはできないか等々，コントローラである計算機にいかなる知識を教えるべきかが問題となる．

制御対象の出力を思い通りに制御するための方法として大きく分けてフィードフォワード制御とフィードバック制御の方法がある．両者の詳細を説明する前におおよその考え方を述べよう．

（a） フィードフォワード制御(feedforward control)

図7.3に示すように，この方法はあらかじめ決められた何らかの考え方に従って制御対象(機構)に入力を加え，その結果が出力となる形である．この制御系は構造的に修正動作が行われず，「やりっぱなしの制御方法」であるので，このような制御方法が有効であるのは，次のような場合に限られる．

① コントローラの指令通りに［駆動装置＋アクチュエータ］が動くこと．

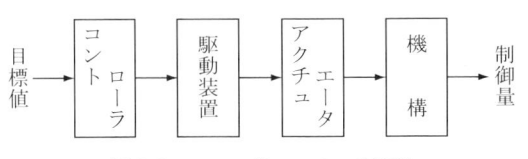

図7.3 フィードフォワード制御

② 制御対象の振舞いが，あらかじめよくわかっていて，制御対象にどのような入力をいれたら出力はどのように動くかがはっきりわかっていること．

③ コントローラの制御アルゴリズムを考えるときに予想した以外の突発的なこと（外乱など）は起きないこと．

3章において指令パルスの数に応じた回転角度だけ動くアクチュエータとしてステッピングモータについて述べた．このモータがフィードフォワード (FF) 制御のアクチュエータとして好んで用いられる理由はここにある．

（b） フィードバック制御 (feedback control)

フィードフォワード制御での問題点を克服する優れた方法は，図 7.2 のような構成で制御を行うことである．この構成の特徴は制御結果（制御量）をセンサにより検出し，これを目標値と比較して，誤差があれば修正動作を行うという機能をもっていることである．このような制御をフィードバック制御という．一般に，フィードフォワード制御が有効であるための条件①～③に対して個々に対応することはかなり困難である．すなわち，突発的な外乱が起きないように環境を整備したり，制御対象のことを詳細に調査したり，各要素が確実に目的を実行するようにする必要があるが，われわれの周辺にはそれらを要求することが困難な場合が多々ある．しかし，フィードバック (FB) 制御のように制御結果を常に監視して，誤差があれば修正動作を行うようにしておけば，そのような問題には基本的にはかなり容易に対応できる（もちろん，種々の重要なポイントはある）．その点についての詳細な検討は次節において述べる．

▷ 7.3　フィードフォワード制御

フィードフォワード制御は，信号の流れが開いていることから開ループ制御 (open loop control) ともいう．同様な理由により，フィードバック制御は閉ループ制御 (closed loop control) ともいう．制御目的に応じてフィードフォワード制御でも充分間に合う場合もあれば，どうしてもフィードバック制御を用いる必要のある場合があるのは前述のとおりである．本節ではこの二つの制御方法の比較を行う．

図 7.4(a) にフィードフォワード制御系の基本的な構造を示す．ここで $R(s)$ は目標値，$U(s)$ は操作量，$Y(s)$ は制御量（出力），$D(s)$ は外乱である．また

7.3 フィードフォワード制御　117

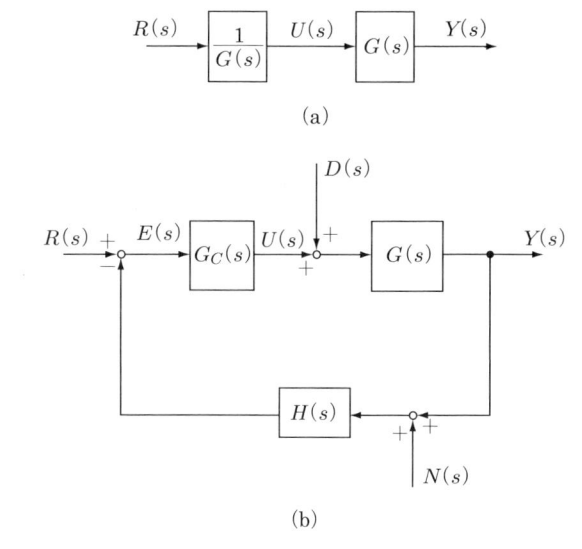

図 7.4 FF 制御系と FB 制御系

$G(s)$ は駆動装置＋アクチュエータと制御対象を含めた伝達関数である．制御の目的は制御量 $Y(s)$ を目標値 $R(s)$ に一致させることである．つまり $Y(s)=R(s)$ が目的である．図に示すように，ここではコントローラとして逆伝達関数 $1/G(s)$ を用いている．したがって，この場合には $R(s)=Y(s)$ が常に成り立つ．しかし，この方法には次の点で問題がある．まず，制御対象 $G(s)$ が正確にわからない場合，すなわち，本当は $G'(s)$ であるが，これを正しく知ることができなかったり，最初は $G(s)$ であったが，運転中に何かの原因で $G'(s)$ に変化してしまったが，それを知らずにこれを $G(s)$ であるとしてコントローラを設計してしまうと制御量は次のようになる．

$$Y(s)=\frac{G'(s)}{G(s)}R(s) \neq R(s) \tag{7.1}$$

前に述べたように，良い制御を行うためにはいかに制御対象を正しく知るかというモデリングの作業は，重要なポイントである．モデル化が本来不可能に近い非線形摩擦とか，歯車などにみられるバックラッシュ，増幅器における非線形性（スイッチング動作を用いているとか出力の飽和の問題）などを含む制御対象やアクチュエータにおける厳密に正確なモデリングは，通常困難であると考えざるをえない．つまり，$G(s)$ を正しくとらえることは無理であるので，

フィードフォワード制御における理想的な状況は，まず実現できないということになる．また図において外乱 $D(s)$ が入ったとすると，その影響はそのまま出力に表れてしまう．これは前述の当初予想しなかった突発的な状況の発生に相当する．

さらに図 7.4 での問題点がある．通常 $G(s)$ は次のように表現される．

$$Y(s) = \frac{b_m s^m + b_{m-1} s^{m-1} + \cdots + b_0}{s^n + a_{n-1} s^{n-1} + \cdots + a_0} U(s) \tag{7.2}$$

ここで，$n \geq m$ である．なぜならば，分子多項式の次数 m が分母多項式の次数 n より大きいとすると，たとえば，$m = n+1$ とすると上式は次のような形となる．

$$Y(s) = b_m s U(s) + \frac{(b_m - a_n b_m) s^{m-1} + \cdots + c_0}{s^n + a^{n-1} s^{n-1} + \cdots + a_0} U(s) \tag{7.3}$$

右辺第 1 項の $sU(s)$ は，$G(s)$ への入力信号 $u(t)$ の微分値を意味することになる．つまり，入力信号の微分値が出力信号に現れることになり，これは $G(s)$ の結果（出力）が $G(s)$ の原因（入力）の変化の様子を予測するということになり，現実の物理系での因果律に反する不自然な現象である．すなわち，一般的に伝達関数 $G(s)$ においては $n \geq m$ であるということになる．そこで図 7.4(a) に戻ろう．

コントローラに逆伝達関数 $1/G(s)$ を用いた場合には $G(s)$ は $n \geq m$ を満足しているから $1/G(s)$ は s，s^2 などの微分動作を含むことになる．つまり $1/G(s)$ を実現するためには，微分動作を実現しなければならないことになるが，純粋な微分動作の実現は不可能である．どうしても必要な場合には，近似微分動作を使わざるをえないが，この場合も高周波信号（ノイズ）を増幅してしまうので，実現上難しいことが多い．

▷ 7.4 フィードバック制御

7.4.1 ハイゲインフィードバック制御系

図 7.4(a) に対応して，フィードバック制御系の構成図を図 7.4(b) に示す．図 (a) に書かれた信号に加えて，$N(s)$ なる信号を考える．主としてこれはセンサなどに起因する雑音を想定しており，制御系にとっては有害な信号である．ここではコントローラの伝達関数を $G_c(s)$ と表している．$G_c(s)$ は上述のフ

ィードフォワード制御に用いるような逆伝達関数 $1/G(s)$ ではない．どのようなものを選ぶべきかは詳細な議論が必要であり，ここではその点は議論しないで大枠についての説明を行う．図 7.4(b) において信号 $R(s)$，$Y(s)$，$D(s)$，$N(s)$ 間の関係は次のようになる．

$$Y(s) = \frac{G_c(s)G(s)}{1+G_c(s)G(s)H(s)}R(s) + \frac{G(s)}{1+G_c(s)G(s)H(s)}D(s)$$
$$- \frac{G_c(s)G(s)H(s)}{1+G_c(s)G(s)H(s)}N(s) \tag{7.4}$$

図 7.4(b) において目標値 $R(s)$-制御量 $Y(s)$ 間の伝達関数は次のように求まる．ただし，ここでは $D(s)=0$ および $N(s)=0$ として考える．

$$\frac{Y(s)}{R(s)} = \frac{G_c(s)G(s)}{1+G_c(s)G(s)H(s)} \tag{7.5}$$

上式において $|G_c(j\omega)G(j\omega)H(j\omega)| \gg 1$ となるようにコントローラ $G_c(s)$ を選ぶと次式が得られる．

$$\frac{Y(s)}{R(s)} \fallingdotseq \frac{1}{H(s)} \tag{7.6}$$

つまり，目標値-制御量間の性質は，センサ $H(s)$ によって決定されることがわかる．センサがきわめて重要な役割を担っていることがわかる．

一例として，$H(s)=1$ の場合には制御対象やコントローラにはかかわらず（コントローラは $|G_c(j\omega)G(j\omega)H(j\omega)| \gg 1$ を満足する条件で），$Y(s)=R(s)$ という目的は達成されることになる．制御対象やアクチュエータを表す $G(s)$ は与えられていて，ゲインなどは変化できないと考えるのが自然であるので，$|G_c(j\omega)G(j\omega)| \gg 1$ を満足するためには，コントローラ $G_c(s)$ のゲインを大きくするということで実現することになる．これをハイゲインフィードバック制御系 (high gain feedback control system) と呼ぶ．ハイゲインフィードバック制御系により目的が達成されたかのようにみえるが，制御の問題がハイゲインフィードバック系を構成することですべてが円満解決するわけではない．すなわち，$G_c(j\omega)$ において ω は角周波数を表すが，すべての角周波数にわたって $G_c(j\omega)$ のゲインを大きく選ぶとすると，操作量 $u(t)$ $(U(s))$ が過大になったり，制御系が不安定になったりすることが多い．どのような対策を講じるかは後で説明する．

7.4.2 内部パラメータ変化の影響

図7.4(a)にはフィードフォワード制御系，図(b)にはフィードバック制御系を示してある．これについてさらに以下の検討を行う．ここで制御対象の伝達関数 $G(s)$ が $G(s)+\varDelta G(s)$ に変化した場合に，制御量 $Y(s)$ が $Y(s)+\varDelta Y(s)$ に変化する．このときフィードフォワード制御とフィードバック制御でどのような影響の差が現れるかを検討する．

1) フィードフォワード制御系

パラメータ変動前：$Y(s)=G_C(s)G(s)R(s)$

パラメータ変動後：$Y(s)+\varDelta Y(s)=G_C(s)[G(s)+\varDelta G(s)]R(s)$

これより次式を得る．

$$\frac{\varDelta Y(s)}{Y(s)}=\frac{\varDelta G(s)}{G(s)} \tag{7.7}$$

2) フィードバック制御系

パラメータ変動前：

$$Y(s)=\frac{G_C(s)G(s)}{1+G_C(s)G(s)H(s)}R(s)$$

パラメータ変動後：

$$Y(s)+\varDelta Y(s)=\frac{G_C(s)[G(s)+\varDelta G(s)]}{1+G_C(s)[G(s)+\varDelta G(s)]H(s)}R(s)$$

これより次式を得る．

$$\frac{\varDelta Y(s)}{Y(s)}=\frac{1}{1+G_C(s)[G(s)+\varDelta G(s)]H(s)}\cdot\frac{\varDelta G(s)}{G(s)} \tag{7.8}$$

ここで，$\varDelta G(s)\varDelta Y(s)\fallingdotseq 0$ として次式となる．

$$\frac{\varDelta Y(s)}{Y(s)}\fallingdotseq\frac{1}{1+G_C(s)G(s)H(s)}\cdot\frac{\varDelta G(s)}{G(s)} \tag{7.9}$$

これより，制御量 $Y(s)$ の変動率はパラメータ変動率の $1/[1+G_C(s)G(s)\cdot H(s)]$ 倍となることがわかる．したがって，$|G_C(j\omega)G(j\omega)H(j\omega)|\gg 1$ が成り立つ周波数範囲においては，制御対象のパラメータ変動は制御量にほとんど表れないことがわかる．

7.4.3 外部パラメータ変化の影響

次に図7.4(b)においてフィードバック要素 $H(s)$ が $H(s)+\varDelta H(s)$ と変化した場合を考える．このときも同様にして次の結果を得る．

$$\frac{\mathit{\Delta}Y(s)}{Y(s)} = -\frac{G_C(s)\,G(s)\,H(s)}{1+G_C(s)\,G(s)[H(s)+\mathit{\Delta}H(s)]}\cdot\frac{\mathit{\Delta}H(s)}{H(s)}$$
$$\fallingdotseq -\frac{G_C(s)\,G(s)\,H(s)}{1+G_C(s)\,G(s)\,H(s)}\cdot\frac{\mathit{\Delta}H(s)}{H(s)} \tag{7.10}$$

したがって，フィードバック要素のパラメータ変動に対しては，内部パラメータ変動の場合と違って，いかに$|G_C(j\omega)\,G(j\omega)\,H(j\omega)|\gg 1$が成り立つとしてもパラメータ変動がそのまま制御量の変動として表れることになる．これはどんなに優れたコントローラを用いても，センサの特性が変化してしまうような場合には，良い制御はできないということを意味している．式(7.6)に関連してセンサの重要さが明らかとされたのと併せて大切な点である．

【例】 第4章で述べたトランジスタ増幅器において，図7.5(a)に示すようなエミッタ接地形のトランジスタ増幅器を考える．このような増幅器はフィードバックのかかっていない一番シンプルな増幅器であって，FBなしアンプと呼ぶことにする．フィードバック増幅器の性質を検討するために，この回路図において電源に相当するもの(図4.3ではV_{CE})は省略している．図(a)において電圧増幅度は次のようになる．

$$A = \frac{e_o}{e_i}$$

図7.5(b)は図(a)にフィードバックをかけたフィードバック増幅器(FBアンプ)である．これは負荷に並列に抵抗R_1とR_2を接続したものである．負荷電圧e_oが抵抗R_1とR_2にかかることになる．そのうち，ベース・エミッタ間にかかわる電圧は抵抗R_2の電圧である．この電圧は次のようになる．

(a) エミッタ接地増幅器
 (FB なしアンプ)

(b) FB アンプ

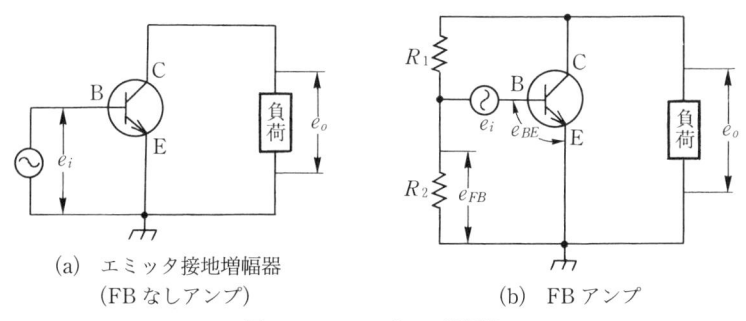

図 **7.5** トランジスタ増幅器

$$e_{FB} = \frac{R_2}{R_1+R_2} e_o = \beta e_o \qquad \beta = \frac{R_2}{R_1+R_2} \qquad \beta：帰還率$$

図からわかるようにトランジスタのベース・エミッタ間にかかる電圧 e_{BE} は次のようになる．図(a)において e_i と e_o は逆相であることに注意する．

$$e_{BE} = e_i - e_{FB} = e_i - \beta e_o$$

したがって，図(b)ではこの e_{BE} がトランジスタで増幅されることになる．

$$e_o = A e_{BE} = A(e_i - \beta e_o)$$

これより次式を得る．

$$A_{FB} = \frac{e_o}{e_i} = \frac{A}{1+A\beta} = \frac{1}{1+A\beta} A$$

つまり図(b)のFBアンプの増幅度 A_{FB} は，図(a)のFBなしアンプの増幅度 A より小さくなることがわかる．これをもとにFBアンプの特徴を二つ述べる．

（1） FBアンプの特性

図7.5(b)のFBアンプにおいて，入力信号 e_i から出力信号 e_o までの信号の流れをブロック図で表すと図7.6のようなネガティブフィードバック系として表される．図7.5(b)におけるトランジスタの増幅度が大きく，したがって $A\beta$ も充分大きいとすると，FBアンプの増幅度 A_{FB} は次のようになる．

$$A_{FB} = \frac{A}{1+A\beta} \fallingdotseq \frac{1}{\beta}$$

これは式(7.6)と同じことを表している．すなわち，A の大きなトランジスタを用いている場合には，FBアンプの特性はトランジスタの特性には関係なく，フィードバック回路 β の特性によってのみ決まってしまうことがわかる．図において，フィードバック回路に入っているのは抵抗 R_1 と R_2 であることに注意しよう．つまり，そのようなアンプにおいてアンプの性能を左右するのはフィードバック回路に入っている受動素子である抵抗であって，能動素子であるトランジスタではないということである．

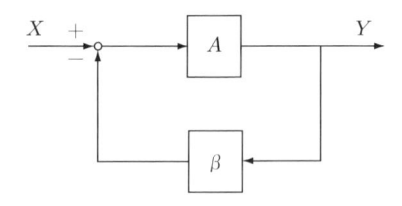

図 7.6 フィードバックアンプのブロック図

（2） 特性変化

トランジスタの増幅度 A が $A+\Delta A$ に変化した場合の影響を FB なしアンプと FB アンプで比較して考察する（図 7.7(a)，(b)）。

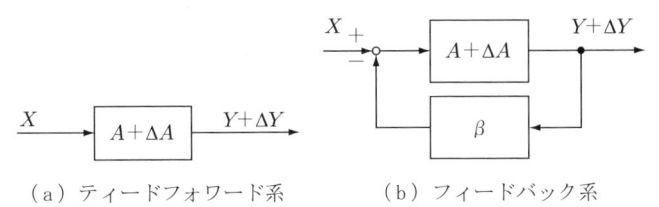

（a）フィードフォワード系　　（b）フィードバック系

図 7.7 特性変化のある場合（ゲイン A が ΔA だけ変化した場合）

a） FB なしアンプの場合

変動前　　$Y = AX$

変動後　　$Y + \Delta Y = (A + \Delta A)X$

となりこれより次式を得る．

$$\frac{\Delta Y}{Y} = \frac{\Delta A}{A} \qquad ①$$

b） FB アンプの場合

変動前　　$Y = \dfrac{A}{1+A\beta} X$

変動後　　$Y + \Delta Y = \dfrac{A + \Delta A}{1+(A+\Delta A)\beta} X$

上二式より次式が得られる．

$$\frac{\Delta Y}{Y} = \frac{1}{1+A\beta} \cdot \frac{\Delta A}{A} \qquad ②$$

なお，この結果は式(7.9)と同じことを示したことになる．

①と②を比較すると $A\beta$ が大きければ FB アンプが ΔA の変動に大変強いことがわかる．

【例 7.1】 $A = 1000$，$\beta = 0.02$ として上の①と②を計算する．

① より　　$\dfrac{\Delta Y}{Y} = 1.0 \dfrac{\Delta A}{A}$

② より　　$\dfrac{\Delta Y}{Y} = \dfrac{1}{1+A\beta} \cdot \dfrac{\Delta A}{A} = \dfrac{1}{1+1000 \times 0.02} \cdot \dfrac{\Delta A}{A} = 0.0476 \dfrac{\Delta A}{A}$

このようにトランジスタの増幅度 A の変動は FB アンプではほとんど影響がないことがわかる．一方，FB なしアンプではその影響は深刻な問題となる．

そのほか，FBアンプにすることにより周波数特性の改善，入力インピーダンスや出力インピーダンスを可変できること，ノイズやひずみの影響の低減などに有効であることなどが示される．そのうちいくつかを演習問題で試みて欲しい．FBをかけることにより，以上のような優れた特徴が得られるのであるが，それにはFBアンプの増幅度がFBなしアンプに比較して低下するという代償を払っている．なお，FBアンプが難しいのは，正しく設計されないとその安定性が損なわれることであり，安定性が保証されなければ元も子もない．

7.4.4 感度による表現

上で述べた性質を感度の面から説明することは，制御系の問題を整理するのに有効である．目標値-制御量間の伝達関数を $W_{RY}(s)$ とし，制御対象 $G(s)$ が $G(s)+\Delta G(s)$ に変化したときの $W_{RY}(s)$ が受ける影響はBode感度 (Bode sensitivity) と呼び，次のように定義される．

$$S(s) = \frac{\Delta W_{RY}(s)/[W_{RY}(s)+\Delta W_{RY}(s)]}{\Delta G(s)/[G(s)+\Delta G(s)]} \tag{7.11}$$

制御対象の変動 $\Delta G(s)$ があっても，目標値-制御量間の伝達関数 $W_{RY}(s)$ の変化がなければ感度 $S(s)$ は0ということになる．すなわち，感度は小さいほど好ましいということになる．

図7.4(b)についてこの感度を計算し，次式を得る (演習問題7.5)．

$$S(s) = \frac{1}{1+G_c(s)G(s)H(s)} \tag{7.12}$$

この結果より $|G_c(j\omega)G(j\omega)H(j\omega)|$ を大きくすれば感度 $S(s)$ を小さくできることがわかる．すなわち，制御対象 $G(s)$ が変動しても，目標値-制御量間伝達関数 $W_{RY}(s)$ はあまり影響を受けないことがわかる．式(7.9)と式(7.10)は感度 $S(s)$ を用いると，次のように表現できる．

$$\frac{\Delta Y(s)}{Y(s)} \doteqdot S(s)\frac{\Delta G(s)}{G(s)} \tag{7.13}$$

$$\frac{\Delta Y(s)}{Y(s)} \doteqdot [S(s)-1]\frac{\Delta H(s)}{H(s)} \tag{7.14}$$

したがって，開ループゲイン $|G_c(j\omega)G(j\omega)H(j\omega)|$ を上げて $S(s)$ を小さくすると，つまり低感度 (low sensitivity) にすると，制御量は制御対象のパラメータ変動を受けにくくなるが，一方でセンサの不正確さの影響をまともに受けることになることが改めてわかる．これらに対して考慮が必要となる．

7.4.5　外乱，雑音の影響

図 7.4(b) には，目標値信号 $R(s)$ の他に外乱 $D(s)$ と雑音 $N(s)$ の外生信号が示されている．外乱と雑音は，制御量 $Y(s)$ には何ら影響のないことが望まれる．フィードバック制御系を構成した場合に，これらの影響がどのようになるかを検討する．

まず外乱-制御量間の関係は，式 (7.4) から次のようになる．

$$Y(s) = \frac{G(s)}{1 + G_c(s) G(s) H(s)} D(s) = G(s) S(s) D(s) \quad (7.15)$$

一方，雑音-制御量間の関係も同様に次のように求まる．

$$Y(s) = -\frac{G_c(s) G(s) H(s)}{1 + G_c(s) G(s) H(s)} N(s) = [S(s) - 1] N(s) \quad (7.16)$$

式 (7.15)，(7.16) より開ループゲイン $|G_c(j\omega) G(j\omega) H(j\omega)|$ を上げて $S(s)$ を小さくすると，外乱 $D(s)$ の制御量に与える影響はきわめて小さくできるが，逆に雑音 $N(s)$ の制御量への影響は最悪に近づくことがわかる．

7.4.6　フィードバック制御系の基本的性質

図 7.4(b) のフィードバック制御系の信号の関係式 (7.4) を感度 $S(s)$ を用いて表すと次のようになる．ただし，簡単のために $H(s) = 1$ とする．

$$Y(s) = [1 - S(s)] R(s) + S(s) G(s) D(s) - [1 - S(s)] N(s) \quad (7.17)$$

上の関係において制御系に要求されることは次のようである．

$$Y(s) = 1 \cdot R(s) + 0 \cdot G(s) D(s) - 0 \cdot N(s) \quad (7.18)$$

すなわち，外乱 $D(s)$ と雑音 $N(s)$ が存在しても，それが制御量 $Y(s)$ に一切影響を及ぼさず，$Y(s) = R(s)$ が実現されることが望まれる．しかし式 (7.18) を式 (7.17) に対応させれば明らかなように，感度 $S(s)$ を 1 としても 0 としても基本的にそのような特性は得られない．これがフィードバック制御系の基本的性質であることに注意しよう．それではどのようにして目的に近づけばよいのか．次におおよその考え方を示す．

図 7.8 にフィードバック制御系にかかわる三つの外生信号，すなわち目標値信号 $R(s)$，外乱信号 $D(s)$，雑音 $N(s)$ の周波数成分を概念的に示す．これより低周波数領域においては $S(s)$ を 0 とし，高周波数領域では $S(s)$ を 1 とするようにコントローラなどを設計するというのが，基本的な考え方として採用

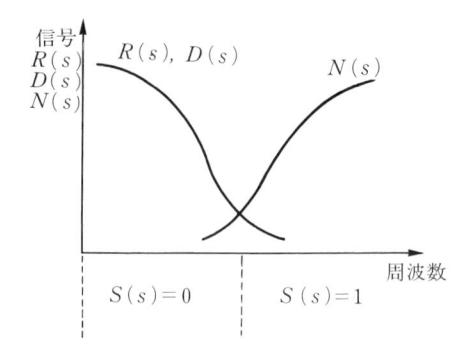

図7.8 目標値信号，外乱，雑音の周波数帯域

できることがわかる．すなわち，低周波数領域には雑音成分はそもそもないので，式(7.17)の右辺第3項のことは考えなくともよく，$S(s)=0$ とすれば目的を達成する．また，高周波数領域では目標値信号と外乱信号成分はないと考えられるので，式(7.17)の右辺第1項と第2項がないとして考えればよい．コントローラに積分要素を入れる積分補償（後述のI制御，積分制御）というのは，このような考え方を使った簡単で実用的な一つのアプローチである．

なお，ここでは感度 $S(s)$ について三つの外生信号（$R(s)$，$D(s)$，$N(s)$）に対する制御系に望まれる性質の立場からのみ述べたが，感度をどのように設計するかはきわめて重要な問題であり，後節に触れるようにロバスト安定性との関連で考察される必要がある．

7.4.7 フィードバック制御系の安定性

以上では，フィードフォワード制御に比較してフィードバック制御は非常に優れた制御構造をもっていることを述べた．しかし注意すべきは，本章の一番最初に示したように，制御系はまず第一に安定でなければならないということである．フィードバック制御系の安定性が保証されなければ，上述の優れた性質を発揮することなど及びもつかないのである．核分裂や倒立振子のように，制御対象そのものは不安定なものであっても，適切なフィードバック制御を行うことによってFB制御の安定化が可能となる．つまりフィードバックの形をとることによって，不安定な制御対象を含むFB制御を安定化できるということは，同時に安定な制御対象であってもフィードバックの使い方を誤るとFB制御は不安定になることも意味している．

わかりやすい例としては，マイクとアンプとスピーカにより音声を増幅しているときに，スピーカの出力が不用意にマイクに入り，ハウリングを起こすなどがあげられる．この場合，アンプのゲインが小さければハウリングが起きないが，ゲインを上げるとハウリングが起きてしまうことはよく経験することである．このようにでき上がったフィードバック系が安定か不安定かは，ゲインの大小のみによっても容易に影響を受けてしまう．

一般に制御対象のモデル化誤差は避けられないものであるが，高周波数領域で特に問題である．これがフィードバック制御系の安定性に悪い影響を与えることがあり得ることから安定性への注意が必要である．このような場合の安定性(ロバスト安定性)と制御性能を合わせて考えるのがロバスト制御という立場である．

このようにフィードバック制御を実施する場合には，安定性に常に注意を払いながら制御性能を希望に近づけるということを念頭におく必要がある．

▷ 7.5　PID 制御

前節までで，メカトロニクスシステム制御におけるサーボ系として，制御系の構造は安定性に注意した上でフィードバックの形を採用するのが適当であるということを述べた．次に考えるべき問題は，この制御系において制御方法はいかなる方法を採用するべきか，つまりコントローラにどのような考え方を用いるのが適当かである．たとえば，図 7.4(b) におけるコントローラ $G_C(s)$ の中身をどうするかという問題がある．いろいろな考え方があるが，ここでは実際，大変よく用いられている PID 制御 (Proportional - Integral - Derivative control) について説明する．

図 7.9 にコントローラのみを取り出している．コントローラの入力信号は誤差信号 $e(t)$ であり，出力信号は [駆動装置＋アクチュエータ] と制御対象に具体的に働きかける役目をもつ操作量 $u(t)$ である．以下では，メカトロニクスシステムの例ではないが，わかりやすい例としてタンクの水位制御をとりあげ，

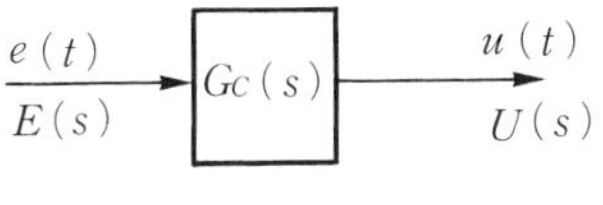

図 **7.9**　コントローラの入出力信号

PID 制御について説明する．なお，タンクは水があふれ出ることがないことおよび注水量（操作量）u は負にならないという仮定で考える．

7.5.1　P 制御

P 制御（proportional control）あるいは比例制御という制御動作はコントローラの入出力関係式が次式で表されるものである．

$$u(t) = K_P e(t) \quad \text{あるいは} \quad U(s) = K_P E(s) \quad (7.19)$$

ただし，$e(t) = R(t) - y(t)$　　$R(t)$：目標値　　$y(t)$：制御量

この制御動作の意味は，誤差の大きさに比例して操作量を出力するという最も標準的なものである．図 7.10(a) にはタンクとそれに注水できる水道の蛇口があり，その蛇口のバルブの開閉を司るのがコントローラとなっている．コントローラに P 制御を用いた場合には，制御系のブロック図は図 7.10(b) となる．式 (7.19) より誤差 $e(t) = 0$ となれば操作量 $u(t)$，すなわち蛇口からの注水も 0 となり，水位 $y(t)$ は目標値 R_0（一定値）と一致して，目的は完全に達成される．K_P は比例ゲインといい，図 7.10(c) に示すようにその大きさに応じて過渡特性に違いが出てくる．しかし，K_P の大きさにはかかわらず，最終的には制御量は目標値と一致する．

7.5.2　I 制御と PI 制御

図 7.10 のようなタンクでの水位制御では，P 制御を用いれば充分であるが，図 7.11(a) のように排水口のあるタンクの場合を考えてみよう．排水口つきタンクでは水位がある限り排水が続くので，その働きはそれ自体フィードバックのかかった制御対象となる．その伝達関数は図 7.11(b) に示すような 1 次遅れ要素で近似できる．この制御対象に P 制御（図 7.12(a)）を使うと次のようになる．

　　　水位を一定に保つとすると ➡ 定常的に排水される ➡
　　　　　定常的注水が必要 ➡ 定常的注水のための誤差が必要となる
　　　　　　　　（定常偏差，オフセット，offset）

すなわち，図 7.12(b) に示すような定常誤差が必ず発生する．これは次のようにしても示される．P 制御のコントローラの入出力関係は次のようである．

$$u(t) = K_P e(t) \quad U(s) = K_P E(s) \quad (7.20)$$

$t \to \infty$ においては次の関係式が成り立つ．

7.5 PID 制御

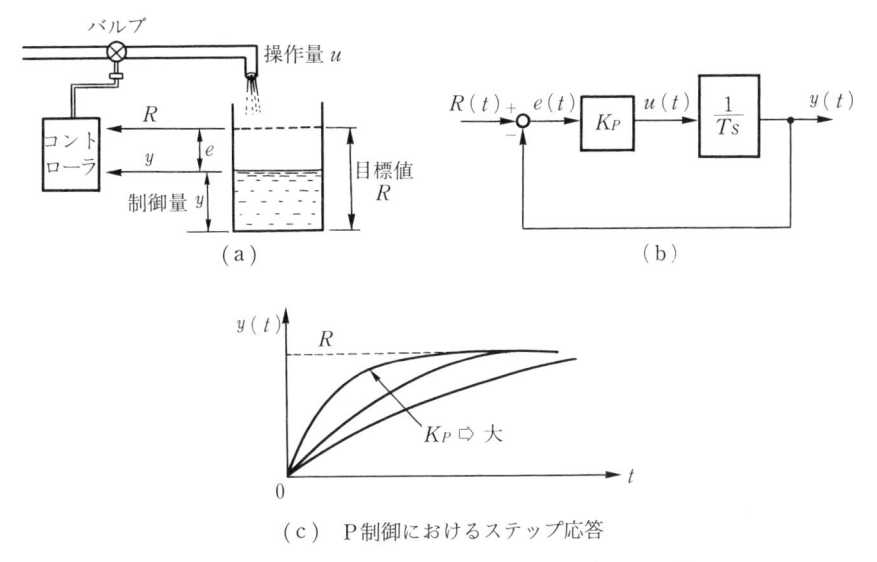

(a) [タンク水位制御の図: バルブ, 操作量 u, コントローラ, R, y, e, 制御量 y, 目標値 R]

(b) [ブロック線図: $R(t)$, $e(t)$, K_P, $u(t)$, $\dfrac{1}{Ts}$, $y(t)$]

(c) P 制御におけるステップ応答 [$y(t)$, R, $K_P \Rightarrow$ 大]

図 **7.10** 排水口なしタンク水位制御（P 制御（比例制御））

(a) [排水口つきタンクの図: バルブ, 排水口]

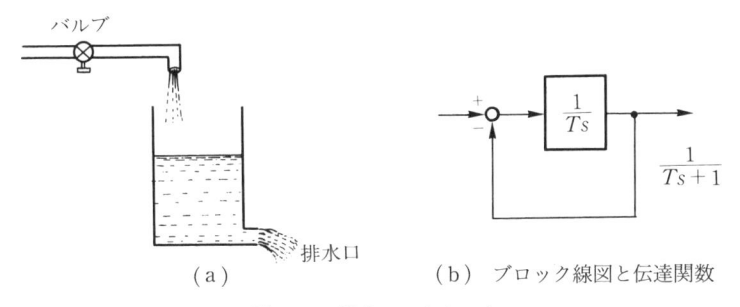

(b) ブロック線図と伝達関数 [$\dfrac{1}{Ts}$, $\dfrac{1}{Ts+1}$]

図 **7.11** 排水口つきタンク

$$e(t) = \left.\frac{u(t)}{K_P}\right|_{t\to\infty} \tag{7.21}$$

すなわち，誤差がなければ注水がなくなる．ということは定常的な排水に対して定常的な注水が必要であるということから，必ず定常誤差は残るということを意味する．K_P を大きく選べば定常誤差は小さくなるが 0 にはならない．したがって，排水口のあるタンクの水位制御では，P 制御を行ったのでは目標水位に一致させることは原理的にできない．

そこで I 制御 (integral control，積分制御) を考える．図 7.13 は I 制御に

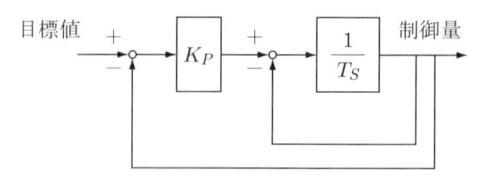

(a) P制御によるブロック図

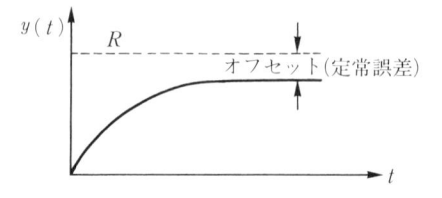

(b) P制御による排水口つきタンクの応答

図 7.12 排水口つきタンクの水位制御：P制御（比例制御）

よる排水口付きタンクの水位制御系である．I 制御のコントローラの入出力関係は次のようである．

$$u(t) = K_I \int e(\tau) d\tau \qquad U(s) = K_I \frac{E(s)}{s} \tag{7.22}$$

あるいは

$$\frac{du(t)}{dt} = K_I e(t) \tag{7.23}$$

この式で $e(t)=0$ になったとき，

$$\frac{du(t)}{dt} = 0$$

となるが，$u(t)$ は 0 とはならず，一定値をとる．

したがって，注水量 $u(t)$ は一定値でありながら，誤差 $e(t)$ は 0 となることが可能であり，定常誤差（オフセット）は 0 とできる．そして誤差が 0 になると増大していた注水流量は一定に達し，タンクから排水され続ける水の分だ

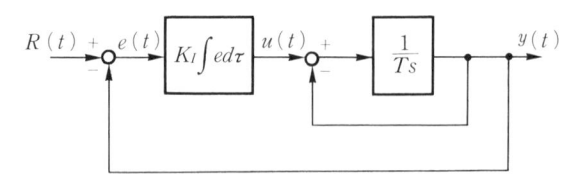

図 7.13 排水口つきタンクの水位制御：I 制御（積分制御）

けを補充して，いつまでも水位を目標の一定値に保ち続ける．

この制御方法では，コントローラは誤差 $e(t)$ を積分した結果により操作量 $u(t)$ を出力するので，制御動作は非常に遅い．そこで先ほどの P 制御と組み合わせた PI 制御を使うことにする．

図 7.14 がその構成図である．P 制御により速応性を確保し，I 制御により定常特性を保証する（オフセットをなくする）ことができる．

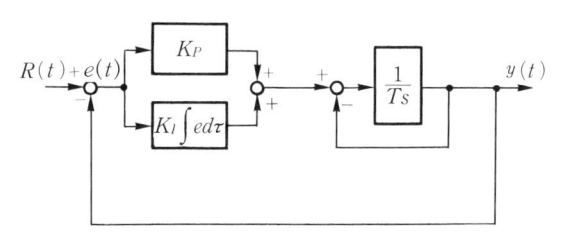

図 7.14 排水口つきタンクの水位制御：PI 制御（比例積分制御）

7.5.3 D 制御と PID 制御

次に排水口のあるタンクに対して，太くて非常に長い注水管をもっている図 7.15(a) のような場合を考える．このときには，ステップ状にバルブを開けたときにタンクの水位は図 (b) のようにむだ時間を有する応答となる．あるいはタンク自体が小さい場合には，水位の変化がきわめて速くて，立ち上がりなどの過渡現象の速い制御対象であり，いずれも制御の難しい場合を示している．前者の場合を取り上げる．このような制御対象に PI 制御を用いると次のような現象が起きる．

  バルブを開ける ➡
   タンクには達しないが注水管に貯まる水が増える ➡
    タンクの水位がちょうど良くなったときにバルブを閉じる ➡
     注水管内の水がタンクに入り，タンクの水はあふれる

これは極端な場合の説明であるが，通常は図 7.16 のように目標値を中心に振動する形で徐々に最終値に収まっていく．なぜ PI 制御ではこのような不満足な結果しか得られないのであろうか．この制御方法では，現在と過去の誤差情報にのみ依存しているからである．したがって，可能ならば未来の誤差情報を利用することができれば応答改善が可能かもしれない．そのために導入されるのが D 制御 (derivative control，微分制御) である (図 7.17)．このコントロ

132   第7章　システム制御理論

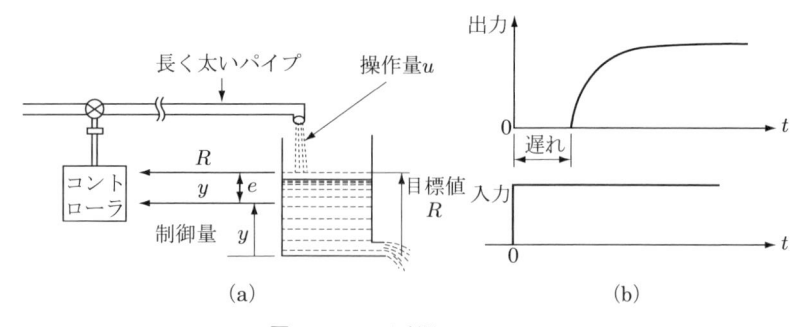

図 7.15　むだ時間つきタンク

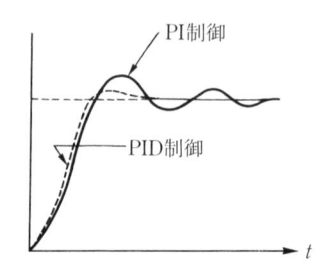

(a)

(b)

図 7.16　PI 制御系と PID 制御系の応答

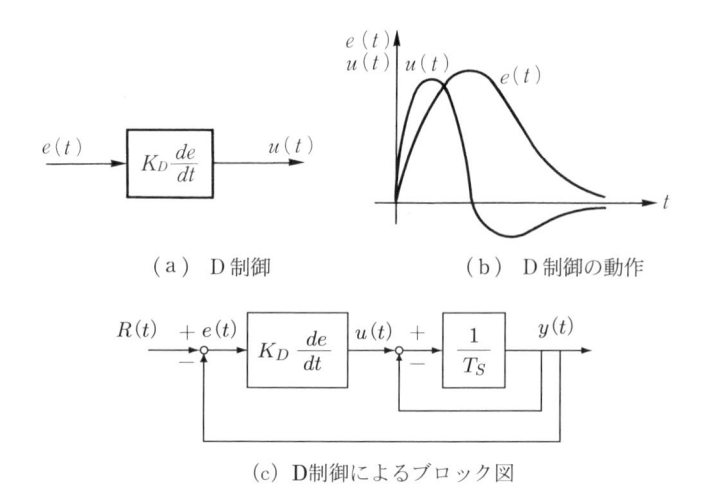

（a）D 制御　　　　　　　（b）D 制御の動作

（c）D 制御によるブロック図

図 7.17　排水口つきタンクの水位制御：D 制御（微分制御）

ーラの入出力関係は次のとおりである．

$$u(t) = K_D \frac{de(t)}{dt} \qquad U(s) = K_D s E(s) \qquad (7.24)$$

D制御は誤差の未来予測値に相当する操作量を出す．つまり変化に敏感に反応する制御動作であるといえる．ただし，誤差があってもそれが変化しなければ制御動作を全く行わないというものであるので，D制御単独では用いられない．必ずP制御やPI制御と併用して用いられる．また，D制御のコントローラは，入力信号が高周波信号になるほどその出力信号が大きくなり，雑音にきわめて弱いので注意しなければならない．

D制御の説明はなかなか難しいが，D制御はP制御やPI制御の動作を強調あるいは緩和する働きがあるという言い方ができよう．PID制御はこれら三つの制御を同時に使うものであるが，以下に一つの説明を行う．

PID制御構成図は，図7.18に示す．ここで上の例のように太くて長い注水管によるむだ時間に相当して，むだ時間要素 e^{-Ls}（Lはむだ時間）を排水口のあるタンクの前にそう入している．このPID制御系の動作を図7.19により説明する．図(a)では誤差 $e(t)$ が増加し続ける場合である．時刻 t_0 において考えると，誤差は増加し続ける状況であり，修正動作は強力に行われなければならない場合である．図に示すようにP動作もI動作も正であり，D動作も正になるのでP＋I＋D動作は強い正の修正動作を行う結果となる．

図(b)の場合は，誤差は減少の方向に向かっている場合である．したがって，このまま修正動作を強めていると行き過ぎることが予想されるので，修正動作を緩めることが必要である．図に示すようにP制御とI制御は正となるが，誤差が減少の向きであることからD制御は負となる．したがって，P＋I＋D制御では緩和された修正動作が結果として行われる．図7.16にはPI制御の結果と比較してPID制御の結果も描かれてあり，予想通りPID制御ではオーバーシュートの少ない応答が得られている．

また別の説明としては図7.20がある．これはある誤差信号が図の点線のように変化しているときに，D制御がどのような修正動作をしているかという例を表している．すなわち，誤差発生直後にきわめて大きな修正動作がD制御によりなされていることに注意しよう．図面には書かれていないが，PI制御のときの修正信号とは誤差発生初期の時点で大きく違っている．すなわちD制御では，このような場合に素早い修正動作が行われるということである．誤

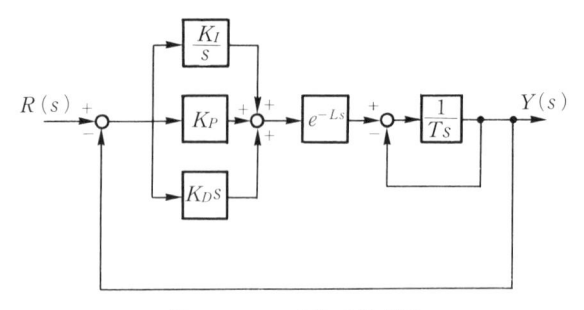

図 7.18 PID制御系構成図

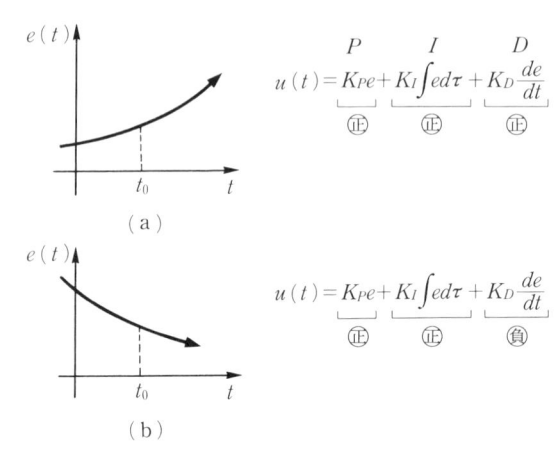

$$u(t) = \underbrace{K_P e}_{\text{正}} + \underbrace{K_I \int e\, d\tau}_{\text{正}} + \underbrace{K_D \frac{de}{dt}}_{\text{正}}$$

(a)

$$u(t) = \underbrace{K_P e}_{\text{正}} + \underbrace{K_I \int e\, d\tau}_{\text{正}} + \underbrace{K_D \frac{de}{dt}}_{\text{負}}$$

(b)

図 7.19 PID制御系の動作原理

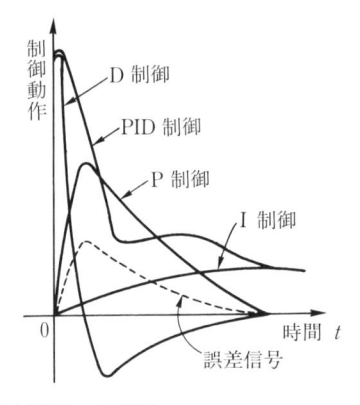

図 7.20 PID制御系の応答例
　　　　　［上滝致孝：制御工学を学ぶ人のために，オーム社より］

差信号がどのように変化するかによってこれらの波形は大いに違ってくる.すなわち,修正動作の影響を受けて誤差信号の時間変化もかわってくるのでなかなか表現しづらいが,これは一例としてみて欲しい.

▷ 7.6 制御系の型

制御系に要求される重要な性能の一つに定常特性がある.これは,本章の一番最初で述べた制御系に対する要求項目の②の要求の一部である (p.111).エレベータ制御の例でいえば,10階のフロアに段差なく到着することである.すなわち,制御時間が無限大になったとき,誤差がどのようになるかということである.当然いかなる目標値信号についても,外乱の存在にもかかわらず定常誤差は零であることが望ましい.しかし,すべての目標値信号,外乱信号に対してこのことを要求することは無理であるので,せめて代表的な信号についてこのことを議論しておこうということから制御系の型 (type) ということがいわれている.制御の実用の分野でよく使われる言葉であるので,以下にその要点を述べる.

図 7.4(b) に示す基本的なフィードバック制御において,目標値-制御量間の伝達特性について考えてみる.すなわち式 (7.4) において $D(s)=0$, $N(s)=0$ の場合を考える.このとき,次式が得られる.ただし簡単のため $H(s)=1$ とする.

$$E(s) = \frac{1}{1+G_c(s)G(s)} R(s) \tag{7.25}$$

時間が無限に経過したときの誤差を定常誤差というが,これは次のラプラス変換における最終値の定理を用いて計算される.

$$\lim_{t \to \infty} e(t) = \lim_{s \to 0} sE(s) \tag{7.26}$$

以下に代表的な信号について定常誤差を求め,それをもとに制御系の型について説明する.

a) 目標値信号がステップ信号の場合:$R(s)=1/s$

$$E_s = \lim_{t \to \infty} e(t) = \lim_{s \to 0} sE(s) = \lim_{s \to 0} \frac{1}{1+G_c(s)G(s)} \tag{7.27}$$

$G_c(s)G(s)$ が $1/s$ (積分器) を含まないならば　$E_s=$ 有限値

$G_c(s)G(s)$ が $1/s$ (積分器) を含むならば　　　$E_s=0$

このとき，通常は $G_c(s)$ に $1/s$（積分器）を含ませることによりステップ信号に対して定常誤差を零とすることができる．このような制御系を目標値に対して1型の制御系(type-1 control system)という．したがって，$G_c(s)G(s)$ が $1/s$（積分器）を含まない制御系を目標値に対して0型の制御系(type-0 control system)という．

b) 目標値信号がランプ信号の場合：$R(s)=1/s^2$

$$E_s = \lim_{t \to \infty} e(t) = \lim_{s \to 0} sE(s)$$
$$= \lim_{s \to 0} \frac{1/s}{1+G_c(s)G(s)} = \lim_{s \to 0} \frac{1}{sG_c(s)G(s)} \tag{7.28}$$

$G_c(s)G(s)$ が $1/s$（積分器）を含まないならば　$E_s=$無限大
$G_c(s)G(s)$ が $1/s$（積分器）を含むならば　　$E_s=$有限値
$G_c(s)G(s)$ が $1/s^2$（2重積分器）を含むならば　$E_s=0$

このように，ランプ信号に対して定常誤差が零となる制御系を目標値に対して2型の制御系(type-2 control system)という．

1型や2型では必ずしもコントローラ $G_c(s)$ に積分器（$1/s$，$1/s^2$ など）をもたなくとも良い．すなわち，$G_c(s)G(s)$ として必要な積分器をもてば良い．つまり制御対象 $G(s)$ がもともと積分特性をもっていれば良い．

【例 7.2】 図7.10 のタンク水位制御の例により定常誤差を求める．

a) 排水口なしタンク

・P 制御

図7.10(b) は比例制御系(P制御系)を表すが，目標値 $R(s)$ から制御量 $Y(s)$ までの伝達関数は次のように求まる．

$$\frac{Y(s)}{R(s)} = \frac{K_P/T}{s+K_P/T}$$

これより誤差信号 $E(s)$ は次のように求まる．

$$E(s) = R(s) - Y(s) = \frac{s}{s+K_P/T}R(s) \qquad ①$$

これを用いて最終値の定理により定常誤差を求める．

・目標値信号がステップ信号の場合：$R(s)=1/s$

$$E_s = \lim_{s \to 0} sE(s) = \lim_{s \to 0} s \cdot \frac{s}{s+K_P/T} \cdot \frac{1}{s} = 0$$

7.5節のP制御で述べたように，排水口のないタンクの水位制御の場合，目

標値がステップ信号であれば定常誤差は残らない．すなわち，定常状態では必ず水位は目標値水位に一致する．

目標値信号がランプ信号の場合 ($R(s)=1/s^2$) について各自計算してみよう（この例では現実的には目標値が時間とともに大きくなり ∞ になってしまうのでランプ信号目標値はあり得ないが）．この場合，定常誤差は ∞ となる．

b) 排水口ありタンク

・P制御

図7.12(a) は排水口のある場合の比例制御系（P制御系）を示している．目標値 $R(s)$ から制御量 $Y(s)$ までの伝達関数は次のように求まる．

$$\frac{Y(s)}{R(s)} = \frac{K_P/T}{s+1/T+K_P/T}$$

これより誤差信号 $E(s)$ は次のように求まる．

$$E(s) = R(s) - Y(s) = \frac{s+1/T}{s+1/T+K_P/T} R(s)$$

これを用いて最終値の定理により定常誤差を求める．

目標値信号がステップ信号の場合：$R(s)=1/s$

$$E_s = \lim_{s \to 0} sE(s) = \lim_{s \to 0} s \frac{s+1/T}{s+1/T+K_P/T} \cdot \frac{1}{s} = \frac{1}{1+K_P}$$

定常誤差はゼロとならず，K_P が無限大でない限り，ある一定の値の定常誤差が残ることとなり，このような制御対象ではP制御では満足できない．

・I制御

図7.13には排水口つきタンクの積分制御系（I制御系）が示されている．この系の $R(s)$ から $Y(s)$ までの伝達関数は次のようになる．

$$\frac{Y(s)}{R(s)} = \frac{K_I/T}{s^2+s/T+K_I/T}$$

これより誤差信号 $E(s)$ は次のように求められる．

$$E(s) = \frac{s(s+1/T)}{s^2+s(s+K_I)/T} R(s)$$

目標値信号をステップ信号として定常誤差は次のように求まる．

$$E(s) = \lim_{s \to 0} sE(s) = \lim_{s \to 0} s \cdot \frac{s(s+1/T)}{s^2+(s+K_I)/T} \cdot 1/s = 0$$

すなわち，排水口つきタンクの水位制御で目標値信号がステップ信号である場合に，P制御では定常誤差が必ず残るが，I制御とすることで定常誤差をゼロとすることができることが示された．これは7.5節における定性的な説明と

合致する結果である．なお，実際にはI制御を単独で用いると応答が遅くなるなどの問題点があるので，P制御とI制御を適切に融合させたPI制御が用いられる．

この排水口つきタンク系で，先ほどと同じように目標値信号がランプ信号の場合の定常誤差を計算してみよう．この場合には定常誤差は有限値

$$E_s = \frac{1}{K_I}$$

となる．

以上の結果は式(7.27)，あるいは式(7.28)を用いても求められる．各自確認してみよう．

▷ 7.7 状態変数フィードバック制御系

7.7.1 状態変数フィードバック制御系とは

ここまで，制御系としては図7.2の構造のものだけを考えてきた．これは制御量の結果を目標値と比較するという立場に立ったものであり，最も原理的な制御系構造である．制御量は目標値，外乱や雑音の影響およびパラメータ変動の影響などすべての影響を表すフィードバック制御系の唯一の信号である．フィードバック制御とはなにがどのように制御量に影響しているかということには関係なく，とにかく制御量が目標値に一致しているかどうかを判断して，一致していなければ修正動作を行おうという，きわめて自然な発想に基づくものである．しかし，一方で図7.2の制御系では誤差があって始めて修正動作が実行されるという構造になっていることがわかる．

図7.21(a)の倒立振子を考えてみよう．図7.21(b)には図7.2の構造の倒立振子制御系（P制御）を描いてある．これは出力信号のみを利用することから，出力フィードバック制御系と呼ばれる．制御目的は倒立振子を直立に立てることとする．すなわち，目標値信号は$\theta^* = 0$である．この場合の制御結果は同図(c)に示してあり（各自の演習として試みてみよう），倒立振子は倒れはしないが，常にフラフラと揺れている結果になり，直立することを要求することから考えれば充分な成績とはいえない．それは上に述べたように修正動作は誤差が発生して初めて行われるからである．直感的に考えてもわかるが，もしθが0であっても$\dot{\theta}$が値をもっていれば，直後からθは値をもち始める．この

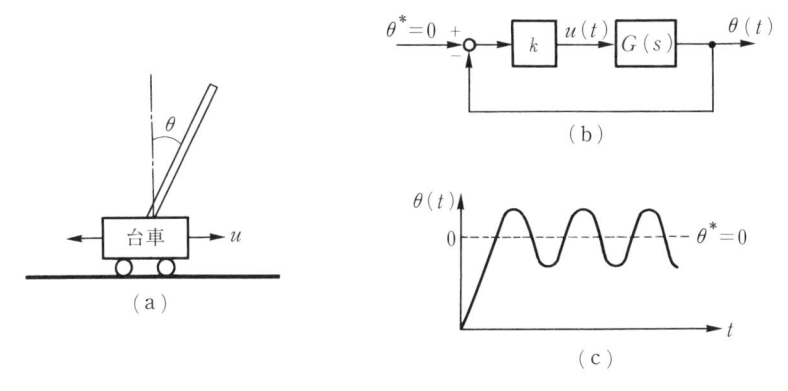

図 7.21 倒立振子制御(出力フィードバック制御系)

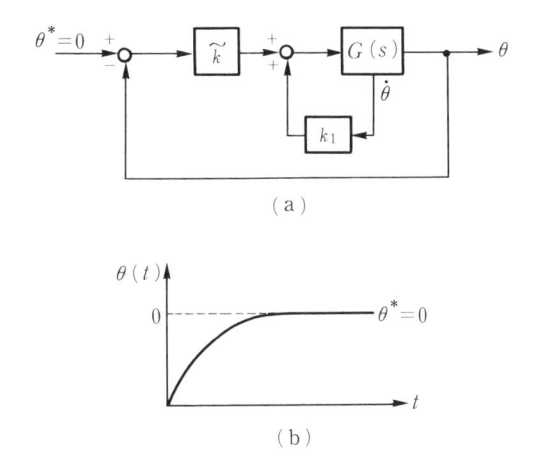

図 7.22 状態フィードバック制御による倒立振子制御

ことから $\dot{\theta}$ の値も利用して制御を行うのがより適切な制御であると考られる.事実,図 7.22 のように $\dot{\theta}$ の情報も利用するような制御系を構成して制御すると,同図(b)に示すように,ピタリと倒立振子は $\theta=0$ で静止する.このように制御量以外の物理量を利用することの重要性が認識され,それを一般的にしたのが,状態変数フィードバック制御系(state variable feedback control system,または state feedback control system)である.また,そのような物理量などの内部変数のことを状態変数(state variable)という.状態変数とは制御対象などの動的挙動を規定するものであり,状態変数の定義は次のよう

である．

「系へのすべての入力が，未来にわたってわかっているとして，かつ系を記述する方程式がわかっている場合に，系の状態を完全に知るために必要な，過去の経歴に関するすべての情報をもつ最小限度の変数の組を状態変数という」

たとえば，3章におけるDCサーボモータにおいては式(3.11)が状態方程式であるとして求めた．ここでは状態変数は電機子電流 $i(t)$，回転角速度 $\omega(t)$，回転角 $\theta(t)$ の三つであり，この三つの変数の現在の値と，入力変数である電機子印加電圧 $v_a(t)$ の未来の値が決まればDCサーボモータの将来の動向は決定されるということになる．そのうち制御量(出力)に回転角 $\theta(t)$ を選

(a) 出力フィードバック制御系

(b) 状態フィードバック制御系

(c) 状態フィードバック制御＋フィードフォワード補償

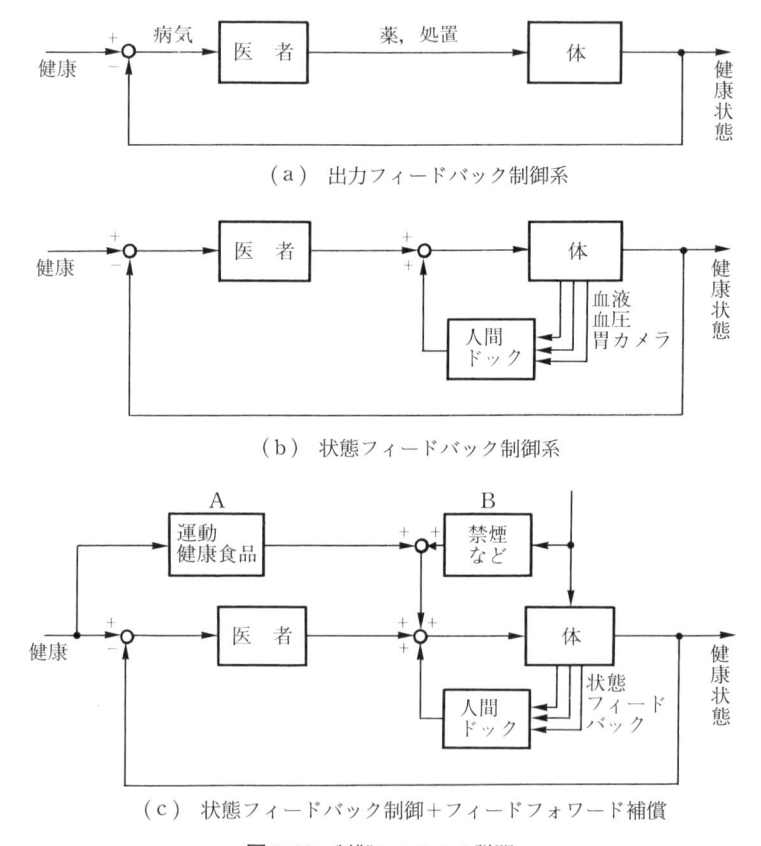

図7.23 制御システムの説明

ぶ場合もあれば，回転角速度 $\omega(t)$ を選ぶこともある．

前節までに説明したフィードバック制御系と，ここで説明した状態変数フィードバック制御系の概念的な説明をするために，われわれの健康を保つためのシステムを例にとり図 7.23 を描いた．制御の目的は健康を維持することである．

図 (a) は出力フィードバック制御系に相当するものであるが，健康状態を損ったときに医者にかかって病気を直すために体に対して処置や薬を投与する．このシステムでは病気にならないと医者の処置を受けないということであるので，上述の倒立振子の場合の図 7.21(c) と同様に，健康状態が常にふらつくような状態で健康をなんとか維持するということになる．

図 (b) は状態フィードバック制御系に相当したものである．病気になった場合の処置は同じであるが，状態フィードバックに相当するものが内側に加わっている．これは健康管理からいえば人間ドックのような働きを意味する．人間ドックでは病気であるか否かにかかわらず，健康状態をチェックすることに相当する．たとえば，血液検査，血糖値検査，レントゲン検査など体の健康に関連する状態をチェックし，正常でないと判断される場合には，いずれ将来には健康を害することがはっきりしているので，たとえ制御量である出力が現在において健康であるとみえても適切な対策が講じられる．血液情報，レントゲン情報などは，まさに制御対象 (体) の制御量 (健康状態) に直接影響のある状態変数に相当するわけである．

図 (c) はさらに図 (b) に別のループが追加されている．図における A は，健康に良いといわれる健康食品を積極的に摂取する，適切な運動をするなどという健康に対する前向きな努力，先取りの努力に相当する．B は制御系でいえば，外乱を除去するための働きに相当し，有害食品や大気汚染などの排除，禁煙などに相当すると考えられる．図 (c) でつけ加えられた部分は制御理論的にいえばフィードフォワード補償あるいはフィードフォワード制御である．フィードフォワード補償はそれのみでは充分な制御結果が得られないことを 7.3 節で述べた．ここの説明でもそのことは理解できる．すなわち健康を推進するという A の努力と，健康を害するものを避ける B の努力のみでは健康を維持するには充分ではない．病気になったときに医者に処置してもらうというフィードバック制御が絶対に必要であること，そして病気になる兆候を早めにチェックする人間ドックの働き，すなわち，状態フィードバックがより適切なものである

ことなどが理解されよう．その上でフィードフォワード補償の部分が価値あるものとなる．

原理的に状態フィードバック制御系が制御方法としてより好ましい考え方に基づいていることがわかったが，現代制御理論に基づく具体的な制御方法を以下に一つ紹介する．

7.7.2 最適状態フィードバック制御系あるいは最適制御系

制御対象を次のように状態方程式表現し，それは可制御・可観測とする．

$$\dot{\boldsymbol{x}}(t) = \boldsymbol{A}\boldsymbol{x}(t) + \boldsymbol{B}\boldsymbol{u}(t) \tag{7.29}$$
$$\boldsymbol{y}(t) = \boldsymbol{C}\boldsymbol{x}(t)$$

ここで，$\boldsymbol{x}$：状態変数　$\boldsymbol{u}$：入力変数　$\boldsymbol{y}$：出力変数

制御目的を次の評価関数(performance index)の最小化で表す．

$$J = \int_0^\infty [\boldsymbol{x}^T(t)\boldsymbol{Q}\boldsymbol{x}(t) + \boldsymbol{u}^T(t)\boldsymbol{H}\boldsymbol{u}(t)]dt \tag{7.30a}$$

あるいは出力のみを評価する場合には，次式を考える．

$$J = \int_0^\infty [\boldsymbol{y}^T(t)\boldsymbol{y}(t) + \boldsymbol{u}^T(t)\boldsymbol{H}\boldsymbol{u}(t)]dt \tag{7.30b}$$

$\boldsymbol{H}$ は正定行列の範囲内で任意に決められる．この評価関数の意味は制御入力 $\boldsymbol{u}(t)$ があまり大きくならないようにし，かつ制御対象の状態 $\boldsymbol{x}(t)$ あるいは出力 $\boldsymbol{y}(t)$ をできるだけ速く $\boldsymbol{0}$ にすることを要求していることになる．式 (7.30) を最小とするような制御入力 $\boldsymbol{u}(t)$ を求める問題を，最適制御問題，とくに最適レギュレータ問題(optimal regulator problem)と呼び，理論的にも実用面でもきわめて重要な制御問題である．途中経過は省略するが(参考文献(1))，この問題を解いて次の最適制御入力を得る．

$$\boldsymbol{u}(t) = -\boldsymbol{H}^{-1}\boldsymbol{B}^T\boldsymbol{P}\boldsymbol{x}(t) = \boldsymbol{F}\boldsymbol{x}(t) \tag{7.31}$$

ただし，$\boldsymbol{P}$ は次のリッカチ代数方程式(Riccati equation)の正定対称解である．

$$\boldsymbol{A}^T\boldsymbol{P} + \boldsymbol{P}\boldsymbol{A} - \boldsymbol{P}\boldsymbol{B}\boldsymbol{H}^{-1}\boldsymbol{B}^T\boldsymbol{P} + \boldsymbol{Q} = \boldsymbol{0} \tag{7.32}$$

式 (7.31) より最適制御入力は，制御対象すべての状態変数 $\boldsymbol{x}(t)$ を利用する形になっていることから，状態フィードバックの形となっている．さらに評価関数を最小にするという意味において最適な制御を行っている．式 (7.31) の制御入力を式 (7.29) に代入して式 (7.33) を得る．

$$\dot{\boldsymbol{x}}(t) = [\boldsymbol{A} + \boldsymbol{B}\boldsymbol{F}]\boldsymbol{x}(t) \tag{7.33}$$

7.7 状態変数フィードバック制御系

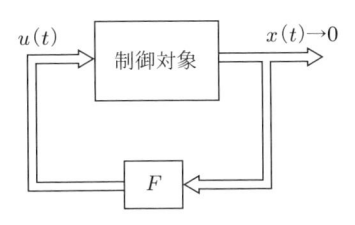

図 7.24 最適レギュレータ系

$$y(t) = Cx(t)$$

式 (7.33) を最適レギュレータ系 (optimal regulator system) という．最適レギュレータ系は，図 7.24 のような構成となる．この系は安定性が理論的に保証されており，また安定余裕などにおいても優れた性質をもっている．さらにこの方法を含め，状態方程式を出発点とするいわゆる現代制御理論は，多入力多出力系に対する制御系設計が基本的には 1 入力 1 出力系の制御系設計と同じにできるという優れた性質がある．その特徴を生かした具体例が種々示されている．

ところで，ここで"最適"という言葉は，単に評価関数を最小にするというだけの意味であることに注意して欲しい．さらに，式 (7.29) では外乱の項が含まれていないのでこれらを考慮すること，また最適レギュレータ系は評価関数からわかるように，状態変数あるいは出力を 0 にすることを要求しているだけである．0 でない目標値信号に追従するための工夫など，メカトロニクス制御におけるサーボ問題にはこのままでは使えないので種々の対策を講じる必要がある．これについては，すでに確立された方法があるので，必要に応じて参考にして欲しい．

【例】 制御対象の方程式 (7.29) が，次のような場合に最適レギュレータ系を構成する．なお，この制御対象の固有値 (極) は計算により 1 と 2 であることがわかる．したがってこの系は不安定な系である．しかし，でき上がった最適レギュレータ系は，上述の理論により安定であることが保証される．

$$\begin{bmatrix} \dot{x}_1(t) \\ \dot{x}_2(t) \end{bmatrix} = \begin{bmatrix} 0 & 1 \\ -2 & 3 \end{bmatrix} \begin{bmatrix} x_1(t) \\ x_2(t) \end{bmatrix} + \begin{bmatrix} 0 \\ 1 \end{bmatrix} u(t)$$

評価関数式 (7.30a) を採用する．

$$J = \int_0^\infty [\boldsymbol{x}^T(t)\boldsymbol{Q}\boldsymbol{x}(t) + u^T(t)Hu(t)]dt$$

ただし，$H=1$ とし

$$\boldsymbol{Q}_1 = \begin{bmatrix} 1 & 0 \\ 0 & 1 \end{bmatrix}, \quad \boldsymbol{Q}_2 = \begin{bmatrix} 10 & 0 \\ 0 & 10 \end{bmatrix}, \quad \boldsymbol{Q}_3 = \begin{bmatrix} 100 & 0 \\ 0 & 100 \end{bmatrix}$$

の3種類の場合について検討する．

リッカチ方程式の解を $\boldsymbol{P}$ とおき，それを次のような要素に分けて考える．

$$\boldsymbol{P} = \begin{bmatrix} P_{11} & P_{12} \\ P_{21} & P_{22} \end{bmatrix}, \quad P_{12}, P_{21} \text{ となることが知られている．}$$

すると式(7.32)リッカチ方程式は，$\boldsymbol{Q}_1$ の場合には次のようになる．

$$\begin{bmatrix} 0 & -2 \\ 1 & 3 \end{bmatrix}\begin{bmatrix} P_{11} & P_{12} \\ P_{12} & P_{22} \end{bmatrix} + \begin{bmatrix} P_{11} & P_{12} \\ P_{12} & P_{22} \end{bmatrix}\begin{bmatrix} 0 & 1 \\ -2 & 3 \end{bmatrix} + \begin{bmatrix} 1 & 0 \\ 0 & 1 \end{bmatrix}$$

$$- \begin{bmatrix} P_{11} & P_{12} \\ P_{12} & P_{22} \end{bmatrix}\begin{bmatrix} 0 \\ 1 \end{bmatrix}[0 \quad 1]\begin{bmatrix} P_{11} & P_{12} \\ P_{12} & P_{22} \end{bmatrix} = \begin{bmatrix} 0 & 0 \\ 0 & 0 \end{bmatrix}$$

それぞれの対応する項から，次の代数方程式が得られる．

$$-4P_{12} + 1 - P_{12}^2 = 0$$

$$P_{11} + 3P_{12} - 2P_{22} - P_{12}P_{22} = 0$$

$$2P_{12} + 6P_{22} + 1 - P_{22}^2 = 0$$

これらを解いて次のようにリッカチ方程式の解が求まる(以下では $\boldsymbol{Q}_1$，$\boldsymbol{Q}_2$，$\boldsymbol{Q}_3$ に対応するものを $\boldsymbol{P}_1$，$\boldsymbol{P}_2$，$\boldsymbol{P}_3$ および $\boldsymbol{F}_1$，$\boldsymbol{F}_2$，$\boldsymbol{F}_3$ とする)．

$$\boldsymbol{P}_1 = \begin{bmatrix} 13.2 & 0.24 \\ 0.24 & 6.24 \end{bmatrix}, \quad \boldsymbol{P}_2 = \begin{bmatrix} 23.7 & 1.74 \\ 1.74 & 7.74 \end{bmatrix}, \quad \boldsymbol{P}_3 = \begin{bmatrix} 120.2 & 8.20 \\ 8.20 & 14.20 \end{bmatrix}$$

式(7.31)に相当した次式に，それぞれの場合の $\boldsymbol{P}$ などを代入して制御入力が求められる．

$$u(t) = -H^{-1}\boldsymbol{B}^T\boldsymbol{P}\boldsymbol{x}(t) = \boldsymbol{F}\boldsymbol{x}(t)$$

$$\boldsymbol{F}_1 = [-0.2361 \quad -6.2361]$$

$$\boldsymbol{F}_2 = [-1.7417 \quad -7.7417]$$

$$\boldsymbol{F}_3 = [-8.1980 \quad -14.1980]$$

図7.25にそれぞれの $\boldsymbol{Q}$ の場合の応答 $x_1(t)$，$x_2(t)$，$u(t)$ を示す．$\boldsymbol{Q}$ の値により応答に違いがあることがわかる．

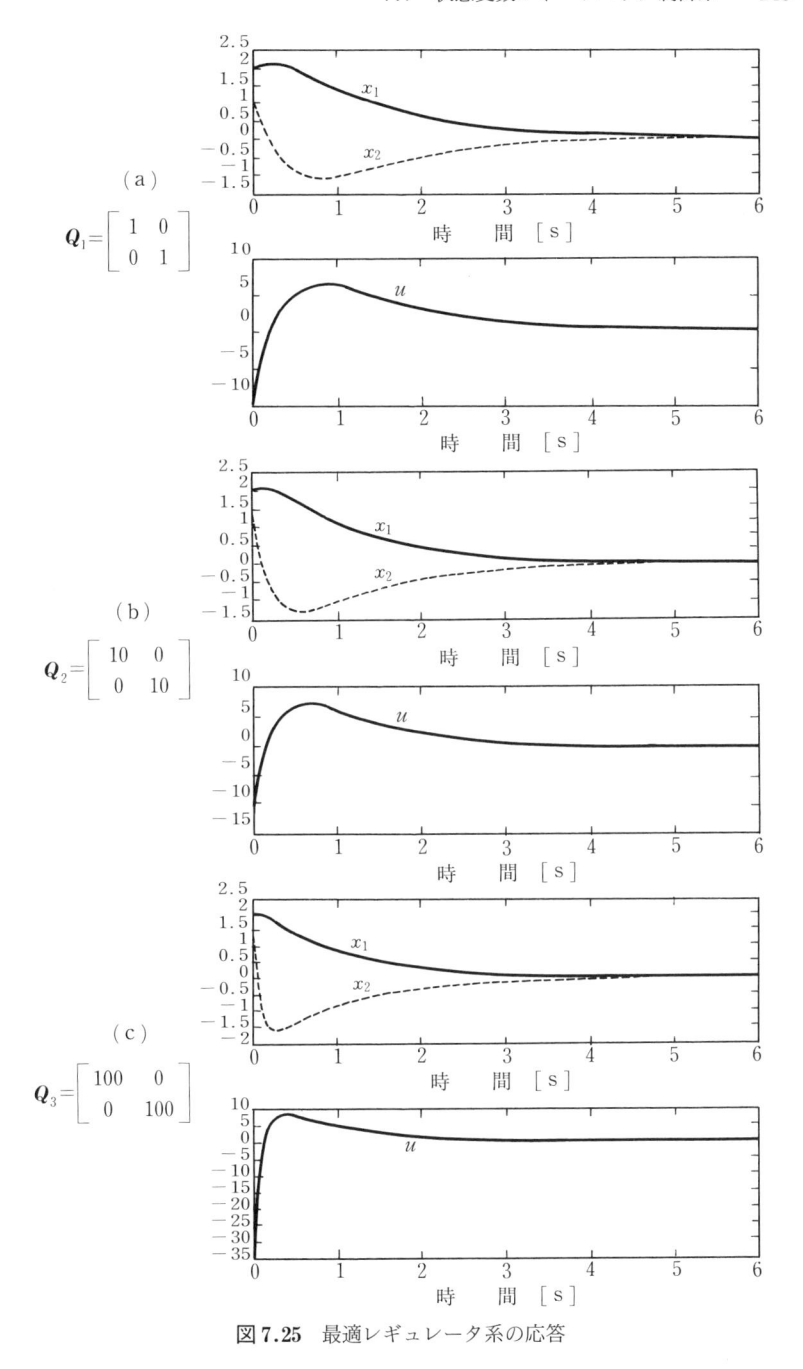

7.7 状態変数フィードバック制御系　145

(a) $Q_1 = \begin{bmatrix} 1 & 0 \\ 0 & 1 \end{bmatrix}$

(b) $Q_2 = \begin{bmatrix} 10 & 0 \\ 0 & 10 \end{bmatrix}$

(c) $Q_3 = \begin{bmatrix} 100 & 0 \\ 0 & 100 \end{bmatrix}$

図 **7.25** 最適レギュレータ系の応答

▷ 7.8　ロバスト制御

制御対象についての知識をあらかじめ取り込むことにより，制御対象をできるだけ正確に数式モデルに記述することが必要であることはすでに述べた．しかし，いかに努力しようとも正確に制御対象を数学モデルに表現することは不可能であろう．また，たとえそのようなことができたとしても，運転中にパラメータが当初の値から変化してしまうことも充分あり得る．具体的には式(7.29)における A，B，C の値が正確にわからないとか，制御の途中で変動してしまう．このような実際上の問題に対応できる制御系が要求される．

本来，フィードバック制御とはそのような機能をもつことを期待され，また実現できる構造として基本的なものであることを 7.3 節や 7.4 節において述べた．このような機能の強化をより一層前面に出して制御系を構成すべきであるという考え方が強調され，そのような目的を特に意識したものをロバスト制御(robust control) という．

たとえば，図 7.26 に示すように性能を最大にすることを目的とするシステムを考えたとき，システム①はパラメータ(たとえば A，B，C など)が真値である場合には，性能は最大となっているが，パラメータがすこしずれたときに急激に性能が劣化するようでは，余裕のないシステムとなってしまう．それに対して，システム②ではパラメータが真値であるときも，ずれたときも性能にはあまり差はなく，実際には，システム②の方が受け入れ易いシステムと考えられるであろう．ロバスト制御とはシステム②を目指したものである．

ロバスト制御の基本的な考え方は次のようである．7.4.4項においてフィードバック制御系の感度 $S(s)$ について述べた．同じ図 7.4 の制御系 ($H(s)=1$

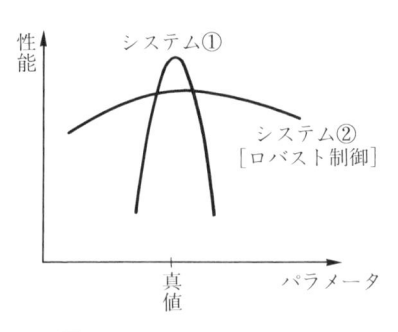

図 7.26　ロバスト制御の概念

とおく）において目標値-制御量間の伝達関数 $W_{RY}(s) = T(s)$ とおいて相補感度と呼ぶ．そのとき $T(s)+S(s)=1$ が成り立つ．前述のように，ノイズの影響や制御対象のパラメータ変動の全系への影響を小さくするには $S(s)$ を小さくすることが望まれる．また，目標値追従性と外乱抑制には $T(s)$ はできるだけ大きくしたい．しかし，高周波数領域において $T(s)$ を大きくすると制御対象のパラメータ変動により安定性に悪影響が起きる（ロバスト安定性）．これらの要求は，$T(s)$ と $S(s)$ が独立でないことから同時に満足させられない．そこで，低周波数領域では $S(s)$ を小さく，高周波数領域では $T(s)$ を小さくすることで実用上の要求を満たすようにする．それが図 7.8 で述べた基本的な考え方である．

ロバスト制御を実現する方法としては，2 次安定化制御や H^∞ 制御（H 無限大制御），μ-シンセシス，VSS などがある．2 次安定化制御はリアプノフ(Lyapunov) の定理に基づくもので，表面的には最適レギュレータ問題の結果と似ているが，本質的に大きな違いがあることに注意しなければならない．7.8 節で述べた，いわゆる現代制御理論が状態方程式，すなわち微分方程式を出発点として時間領域で議論をしているのに対して，H^∞ 制御は周波数領域での最適化を目指しているといわれる．

フィードバック制御理論の歴史は，ボード線図，ナイキスト線図など周波数領域での理論の歴史であり，PID 制御をはじめ現実の制御もその立場で行われてきているし，現在も圧倒的に多く使われている．周波数領域での立場のほうが視野が広く，システムを見渡せるという面が強い．周波数領域での議論により，ある周波数帯の信号をできるだけ出力に出さないためには，その信号と出力間の伝達関数を（平たくいえば）できるだけ小さくすればよいという議論が使えることになる．この小さくするということを計る尺度として，H^∞ ノルムというものを使っているのが H^∞ 制御である．

H^∞ 制御ではその結果がかなり保守的になることがある．そこで H^∞ 制御では考慮できなかったロバスト性能を評価しようとするものが，μ-シンセシス法である．

さらに非線形系のロバスト制御としては，VSS (Variable Structure System) と呼ばれる有力な方法があり，具体的にはスライディングモード制御 (sliding mode control) がよく知られている．入力が激しく切り換えられるという実際上の問題があるが，その設計の容易さや制御系のロバスト性など魅力

ある制御法である．

以上，いずれのロバスト制御系であれ，基本的な構造はフィードバックの形をしている．すなわち基本的には，図7.2のような構造であることに注意して欲しい．ロバスト制御について詳細は本書では述べられないが，理論的立場からも工学的立場からも大変重要な制御理論であると思われるので注意しておこう．

▷ 7.9 適 応 制 御

上述のように，あらかじめ正しく制御対象のパラメータを知るということは容易なことではない上に，環境の影響を受けて変動するものと考える必要がある．すなわち，運転状況・負荷の状況・雑音の影響・プラントの経年変化などによってさまざまな変化が起きる．ロバスト制御でも説明されたように，このような制御対象などの変化は運転当初苦労して設定した制御パラメータが適切でなくなり，制御系の性能が劣化してしまう．そこで変化した制御対象に対して，時々刻々最適な制御パラメータを調整し直すことができれば具合が良い．

生物は適応機能をもっているので，環境の変化に対応できる能力がある．これにならって，このような適応機能を制御系に取り入れて，最適化を行う制御方式を適応制御(adaptive control)という．ロバスト制御もある意味では同様な目的をもっているが，ロバスト制御の制御装置が最初設定した制御パラメータを固定のまま使うことにより，パラメータ変動などの環境変化に対応しようというのに対して，適応制御はより積極的に対処するものであり，制御パラ

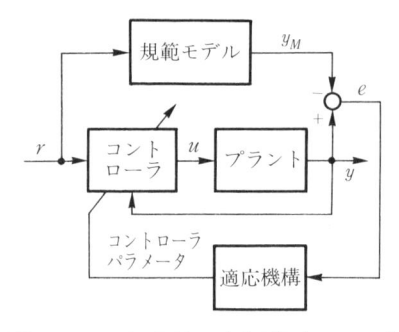

図 7.27 モデル規範型適応制御 (MRACS)

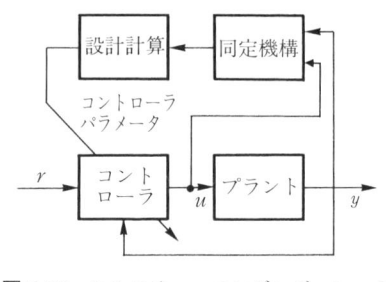

図 7.28 セルフチューニングレギュレータ (STR)

メータを時々刻々変化させて対応するものである．構造的に代表的なものとしては，図7.27，図7.28のようなものがある．

図7.27はモデル規範型適応制御系(model reference adaptive control system，MRACS)と呼ばれているものである．速応性や安定度などについて制御系に望まれる特性を規範モデルの形で表現し，この規範モデルの出力に制御対象(この分野ではプラントということが多い)の出力が一致するように制御パラメータが調整される．上述の説明では一般に適応制御では制御対象のパラメータがどのように変化したかを測定し(これを同定(identification)という)，そのデータをもとにして制御パラメータを設計するということが必要となる(制御系設計)．このMRACSでは，このような二段階の手順が陽には分けられていないのが特徴である．図7.27の適応制御系全体がとにかく安定になるように設計するというアプローチが取られる．

図7.28はセルフチューニングレギュレータ(self tuning regulator，STR)と呼ばれるものであり，これは同定と制御系設計が陽の形ではっきりと分かれている方式である．プラントパラメータの同定法としては最小2乗法に基づく方法がよく用いられる．

環境変化に対応できる適応制御とは，まさに制御系の最も優れた理想形といえるため，そのような考え方はかなり古くから，いつの時代も制御の目標であり続けた．現在ではある程度の実用化が実現されているが，まだまだ問題が残されており，ロバスト適応制御を目指すという形で研究が進められている．

【例】 モデル規範型適応制御系の基本的なものを示す．
プラント(制御対象)が次式で与えられるものを考える．
$$\ddot{y}(t)+a_1\dot{y}(t)+a_2y(t)=bu(t) \quad ①$$
ただし，$y(t)$：出力，　$u(t)$：入力，　a_1，a_2，b：未知パラメータ
伝達関数表現によれば次のようになる．
$$\frac{Y(s)}{U(s)}=\frac{b}{s^2+a_1s+a_2}$$
規範モデルとして次のものを考える．
$$\ddot{y}_m(t)+a_{m1}\dot{y}_m(t)+a_{m2}y_m(t)=b_mu_m(t) \quad ②$$
ただし，$y_m(t)$：規範モデル出力，　$u(t)$：規範モデル入力
　　　a_{m1}，a_{m2}，b_m：既知パラメータ

このプラントの出力が規範モデルの出力に追従するように制御系を設計せよ.

[解]

出力誤差を次のように定義する.
$$e(t) = y_m(t) - y(t)$$
式①と②より誤差方程式を求める.
$$\ddot{e}(t) + a_{m1}\dot{e}(t) + a_{m2}e(t) = (a_1 - a_{m1})\dot{y}(t) + (a_2 - a_{m2})y(t) + b_m u_m(t) - bu(t) \quad ③$$
ここで出力の微分信号も利用できるとして制御則を次のように決める.
$$u(t) = K_1\dot{y}(t) + K_2 y(t) + K_3(t) + u_m(t)$$
これを式③に代入して次式を得る.
$$\ddot{e}(t) + a_{m1}\dot{e}(t) + a_{m2}e(t)$$
$$= \{(a_1 - a_{m1} - bK_1(t))\}\dot{y}(t) + \{(a_2 - a_{m2} - bK_2(t))\}y(t)$$
$$+ \{b_m - bK_3(t)\}u_m(t) \quad ④$$

ここで $K_1(t)$, $K_2(t)$, $K_3(t)$ を調整することによって上式右辺各項の係数を0とすることができる.したがって,制御系構成図は図7.29に示される.これは図7.27のMRACSの形をしていることがわかる.なお,未知パラメータ a_1, a_2, b を含む式④右辺の各項を0とするための調整パラメータ $K_1(t)$, $K_2(t)$, $K_3(t)$ をどのように決めるかという調整則や,プラントの出力の微分信号を利用しない工夫など,より詳細なことはここでは省略するので参考文献等によってほしい.

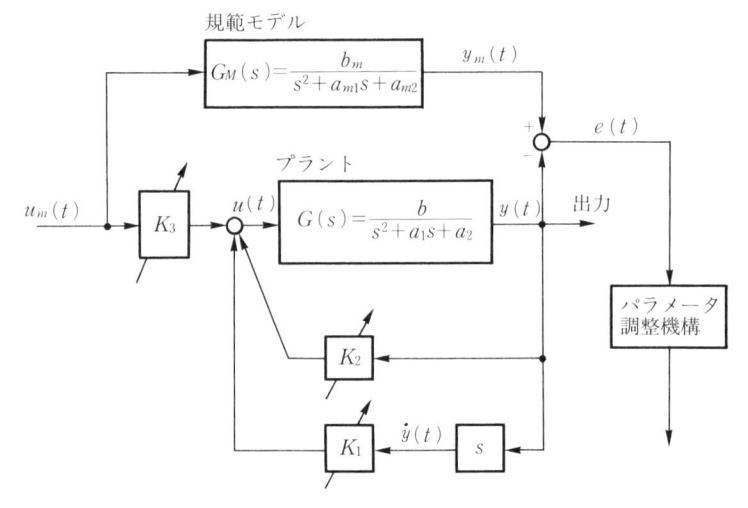

図7.29 MRACSの具体例
[金井喜美雄:制御システム設計,槇書店より]

▷ 7.10　目標値計画[6,7]

　外乱やノイズが存在し，かつ制御対象のパラメータ変動にもかかわらず，制御系を安定にかつ与えられた目標値信号に制御量を追従させるためには，いかなる考え方で制御系を構成するかについて前節までに述べた．すなわち，目標値信号にはなんら手を加えられないで，制御系の性能のみをいかにして向上させるかに最善をつくすという立場であった．

　ここで目標値信号はいかにして決められるのかについて考える．これにより目標値は必ずしも他から与えられるものではなく，場合によっては制御系設計者が主体的に目標値設計にかかわることもあり得ることを示す．図7.30(a)にはスタート地点とゴール地点(目標点)が与えられたときに，色々の道のり(経路)が考えられることを示している．ゴール地点が与えられても制御系が時々刻々追従すべき時間目標値は未定である．なんらかの考え方によりスタート地点とゴール地点を結ぶ道のりを決めなければならない．さらにいえば，最終ゴールに至るまでの道のりを時間の関数として決めなければならない．図7.30(b)は最終の目標が与えられたときに，目標値信号(時間信号)を決める一つの考え方を示す．目標値信号はなんらかの考え方により単独にオフラインで決定されるという場合もあろう．一方，サーボ系の時々刻々の状態をみながら，また途中にある障害物を避けるような目標値信号をオンラインで決めなければならない場合もあろう．図(b)は後者の場合にとられる概念図である．

　図7.31は仮想目標値信号という考え方を示す．目標値信号が与えられたときにサーボ系にとって都合の良い目標値信号(これを仮想目標値信号と呼んで

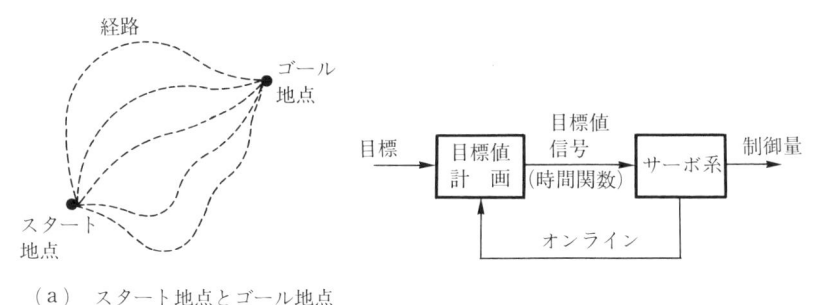

(a)　スタート地点とゴール地点
　　　(目標点)

(b)　オンラインによる目標値計画

図7.30　目標値計画の考え方

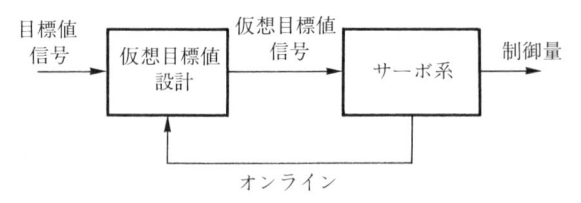

図 **7.31** 仮想目標値設計の概念図

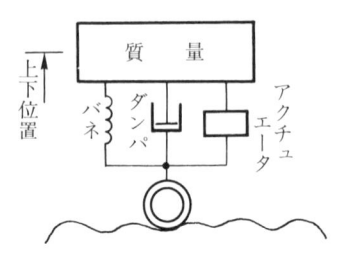

図 **7.32** アクティブサスペンション

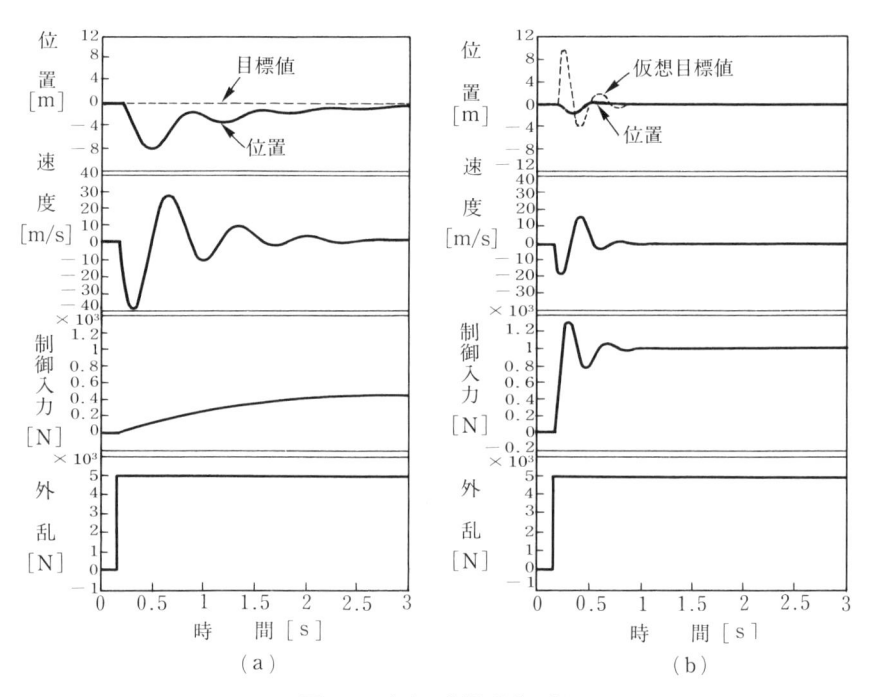

(a)

(b)

図 **7.33** 仮想目標値設計の例

いる) を作ろうというものである.

図7.32は質量，ダンパ，バネからなるサスペンション機構に，適当なアクチュエータを装備したアクティブサスペンションである．制御の目的は，サスペンションの上下位置が路面の凹凸にもかかわらず一定に保たれるようにアクチュエータにより制御することである．外乱がステップ状に加わるにもかかわらず上下方向の位置を一定に，すなわち目標値は一定である場合について図7.33に示す．図7.33(a) は，本章で述べた最適サーボ系による結果である．外乱印加と同時に上下位置は振動し，応答の収束にかなりの時間がかかる様子がわかる．一方，図7.33(b) は仮想目標値設計による結果である．制御系は図7.33(a) の場合と同じく最適サーボ系である．外乱印加直後に仮想目標値が大幅に変化していることがわかる．その結果，上下位置の振動は大幅に減少し，収束時間も大幅に短くなっている．

【例7.3】 エレベータ制御系における目標値信号

本章の最初にとりあげたエレベータ制御について上で述べた目標値計画の点から考える．

エレベータでは「かご」が各フロアにいる人間からの要求，および「かご」内の人間の要求にしたがって，上下に移動する．たとえば，1階フロアに静止している「かご」に人間が乗って10階まで行く場合を考える．この場合に考えるべき重要なことは次の2点である．

① 10階フロアでドアが開いたときにフロアと「かご」の床面の間に段差がないように静かに正確な位置 (高さ) に静止する．

② 乗っている人間が不愉快・不安にならないような加減速により「かご」をできるだけ速く10階に移動する

①の目的を達成するには，振動のない精密な位置制御を行うということで位置制御系の設計・製作の問題となり，目標値設定に関する問題は特にはない．一方，②の目的は制御系の目標値信号をどのように与えるかという問題に大きくかかわっている．フィードバック制御系では，目標値信号をステップ信号と暗黙のうちに仮定して考えてしまうことが多い．もし，エレベータ位置制御系に対してステップ目標値信号を与えたとしたらどうなるであろうか．エレベータが1階からスタートするときに急加速し，その後 (多分) 振動を繰り返しながら10階に近づいていくこととなる．これは乗っている人間にとってはきわ

めて不愉快で不安で乗り心地の悪いエレベータとなる．この場合には，制御系への目標値信号の与え方を考えなければならない．詳細は参考文献（8）に譲るが，エレベータ制御系の目標値信号は加速度が正弦波となる運転曲線（理想運転曲線）が使われる．これが乗り心地と走行時間の点から最適であるといわれている．

▷ 7.11 トータルシステム制御
―システム制御における軌道計画・経路計画・作業計画―

7.9節までにシステム制御の中でも主として，フィードバック制御系構成問題，サーボ問題について述べた．7.10節ではこれらの問題の上のレベルにある問題として，サーボ系に対する目標値信号をどのように決めるかを扱う目標値計画という考え方を示した．さらに本節では，システム制御には7.10節の目標値計画に加えて，さらに考えるべき計画問題があるということからトータルシステム制御という立場についてその概念を述べる．

ある人が月に行く計画を立てる場合を考える．まず，何かの目的のために月に飛び，月のどこかに着陸することを決心する．これが作業計画である．ついで，地球のどの場所からいつロケットで出発すれば良いか，そしてどのような経路を経て月に接近するのが良いか，また月のどの場所に着陸すれば良いかなどを種々の観点から検討する．これが経路計画である．

経路は決まったがロケットをいかなるスピードで飛ばす必要があるであろうか．少くとも地球の引力に逆らってロケットが地球の重力圏を離脱するためには決められたスピードが必要である．その後，燃料を節約するためにロケットを最適なスピードで飛ばすことが要求される．そして，月に着陸するには軟着

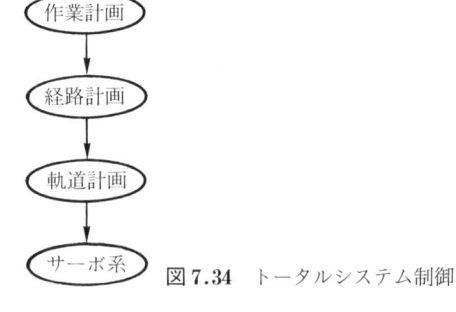

図 7.34　トータルシステム制御

陸のためにスピードを徐々に下げなければならない．このようなロケットのスピードを状況に応じて変化させるような計画が必要であり，これを軌道計画問題という．そして最後にロケットは指定された経路を指定された速度で飛ぶという操縦の問題が出てくる．これがサーボ系の問題である．

もう一つの例を挙げる．ロボットマニピュレータ制御では，ロボットマニピュレータに対する作業目的が与えられると，まずロボットマニピュレータを作業する位置まで動かさなければならない．その位置までどのような道筋に従って動かすべきか（経路計画），ついでその道筋に沿ってどのような速度で動かすべきかを決めなければならない（軌道計画）．それで初めてロボットマニピュレータサーボ系に対する目標値信号が決まる．その目標値信号に従ってロボットマニピュレータの追従制御がなされる．目的位置に到達すると，次はモノを掴む，回す，磨く，離す等々の作業に取りかかる．詳細は省くが，これらの作業についても種々の手順（作業計画）を決めなければならない．

以上の例でわかるように，システム制御ではサーボ系に指令を与える段階よりもっと上位レベルのいくつかの計画問題が重要であることがわかるであろう．すなわち，サーボ系，軌道計画，経路計画，作業計画のすべてがトータルとして構成されて初めてシステムの制御がなされる．よく知られているようにシステムを構成する要素が複数ある場合，どれか一つの性能が悪いと他のすべてのものがすばらしい性能をもっていても，トータルシステムとしての性能は悪い要素に引きずられてしまう．サーボ系をいかにすばらしく設計できたとしても，その上位にある計画問題を適切に解決しなければ望ましい性能のトータルシステムは得られない．ここではこれら計画問題については紙数の都合で述べられないが，視野を広くもつために重要な観点である．

温度制御とか，速度制御，位置制御などのように，制御目的＝サーボ系目標値信号であるような場合には，制御問題は単純であるが，上の例のような制御問題の場合にはトータルとしてシステム制御を考える必要がある．そのような例は既出のものも含めて次のようなものがある．
- エレベータ制御
- ロボットの作業
- 工作機械の切削制御
- 定性的な制御目的
    （例：快適な室内環境制御，乗り物の快適な乗り心地制御）

これらにおいて各レベルでの計画の善し悪しがシステム性能に大きくかかわることになり，単にサーボ系構成だけの問題ではないし，必ずしも答えが一つというものでもないので複雑で難しい．

演習問題

7.1 シーケンス制御とフィードバック制御について比較しなさい．

7.2 制御系の目的を三つあげ，フィードバック制御（FB制御）とフィードフォワード制御（FF制御）がそれらの目的を達成するにあたりどのように対処し得るかについて述べなさい．

7.3 式(7.4)を導出しなさい．

7.4 式(7.9)を導出しなさい．

7.5 式(7.10)を導出しなさい．

7.6 式(7.12)を導出しなさい．

7.7 図7.35において，目標値としてステップ信号の場合とランプ信号の場合についてコントローラにP制御のみを用いた場合の定常誤差と，I制御のみを用いた場合の定常誤差を求めなさい．

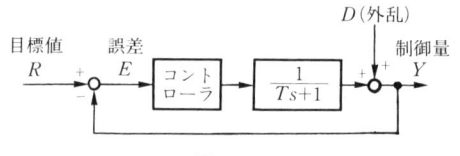

図7.35

7.8 前問と同じ図において，今度は外乱がステップ信号の場合とランプ信号の場合について，コントローラにP制御のみを用いた場合について外乱の影響が制御量にどのように表れるか．また，I制御のみを用いた場合の結果を求めなさい．

7.9 図7.36に示すアンプは，図7.6(a)のFBなしアンプに電流FBをかけた電流

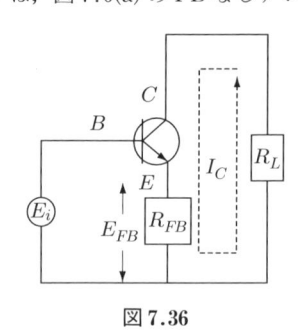

図7.36

FBアンプである．入力 E_i から出力 E_o までの信号伝達特性が図 7.6(b) の電圧 FB アンプと同じになることを示しなさい．

7.10 図 7.4 は増幅度 A，帰還率 β の FB つきアンプのブロック図である．この FB つきアンプの周波数特性が FB なしアンプのそれより広がることを示しなさい．

ここで，増幅度 A の FB なしアンプのゲインは次のように与えられる．

中域におけるゲイン　　A_0

高域におけるゲイン　　$A_h = \dfrac{A_0}{1+j(f/f_h)}$

低域におけるゲイン　　$A_l = \dfrac{A_0}{1-j(f_l/f)}$

ただし，f_h は高域遮断周波数と呼び，ゲイン A_h が A_0 の $1/\sqrt{2}\,(=-3\,\mathrm{dB})$ になる周波数である．

f_l は低域遮断周波数と呼び，ゲイン A_l が A_0 の $1/\sqrt{2}\,(=-3\,\mathrm{dB})$ になる周波数である．f は周波数．

第8章
ロボットマニピュレータの制御

　メカトロニクス分野の中で典型的なものにロボット (robot) があり，そのうち，ロボットマニピュレータ (robot manipulator) は移動ロボットと共に代表的なロボットである．ここでは，メカニカルシステムの具体的なものとしてロボットマニピュレータを取り上げてその制御問題について概説する．ロボットマニピュレータの運動を記述するのは非線形微分方程式であるので，主として線形の制御対象を意識していた前章までに述べた制御方法を適用しようとすると，何らかの形で線形化しなければならない．

　工学的によく用いられる方法は，動作点近傍で制御対象の方程式をテイラー (Taylor) 展開して，その第1項のみを取り出すという方法であるが，場合によっては充分でないことがある．非線形制御対象の制御については，まだ一般論が充分に展開されているとは言い難いが，ロボットマニピュレータ制御についてはかなりよく検討されており，メカトロニクスシステム制御において知っておいた方が良いと思われるので，前章の発展した形でロボットマニピュレータ全般についてとその制御について述べる．

　ここではまずロボットマニピュレータの運動方程式を導出し，その方程式には興味ある特徴のあることを述べ，それを利用した適応制御を紹介すると共に前章に述べた方法とは違ういくつかの非線形制御法について述べる．

▷ 8.1　ロボットマニピュレータの運動方程式

8.1.1　2リンクロボットマニピュレータ

　図8.1に示す2リンクロボットマニピュレータの運動方程式をラグランジュ (Lagrange) の運動方程式に基づいて求める．

8.1 ロボットマニピュレータの運動方程式

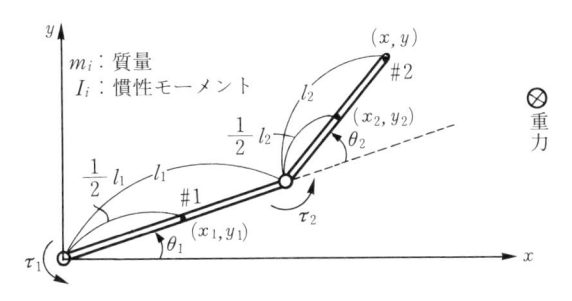

図 8.1 2リンクロボットマニピュレータ

♯1リンクの重心の位置と速度は，次のようになる．
$$x_1 = (1/2)\, l_1 \cos\theta_1 \qquad \dot{x}_1 = -(1/2)\, l_1 \sin\theta_1 \cdot \dot{\theta}_1$$
$$y_1 = (1/2)\, l_1 \sin\theta_1 \qquad \dot{y}_1 = (1/2)\, l_1 \cos\theta_1 \cdot \dot{\theta}_1 \tag{8.1}$$

♯2リンクの重心の位置と速度は，次のようになる．
$$x_2 = l_1 \cos\theta_1 + (1/2)\, l_2 \cos(\theta_1 + \theta_2)$$
$$y_2 = l_1 \sin\theta_1 + (1/2)\, l_2 \sin(\theta_1 + \theta_2)$$
$$\dot{x}_2 = -l_1 \sin\theta_1 \cdot \dot{\theta}_1 - (1/2)\, l_2 \sin(\theta_1 + \theta_2) \cdot (\dot{\theta}_1 + \dot{\theta}_2)$$
$$\dot{y}_2 = l_1 \cos\theta_1 \cdot \dot{\theta}_1 + (1/2)\, l_2 \cos(\theta_1 + \theta_2) \cdot (\dot{\theta}_1 + \dot{\theta}_2) \tag{8.2}$$

運動エネルギー T は上の結果を利用して次のようになる．

♯1リンク：
$$T_1 = (1/2)\, m_1(\dot{x}_1^2 + \dot{y}_1^2) + (1/2)\, I_1 \dot{\theta}_1^2$$
$$= (1/8)\, m_1 l_1^2 \dot{\theta}_1^2 + (1/2)\, I_1 \dot{\theta}_1^2 \tag{8.3}$$

♯2リンク：
$$T_2 = (1/2)\, m_2(\dot{x}_2^2 + \dot{y}_2^2) + (1/2)\, I_2 (\dot{\theta}_1 + \dot{\theta}_2)^2$$
$$= (1/2)\, m_2 \{ l_1^2 \dot{\theta}_1^2 + (1/4)\, l_2^2 (\dot{\theta}_1 + \dot{\theta}_2)^2 + l_1 l_2 \cos\theta_2 \cdot \dot{\theta}_1 (\dot{\theta}_1 + \dot{\theta}_2) \}$$
$$+ (1/2)\, I_2 (\dot{\theta}_1 + \dot{\theta}_2)^2 \tag{8.4}$$

位置エネルギー：考察しているマニピュレータでは図8.1のように重力は紙面に垂直であるので位置エネルギーは $P=0$ である．

1) ラグランジュの運動方程式

$$\frac{d}{dt}\left(\frac{\partial T}{\partial \dot{\theta}_i}\right) - \frac{\partial T}{\partial \theta_i} + \frac{\partial P}{\partial \theta_i} = \tau_i \tag{8.5}$$

τ_i：トルク $(i=1,\ 2)$

$T = T_1 + T_2$：運動エネルギー

P：位置エネルギー

上式を計算して次の結果を得る．

2） 運動方程式

$$\tau_1 = \{(1/4)\,m_1 l_1^2 + m_2 l_1^2 + (1/4)\,m_2 l_2^2 + I_1 + I_2 + m_2 l_1 l_2 \cos\theta_2\}\ddot{\theta}_1$$
$$+ \{(1/4)\,m_2 l_2^2 + (1/2)\,m_2 l_1 l_2 \cos\theta_2 + I_2\}\ddot{\theta}_2$$
$$- m_2 l_1 l_2 \sin\theta_2 \cdot \dot{\theta}_1 \dot{\theta}_2 - (1/2)\,m_2 l_1 l_2 \sin\theta_2 \cdot \dot{\theta}_2^2$$
$$\tau_2 = \{(1/4)\,m_2 l_2^2 + I_2 + (1/2)\,m_2 l_1 l_2 \cos\theta_2\}\ddot{\theta}_1$$
$$+ \{(1/4)\,m_2 l_2^2 + I_B\}\ddot{\theta}_2 + (1/2)\,m_2 l_1 l_2 \sin\theta_2 \cdot \dot{\theta}_1^2 \qquad (8.6)$$

ここで

$$J_1 = \{(1/4)\,m_1 + m_2\}\,l_1^2 + I_1, \qquad J_2 = (1/4)\,m_2 l_2^2 + I_2,$$
$$R = (1/2)\,m_2 l_1 l_2$$

とおいて次式を得る．

$$\tau_1 = (J_1 + J_2 + 2R\cos\theta_2)\ddot{\theta}_1 + (J_2 + R\cos\theta_2)\ddot{\theta}_2 - 2R\sin\theta_2 \cdot \dot{\theta}_1 \dot{\theta}_2$$
$$- R\sin\theta_2 \cdot \dot{\theta}_2^2$$
$$\tau_2 = (J_2 + R\cos\theta_2)\ddot{\theta}_1 + J_2 \ddot{\theta}_2 + R\sin\theta_2 \cdot \dot{\theta}_1^2 \qquad (8.7)$$

これを整理して次式を得る．

$$\begin{bmatrix} J_1 + J_2 + 2R\cos\theta_2 & J_2 + R\cos\theta_2 \\ J_2 + R\cos\theta_2 & J_2 \end{bmatrix} \begin{bmatrix} \ddot{\theta}_1 \\ \ddot{\theta}_2 \end{bmatrix}$$
$$+ \begin{bmatrix} -2R\sin\theta_2 \cdot \dot{\theta}_1 \dot{\theta}_2 - R\sin\theta_2 \cdot \dot{\theta}_2^2 \\ R\sin\theta_2 \cdot \dot{\theta}_1^2 \end{bmatrix} = \begin{bmatrix} \tau_1 \\ \tau_2 \end{bmatrix} \qquad (8.8)$$

式(8.8)が2リンクロボットマニピュレータの運動方程式であるが，多リンクのロボットマニピュレータにおいても同様な方法で運動方程式が導出され，その結果，一般にロボットマニピュレータの運動方程式は次のように表現される．

$$M(\Theta)\ddot{\Theta} + h'(\Theta, \dot{\Theta}) = \tau \qquad (8.9)$$

ここで，$M(\Theta)$：慣性行列，　Θ：関節角ベクトル，

$h'(\Theta, \dot{\Theta})$：遠心力，コリオリ力を表す項

$\tau = [\tau_1, \ \tau_2]^T$：アクチュエータの発生トルク

また，図8.1において重力が紙面と平行である場合のように，重力の影響を考慮する場合には次のようになる（演習とする）．

$$M(\Theta)\ddot{\Theta} + h'(\Theta, \dot{\Theta}) + g(\Theta) = \tau \qquad (8.10)$$

式(8.8)は次のような表現も可能である．

$$\begin{bmatrix} J_1+J_2+2R\cos\theta_2 & J_2+R\cos\theta_2 \\ J_2+R\cos\theta_2 & J_2 \end{bmatrix}\begin{bmatrix} \ddot{\theta}_1 \\ \ddot{\theta}_2 \end{bmatrix}$$
$$+ \begin{bmatrix} -2R\sin\theta_2\cdot\dot{\theta}_2 & -R\sin\theta_2\cdot\dot{\theta}_2 \\ R\sin\theta_2\cdot\dot{\theta}_1 & 0 \end{bmatrix}\begin{bmatrix} \dot{\theta}_1 \\ \dot{\theta}_2 \end{bmatrix} = \begin{bmatrix} \tau_1 \\ \tau_2 \end{bmatrix} \quad (8.11)$$

さらに次のような表現も可能である．

$$\begin{bmatrix} J_1+J_2+2R\cos\theta_2 & J_2+R\cos\theta_2 \\ J_2+R\cos\theta_2 & J_2 \end{bmatrix}\begin{bmatrix} \ddot{\theta}_1 \\ \ddot{\theta}_2 \end{bmatrix}$$
$$+ \begin{bmatrix} -R\sin\theta_2\cdot\dot{\theta}_2 & -R\sin\theta_2\cdot\dot{\theta}_1-R\sin\theta_2\cdot\dot{\theta}_2 \\ R\sin\theta_2\cdot\dot{\theta}_1 & 0 \end{bmatrix}\begin{bmatrix} \dot{\theta}_1 \\ \dot{\theta}_2 \end{bmatrix} = \begin{bmatrix} \tau_1 \\ \tau_2 \end{bmatrix} \quad (8.12)$$

上のどちらも次のような一般形として表される．すなわち，

$$M(\Theta)\ddot{\Theta} + h(\Theta, \dot{\Theta})\dot{\Theta} = \tau \quad (8.13)$$

あるいは

$$M(\Theta)\ddot{\Theta} + h(\Theta, \dot{\Theta})\dot{\Theta} + g(\Theta) = \tau \quad (8.14)$$

後に述べるロボットマニピュレータの運動方程式の特徴の説明では上の表現のうち，後者の式(8.13)，(8.14)が用いられる．

一般形で表すときに，$h'(\Theta, \dot{\Theta})$から$h(\Theta, \dot{\Theta})$を選ぶときには任意性があることに注意すること．

▷ 8.2 多関節ロボットマニピュレータ運動方程式の特徴

多関節（多リンクともいう）ロボットマニピュレータの運動方程式は，上のように非線形微分方程式で表される．制御問題を考えるときには，一般的にはこのような非線形制御対象はかなりやっかいな対象である．しかし，次のようにこの方程式には重要な性質のあることがわかっているので，これについて説明する．なお，この性質を利用した優れた制御方法が開発されており，後述する．多関節ロボットマニピュレータの運動方程式は，式(8.13)のように表され，この方程式の係数行列の間には次のような特徴のあることが知られている．

●《特徴1》

慣性行列 $M(\Theta)$ は Θ によらず有界かつ正定対称行列である．

● 《特徴 2》

$M(\Theta)$ と $h(\Theta, \dot{\Theta})$ は独立ではなく次の関係がある.

$$\dot{M}(\Theta) = h(\Theta, \dot{\Theta}) + h^T(\Theta, \dot{\Theta}) \tag{8.15}$$

または

$$\dot{\Theta}^T[(1/2)\dot{M}(\Theta) - h(\Theta, \dot{\Theta})]\dot{\Theta} = 0 \tag{8.16}$$

または

$$[(1/2)\dot{M}(\Theta) - h(\Theta, \dot{\Theta})]$$

はひずみ対称行列である.

● 《特徴 3》

運動方程式は次のように物理パラメータに関して線形分離できる.

$$M(\Theta)\ddot{\Theta} + h(\Theta, \dot{\Theta})\dot{\Theta} = Y(\Theta, \dot{\Theta}, \ddot{\Theta})a \tag{8.17}$$

ただし, a : 定数ベクトル, $Y(\Theta, \dot{\Theta}, \ddot{\Theta})$: a を含まない行列

これらの証明については参考文献によってほしい.

ここで,《特徴 2》について 2 リンクロボットマニピュレータの場合について確かめてみる.

$$M(\Theta) = \begin{bmatrix} J_1 + J_2 + 2R\cos\theta_2 & J_2 + R\cos\theta_2 \\ J_2 + R\cos\theta_2 & J_2 \end{bmatrix}$$

$$\dot{M}(\Theta) = \begin{bmatrix} -2R\sin\theta_2 \cdot \dot{\theta}_2 & -R\sin\theta_2 \cdot \dot{\theta}_2 \\ -R\sin\theta_2 \cdot \dot{\theta}_2 & 0 \end{bmatrix}$$

$A = R\sin\theta_2$ とおくと次のようになる.

$$\dot{M}(\Theta) = \begin{bmatrix} -2A \cdot \dot{\theta}_2 & -A \cdot \dot{\theta}_2 \\ -A \cdot \dot{\theta}_2 & 0 \end{bmatrix}$$

$$h(\Theta, \dot{\Theta}) = \begin{bmatrix} -A \cdot \dot{\theta}_2 & -A \cdot \dot{\theta}_1 - A \cdot \dot{\theta}_2 \\ A \cdot \dot{\theta}_1 & 0 \end{bmatrix}$$

ゆえに

$$(1/2)\dot{M} - h = \begin{bmatrix} 0 & A \cdot \dot{\theta}_1 + (1/2)A \cdot \dot{\theta}_2 \\ -A \cdot \dot{\theta}_1 - (1/2)A \cdot \dot{\theta}_2 & 0 \end{bmatrix}$$

ゆえに, 次式が成り立つ.

$$\dot{\Theta}^T[(1/2)\dot{M}(\Theta) - h(\Theta, \dot{\Theta})]\dot{\Theta} = 0$$

8.2 多関節ロボットマニピュレータ運動方程式の特徴

また

$$\dot{h}+h^T=\begin{bmatrix} -2A\cdot\dot{\theta}_2 & -A\cdot\dot{\theta}_2 \\ -A\cdot\dot{\theta}_2 & 0 \end{bmatrix}$$

であるから

$$\dot{M}(\Theta)=h(\Theta,\ \dot{\Theta})+h^T(\Theta,\ \dot{\Theta})$$

が成り立つ．また

$$[\dot{M}-2h]=\begin{bmatrix} 0 & 2A\cdot\dot{\theta}_1+A\cdot\dot{\theta}_2 \\ -2A\cdot\dot{\theta}_1-A\cdot\dot{\theta}_2 & 0 \end{bmatrix}$$

ゆえに，$[\dot{M}-2h]$ はひずみ対称行列である．

つまり，$[\dot{M}-2h]=-[\dot{M}-2h]^T$ である．

《特徴3》について2リンクロボットマニピュレータについて確かめてみる．

$$\tau_1=(J_1+J_2+2R\cos\theta_2)\ddot{\theta}_1+(J_2+R\cos\theta_2)\ddot{\theta}_2\\-2R\sin\theta_2\cdot\dot{\theta}_1\dot{\theta}_2-R\sin\theta_2\cdot\dot{\theta}_2^2$$

これを $J_1,\ J_2,\ R$ についてまとめる．

$$\tau_1=\ddot{\theta}_1 J_1+(\ddot{\theta}_1+\ddot{\theta}_2)J_2\\+(2\cos\theta_2\cdot\ddot{\theta}_1+\cos\theta_2\cdot\ddot{\theta}_2-2\sin\theta_2\cdot\dot{\theta}_1\dot{\theta}_2-\sin\theta_2\cdot\dot{\theta}_2^2)R$$

$$\tau_2=(J_2+R\cos\theta_2)\ddot{\theta}_1+J_2\ddot{\theta}_2+R\sin\theta_2\cdot\dot{\theta}_1^2$$

これも $J_1,\ J_2,\ R$ についてまとめる．

$$\tau_2=(\ddot{\theta}_1+\ddot{\theta}_2)J_2+(\cos\theta_2\cdot\ddot{\theta}_1+\sin\theta_2\cdot\dot{\theta}_1^2)R$$

上の二式をまとめて次式を得る．

$$\tau=\begin{bmatrix} \ddot{\theta}_1 J_1+(\ddot{\theta}_1+\ddot{\theta}_2)J_2+(2\cos\theta_2\cdot\ddot{\theta}_1+\cos\theta_2\cdot\ddot{\theta}_2-2\sin\theta_2\cdot\dot{\theta}_1\dot{\theta}_2-\sin\theta_2\cdot\dot{\theta}_2^2)R \\ (\ddot{\theta}_1+\ddot{\theta}_2)J_2+(\cos\theta_2\cdot\ddot{\theta}_1+\sin\theta_2\cdot\dot{\theta}_1^2)R \end{bmatrix}$$

よって次のようにまとめられる．

$$\tau=\begin{bmatrix} \ddot{\theta}_1 & (\ddot{\theta}_1+\ddot{\theta}_2) & (2\cos\theta_2\cdot\ddot{\theta}_1+\cos\theta_2\cdot\ddot{\theta}_2-2\sin\theta_2\cdot\dot{\theta}_1\dot{\theta}_2-\sin\theta_2\cdot\dot{\theta}_2^2) \\ 0 & (\ddot{\theta}_1+\ddot{\theta}_2) & (\cos\theta_2\cdot\ddot{\theta}_1+\sin\theta_2\cdot\dot{\theta}_1^2) \end{bmatrix}\begin{bmatrix} J_1 \\ J_2 \\ R \end{bmatrix}$$

つまり $\tau=Y(\Theta,\ \dot{\Theta},\ \ddot{\Theta})a$ と書ける．

▷ 8.3 ロボットマニピュレータの運動制御

ロボットマニピュレータの運動方程式は，式 (8.10) または式 (8.13) のように表されることがわかった．次にロボットマニピュレータの手先に望みの運動をさせるための運動制御問題を考えよう．

8.3.1 PD制御 (proportional and derivative control)

目標値が関節角度 $\boldsymbol{\Theta}_d$ で与えられる場合について考えてみる．前述のようにロボットマニピュレータの運動方程式は次のようである．

$$M(\boldsymbol{\Theta})\ddot{\boldsymbol{\Theta}} + h(\boldsymbol{\Theta}, \dot{\boldsymbol{\Theta}})\dot{\boldsymbol{\Theta}} + g(\boldsymbol{\Theta}) = \boldsymbol{\tau} \tag{8.18}$$

このシステムに対してリアプノフ関数の候補である V 関数を次のように選ぶ．

$$V = (1/2)[\dot{\boldsymbol{\Theta}}^T M(\boldsymbol{\Theta})\dot{\boldsymbol{\Theta}} + \widetilde{\boldsymbol{\Theta}}^T K_P \widetilde{\boldsymbol{\Theta}}]$$

ただし，$\widetilde{\boldsymbol{\Theta}} = \boldsymbol{\Theta} - \boldsymbol{\Theta}_d$，$\boldsymbol{\Theta}_d$：目標角度

上の V 関数の時間微分を求める．

$$\dot{V} = \dot{\boldsymbol{\Theta}}^T(\boldsymbol{\tau} - g) + \dot{\widetilde{\boldsymbol{\Theta}}}^T K_P \widetilde{\boldsymbol{\Theta}}$$

ここで，制御入力すなわち入力トルクを次のように選ぶ．

$$\boldsymbol{\tau} = -K_D \dot{\boldsymbol{\Theta}} - K_P \widetilde{\boldsymbol{\Theta}} + g(\boldsymbol{\Theta}) \tag{8.19}$$

このとき，V 関数の時間微分は同様に，次のようになる．

$$\dot{V} = -\dot{\boldsymbol{\Theta}}^T K_D \dot{\boldsymbol{\Theta}} \leq 0$$

ゆえに，この V 関数はリアプノフ関数であり，$\boldsymbol{\Theta}_d$ は漸近安定であることが保証されるので $\boldsymbol{\Theta} \to \boldsymbol{\Theta}_d$ が実現される．しかし，この制御法では過渡特性はなにも保証していない．また，ロボットマニピュレータの姿勢によってはその応答特性は変化する可能性がある．

なお，フィードバック制御系における制御法の類推として，次のようなPID制御が用いられることもある．

制御則：

$$\boldsymbol{\tau} = -K_D \dot{\boldsymbol{\Theta}} - K_P \widetilde{\boldsymbol{\Theta}} - K_I \int \widetilde{\boldsymbol{\Theta}} dt + g(\boldsymbol{\Theta}) \tag{8.20}$$

8.3.2 分解速度制御 (resolved motion rate control, RMRC)

手先の速度を目標値として与える場合を考える．
作業座標における手先の位置，姿勢などを表す変数として r を用いる．

8.3 ロボットマニピュレータの運動制御

$$r = f(\Theta)$$
$$\Theta = f^{-1}(r) \tag{8.21}$$

ただし，r：作業座標における手先位置
　　　　Θ：関節座標における各関節角度

手先位置目標値として r_d が与えられたとき，それに対応する関節角目標値 Θ_d は，上の逆変換を行う必要がある．手先位置目標値 r_d が，時々刻々変化する場合には，この逆変換計算を必要とすることとなり，不利である．そこで次のような関係を利用して，手先の速度目標値として与えたほうが有利である．

上式を微分することにより，次の関係を得る．

$$\dot{r} = \frac{df(\Theta)}{d\Theta^T}\dot{\Theta} = J(\Theta)\dot{\Theta}$$

ここで，$J(\Theta)$：ヤコビ行列

$$\dot{\Theta} = J^{-1}(\Theta)\dot{r} \tag{8.22}$$

すなわち $\dot{r}$ と $\dot{\Theta}$ は扱い易い関係で表される．これは手先の運動方向を必要な関節の運動に分解しているという意味で"分解速度制御法"と呼ばれる．

$$\dot{\Theta}_d = J^{-1}(\Theta)\dot{r}_d \tag{8.23}$$

ここで，$J^{-1}(\Theta)$ は $J^{-1}(\Theta_d)$ とすべきであるが，分解速度制御法では r_d から Θ_d を求める逆変換を必要としないということが最大の利点であるので，J^{-1} には各関節の実際の値 Θ を用いている．

実際にはポテンシャルの概念を使って，次のような形を使う．

$$\dot{\Theta}_d = J^{-1}(\Theta)[\dot{r}_d + K_P(r_d - r)] \tag{8.24}$$

サーボ系への入力トルクは次のようにする．

$$\tau = K_V(\dot{\Theta}_d - \dot{\Theta}) + g(\Theta) \tag{8.25}$$

この場合の制御系は図 8.2 のようになる．

以上は，ロボットマニピュレータのダイナミックスを考慮していないもので

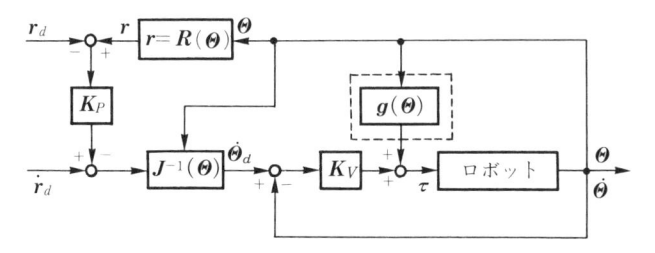

図 8.2　分解速度制御法

ある.またこの場合,関節間の干渉や位置,姿勢によるパラメータの変化は外乱とみなすことにより対処せざるを得ない.したがって,マニピュレータを高速で動かすような場合には,コリオリ力,遠心力,慣性モーメントの影響が大きくなる.そのようなときには,次に述べる動的制御を行う必要のある場合がある.

▷ 8.4 ロボットマニピュレータの動的制御

ロボットマニピュレータの応答において,定常状態のみならず過渡応答もできるだけ希望の応答に近づけるために,その動特性を考慮に入れて,与えられた目標を実現する制御方策として動的制御がある.その基本的な立場として線形化補償を考える.

8.4.1 線形化補償による制御(計算トルク法,加速度分解法)

まず,ロボットマニピュレータの非線形微分方程式を線形化することを考える.

・線形化入力Ⅰ(非線形状態フィードバックⅠ)

$$\tau = M(\Theta)v_0 + h(\Theta, \dot{\Theta})\dot{\Theta} + g(\Theta) \tag{8.26}$$

この入力トルクをロボットの運動方程式(8.14)に代入すると次式を得る.

$$\ddot{\Theta} = v_0 \tag{8.27}$$

つまり,関節変数 Θ についての線形非干渉系を得る.

・線形化入力Ⅱ(非線形状態フィードバックⅡ)

次に,作業座標における手先の位置,姿勢などを表す変数として r を用いる.

$$r = f(\Theta) \tag{8.28}$$

これを微分することにより次の関係を得る.

$$\dot{r} = \frac{df(\Theta)}{d\Theta^T}\dot{\Theta} = J(\Theta)\dot{\Theta}, \quad \ddot{r} = \dot{J}(\Theta)\dot{\Theta} + J(\Theta)\ddot{\Theta} \tag{8.29}$$

ここで,$J(\Theta)$:ヤコビ行列

$$\tau = M(\Theta)J^{-1}(\Theta)[-\dot{J}(\Theta)\dot{\Theta} + v_r] + h(\Theta, \dot{\Theta})\dot{\Theta} + g(\Theta) \tag{8.30}$$

この入力をロボットの運動方程式に代入すると次式を得る.

$$\ddot{r} = v_r \tag{8.31}$$

つまり，r についての線形非干渉系を得る．これをもとに考えれば各方法は次のようになる．

まず計算トルク法は，$v_0 = \ddot{\Theta}_d$ とおいたものに相当する．実際にはパラメータには推定値を用いざるをえない．

そして加速度分解法と呼ばれるものは次のようなものである．
$$v_r = \ddot{r}_d + k_1(\dot{r}_d - \dot{r}) + k_2(r_d - r)$$
これにより，$e = r_d - r$ とおいたとき
$$\ddot{e} + k_1 \dot{e} + k_2 e = 0$$
を得る．

以下に，これらの方法をもう少し説明するが，これらの問題点としては次のような点がある．

a) 制御アルゴリズムの計算が複雑
b) パラメータ誤差や外乱の影響を受ける．つまり正しいパラメータを知らなければならない．

① **計算トルク法**(computed torque method：関節空間)

制御則：$\tau = \hat{M}(\Theta) v(t) + \hat{h}(\Theta, \dot{\Theta}) \dot{\Theta} + \hat{g}(\Theta)$ (8.32)

ただし，$\hat{M}, \hat{h}, \hat{g}$ は推定値
$$v(t) = \ddot{\Theta}_d(t) + K_D(\dot{\Theta}_d - \dot{\Theta}) + K_P(\Theta_d - \Theta)$$
この制御則を運動方程式に代入する．
$$\ddot{e}(t) + K_D \dot{e}(t) + K_P e(t) = \hat{M}^{-1}[\tilde{M}\ddot{\Theta} + \tilde{h}\dot{\Theta} + \tilde{g}] \quad (8.33)$$
ただし，$e(t) = \Theta_d(t) - \Theta(t)$：追従誤差

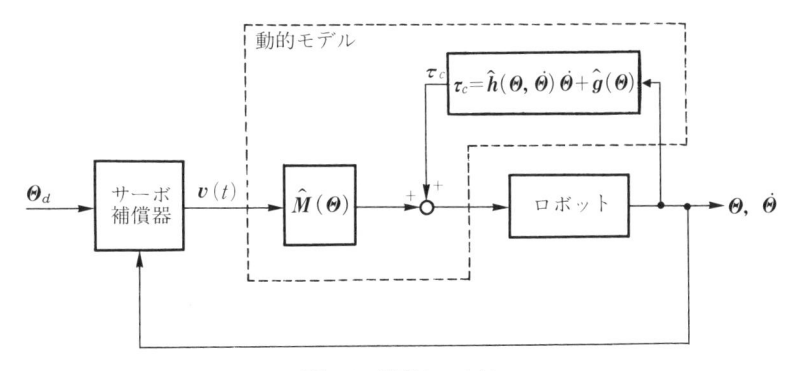

図 8.3 計算トルク法

$\tilde{M} = M - \hat{M}$ など：パラメータ推定誤差

パラメータが真値ならば次式となる．

$$\ddot{e}(t) + K_D \dot{e}(t) + K_P e(t) = 0 \tag{8.34}$$

したがって，K_D と K_P を適切に選ぶことにより，$e(t) \to 0$ とすることができる．

この制御則を用いた制御系構成図は，図 8.3 のようになる．

② **加速度分解法** (resolved acceleration method：作業空間)

制御則：$\tau = \hat{M}(\Theta) \hat{J}^{-1}(\Theta) [-\dot{J}(\Theta)\dot{\Theta} + v_r] + \hat{h}(\Theta, \dot{\Theta})\dot{\Theta} + \hat{g}(\Theta)$

$$v_r = \ddot{r}_d + k_1(\dot{r}_d - \dot{r}) + k_2(r_d - r) \tag{8.35}$$

簡単のため，上の制御則におけるパラメータが真値であると仮定して，運動方程式に制御則を代入して次の式を得る．

$$M(\Theta)\ddot{\Theta} + h(\Theta, \dot{\Theta})\dot{\Theta} + g(\Theta) = M(\Theta)J^{-1}(\Theta)[-\dot{J}(\Theta)\dot{\Theta} + v_r] \\ + h(\Theta, \dot{\Theta})\dot{\Theta} + g(\Theta)$$

これより

$$\ddot{\Theta} = J^{-1}(\Theta)[-\dot{J}(\Theta)\dot{\Theta} + v_r]$$

を得る．これより次式を得る．

$$J(\Theta)\ddot{\Theta} = -\dot{J}(\Theta)\dot{\Theta} + v_r$$
$$J(\Theta)\ddot{\Theta} + \dot{J}(\Theta)\dot{\Theta} = v_r \tag{8.36}$$

ここで，$\dot{r} = J(\Theta)\dot{\Theta}$ より

$$\ddot{r} = \dot{J}(\Theta)\dot{\Theta} + J(\Theta)\ddot{\Theta}$$

図 8.4 加速度分解法

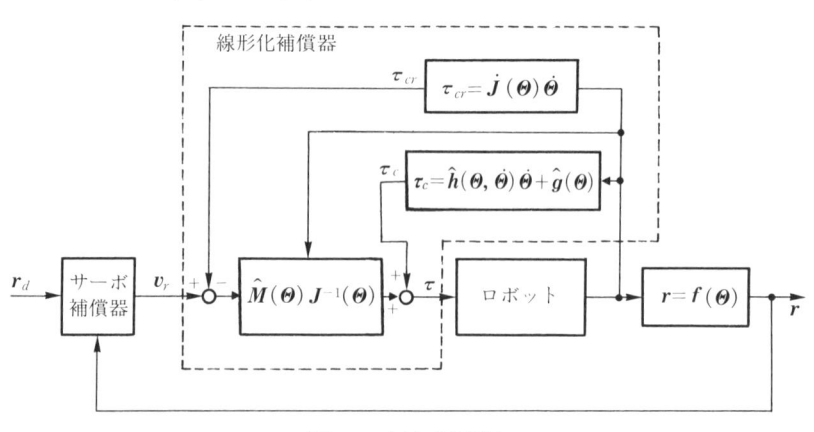

8.4 ロボットマニピュレータの動的制御

$$\therefore \ddot{r} = v_r$$
$$= \ddot{r}_d + k_1(\dot{r}_d - \dot{r}) + k_2(r_d - r)$$
$$\therefore (\ddot{r}_d - \ddot{r}) + k_1(\dot{r}_d - \dot{r}) + k_2(r_d - r) = 0 \tag{8.37}$$

パラメータが正しくわかっていて，k_1 と k_2 を適切に選べば r は r_d に収束することがわかる．この場合の制御系構成図は図8.4のようになる．

8.4.2 ディジタル加速度制御：原理

非線形メカニカルシステムにおいて，外部から力あるいはトルクを与えたとき，その瞬間に変化し得るのは加速度のみであり，速度と位置はその瞬間は変化しない．本方法は加速度を積分して速度が決まり，さらにそれを積分して位置が決まるという運動の基本（図8.5）に着目した制御法である．上述した各方法は，すべて連続時間の立場で制御則を導出しているので，これをディジタル計算機で実現する場合にはそれなりの検討が必要である．ここで述べるディジタル加速度制御法では，その考え方から自然にディジタル制御アルゴリズムが導出される．その点で実用的で使いやすい非線形制御法といえる．

まず最初に，この方法の考え方を説明するためにその基本的なアプローチを説明し，その後次項（5）でその考え方による具体的な方法の説明をする．

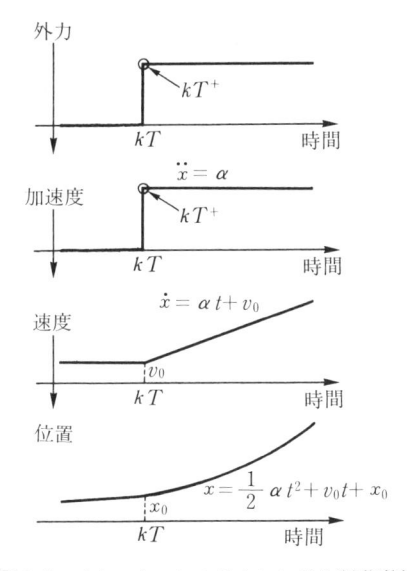

図8.5 メカニカルシステムにおける運動過程

ロボットマニピュレータの運動方程式を含むメカニカルシステムの運動方程式を次のようにおく．なお，次式はロボットマニピュレータに限らないもので，メカニカルシステムの多くがこのような方程式で表される．

$$M(\Theta)\ddot{\Theta} + X(\Theta, \dot{\Theta}) = \tau \tag{8.38}$$

$X(\Theta, \dot{\Theta})$ は未知の非線形項である．これらにはロボットマニピュレータのモデル化できない摩擦，アクチュエータ雑音，接触力などが含まれており，それらを未知のままで制御則が導出できる．特にモデル化できない摩擦の問題は実用上かなり重要な問題であろう．このような摩擦は計算機シミュレーションでもプログラムに乗せようがないので通常無視されるか，あるいは簡単な形を想定する場合が多い．

{仮定}　$\Theta_d, \dot{\Theta}_d, \ddot{\Theta}_d$ は与えられる．

　　　　$X(\Theta, \dot{\Theta})$ は未知でよい．

　　　　$M(\Theta)$ は既知である．

制御目的は $\Theta(t)$ を目標角度 $\Theta_d(t)$ に追従させることである．

上述の加速度の概念によって，サンプリング周期を T として時刻 kT と kT^+ では運動方程式は次のように書ける．このときの時間経過などについての説明として，図8.6にトルク入力の時間的変化を示す．なお，時刻 kT^+ は時刻 kT の直後の時刻を表す．時刻 kT^+ においてトルク変化が生じるとしている．

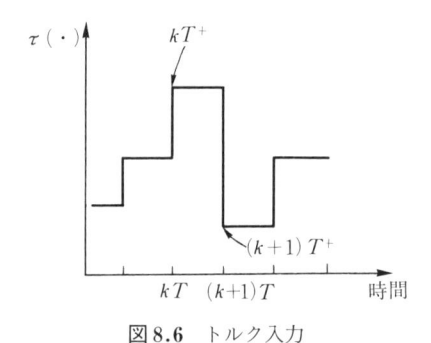

図8.6　トルク入力

$$\tau(kT) = M[\Theta(kT)]\ddot{\Theta}(kT) + X[\Theta(kT), \dot{\Theta}(kT)]$$
$$\tau(kT^+) = M[\Theta(kT^+)]\ddot{\Theta}(kT^+) + X[\Theta(kT^+), \dot{\Theta}(kT^+)] \tag{8.39}$$

ここで，$\tau(kT) = \tau[(k-1)T^+]$ は時間間隔 $[(k-1)T^+\ \ kT]$ の入力である．$\tau(kT^+)$ は求めたい時間間隔 $[kT^+\ \ (k+1)T]$ の入力である．

8.4 ロボットマニピュレータの動的制御   171

図 8.6 に示すように，トルクを入力した瞬間 $t=kT^+$ で変化するものは加速度のみであり，位置と速度は $t=kT$ と $t=kT^+$ では同じ値をとる．すなわち，

$$\ddot{\Theta}(kT) \neq \ddot{\Theta}(kT^+), \quad \dot{\Theta}(kT) = \dot{\Theta}(kT^+), \quad \Theta(kT) = \Theta(kT^+)$$

したがって，kT^+ 時刻で加速度 $\ddot{\Theta}(kT^+) = \ddot{\Theta}_d(kT^+)$ になるような入力ベクトルは次のように求まる．

$$\tau(kT^+) = \tau[(k-1)T^+] + M[\Theta(kT)][\ddot{\Theta}_d(kT^+) - \ddot{\Theta}(kT)] \quad (8.40)$$

もし，上式にモデル誤差が含まれず，またメカニカルシステムの初期値と与えられた目標値の初期値が等しければ，時刻 kT^+ では上の制御則による $\tau(kT^+)$ を与えれば $\ddot{\Theta}(kT^+) = \ddot{\Theta}_d(kT^+)$ となり，メカニカルシステムの位置 $\Theta(t)$ を $\Theta_d(t)$ に追従させることができる．

しかし，実際のシステムにおいてはモデル誤差は避けられず，また初期位置と目標値の初期値が一致していることも期待されない．これらの問題に対処するために次のようなサーボ補償を用いる．

$$\begin{aligned}\tau(kT^+) = & \tau[(k-1)T^+] + M[\Theta(kT)]\{[\ddot{\Theta}_d(kT^+) - \ddot{\Theta}(kT)] \\ & + K_D[\dot{\Theta}_d(kT) - \dot{\Theta}(kT)] + K_P[\Theta_d(kT) - \Theta(kT)]\}\end{aligned}$$
(8.41)

ここで，$K_D = \mathrm{diag}[k_{dii}]$：速度偏差係数

$K_P = \mathrm{diag}[k_{pii}]$：位置偏差係数　　$i=1, 2, \cdots, n$

この制御則を運動方程式に代入し，かつ $\Theta(kT) = \Theta(kT^+)$, $\dot{\Theta}(kT) = \dot{\Theta}(kT^+)$ に注意して次式を得る．

$$\begin{aligned}[\ddot{\Theta}_d(kT^+) - \ddot{\Theta}(kT^+)] + & K_D[\dot{\Theta}_d(kT^+) - \dot{\Theta}(kT^+)] \\ & + K_P[\Theta_d(kT^+) - \Theta(kT^+)] = 0\end{aligned}$$
(8.42)

誤差を次のように定義する．

$$e(kT^+) = \Theta_d(kT^+) - \Theta(kT^+)$$

時刻 kT^+ における誤差方程式は次のようになる．

$$\ddot{e}(kT^+) + K_D \dot{e}(kT^+) + K_P e(kT^+) = 0 \quad (8.43)$$

サンプリング時間内 $[kT^+ \ (k+1)T]$ で次のようにおく．

$$\dot{e}[(k+1)T^+] \simeq \dot{e}(kT) + \ddot{e}(kT^+)T$$

$$e[(k+1)T^+] \simeq e(kT) + \dot{e}(kT)T + \ddot{e}(kT^+)T^2/2 \quad (8.44)$$

これを上の誤差方程式に代入し，かつ $e(kT) = e(kT^+)$, $\dot{e}(kT) = \dot{e}(kT^+)$ に注意して次式を得る．

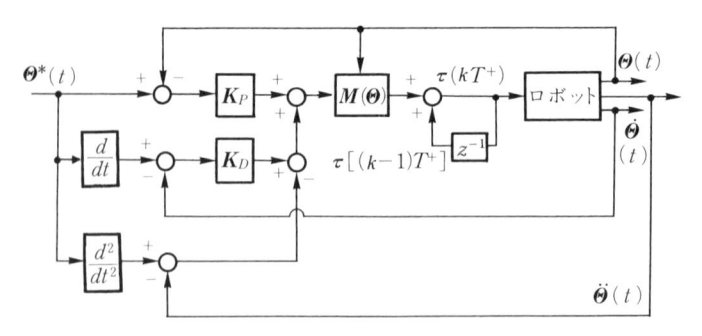

図8.7 ディジタル加速度制御法によるディジタルサーボ系

$$\begin{bmatrix} e[(k+1)T^+] \\ \dot{e}[(k+1)T^+] \end{bmatrix} = A \begin{bmatrix} e[kT^+] \\ \dot{e}[kT^+] \end{bmatrix} \quad (8.45)$$

ただし，$A = \begin{bmatrix} (I-K_PT)/2 & (I-K_DT/2)/T \\ -K_PT & (I-K_DT) \end{bmatrix}$

したがって，K_P と K_D の選択により，行列 A を安定にすることができる．すなわち，

$$\lim_{k\to\infty} e(kT) = \lim_{k\to\infty}[\Theta_d(kT) - \Theta(kT)] = 0$$

ディジタル加速度制御による基本的な制御系構成は図8.7で示され，そのポイントは次のようである．

a) ディジタル制御則である．
b) 未知非線形項は外乱，モデル化できない摩擦などを含んでよい．
c) システムの安定性は行列 A によって決定されるが，A にはサンプリング周期 T，位置偏差係数 K_P，速度偏差係数 K_D のみが含まれている．
d) 加速度を何らかの形で知る必要がある．
e) M を正しく知る必要がある．

8.4.3 近似離散時間モデルによるディジタル加速度制御

上に述べたようにこの方法では加速度情報を測定することが必要である．しかし，通常のメカニカルな制御対象で加速度を測定することに困難のある場合がある．そこでディジタル加速度制御法の考え方を生かし，かつ加速度情報を必要としない工夫をした方法について述べる．

これは加速度を近似することにより制御対象の近似離散時間モデルを導出す

8.4 ロボットマニピュレータの動的制御　173

るものである．この近似離散時間モデルは線形表現されるので，これをもとにいかなる線形制御法をも適用することができるようになる．

$t=kT$ とその直後 $t=kT^+$ において式 (8.38) から次の二式が成り立つ．

$$\boldsymbol{\tau}(kT)=\boldsymbol{M}[\boldsymbol{\Theta}(kT)]\ddot{\boldsymbol{\Theta}}(kT)+\boldsymbol{X}[\boldsymbol{\Theta}(kT),\ \dot{\boldsymbol{\Theta}}(kT)]$$

$$\boldsymbol{\tau}(kT^+)=\boldsymbol{M}[\boldsymbol{\Theta}(kT^+)]\ddot{\boldsymbol{\Theta}}(kT^+)+\boldsymbol{X}[\boldsymbol{\Theta}(kT^+),\ \dot{\boldsymbol{\Theta}}(kT^+)] \quad (8.39)$$

ディジタル加速度制御の考え方により位置と速度は $t=kT$ と $t=kT^+$ では同じ値をとる．すなわち，

$$\dot{\boldsymbol{\Theta}}(kT)=\dot{\boldsymbol{\Theta}}(kT^+), \quad \boldsymbol{\Theta}(kT)=\boldsymbol{\Theta}(kT^+)$$

したがって，式 (8.39) の両辺を引き算することによって，次式のような加速度と外力との瞬間の関係式が得られる．

$$\boldsymbol{M}(\boldsymbol{\Theta}(kT))[\ddot{\boldsymbol{\Theta}}(kT^+)-\ddot{\boldsymbol{\Theta}}(kT)]=\boldsymbol{\tau}(kT^+)-\boldsymbol{\tau}(kT) \quad (8.46)$$

ここでサンプリング周期が短く，加速度信号がサンプリング間隔の階段信号で近似できると仮定する．すなわち，次式を仮定する．

$$\ddot{\boldsymbol{\Theta}}(kT) \fallingdotseq \ddot{\boldsymbol{\Theta}}((k-1)T^+) \quad (8.47)$$

この仮定のもとで速度と位置は，次のように表される．

$$\dot{\boldsymbol{\Theta}}((k+1)T^+) \fallingdotseq \dot{\boldsymbol{\Theta}}(kT^+)+T\ddot{\boldsymbol{\Theta}}(kT^+) \quad (8.48)$$

$$\boldsymbol{\Theta}((k+1)T^+) \fallingdotseq \boldsymbol{\Theta}(kT^+)+T\dot{\boldsymbol{\Theta}}(kT^+)+T^2/2\cdot\ddot{\boldsymbol{\Theta}}(kT^+) \quad (8.49)$$

式 (8.48) と式 (8.49) をまとめて次の関係式となる．

$$\begin{bmatrix} \dot{\boldsymbol{\Theta}}(i+1) \\ \boldsymbol{\Theta}(i+1) \end{bmatrix} = \begin{bmatrix} \boldsymbol{I}_n & \boldsymbol{0} \\ T\boldsymbol{I}_n & \boldsymbol{I}_n \end{bmatrix} \begin{bmatrix} \dot{\boldsymbol{\Theta}}(i) \\ \boldsymbol{\Theta}(i) \end{bmatrix} + \begin{bmatrix} T\boldsymbol{I}_n \\ T^2/2\cdot\boldsymbol{I}_n \end{bmatrix} \ddot{\boldsymbol{\Theta}}(i) \quad (8.50)$$

ただし，$i=k^+$ とおいている．

ここで次のような新たな入力 $\boldsymbol{u}(kT)$ を考える．

$$\boldsymbol{u}(kT)=\ddot{\boldsymbol{\Theta}}(kT)$$

すると式 (8.50) は式 (8.51) となる．

$$\begin{bmatrix} \dot{\boldsymbol{\Theta}}(i+1) \\ \boldsymbol{\Theta}(i+1) \end{bmatrix} = \begin{bmatrix} \boldsymbol{I}_n & \boldsymbol{0} \\ T\boldsymbol{I}_n & \boldsymbol{I}_n \end{bmatrix} \begin{bmatrix} \dot{\boldsymbol{\Theta}}(i) \\ \boldsymbol{\Theta}(i) \end{bmatrix} + \begin{bmatrix} T\boldsymbol{I}_n \\ T^2/2\cdot\boldsymbol{I}_n \end{bmatrix} \boldsymbol{u}(i) \quad (8.51)$$

ただし，新たな入力 $\boldsymbol{u}(i)$ と実入力 $\boldsymbol{\tau}(i)$ の関係は次のように求まる．式 (8.46) と式 (8.47) から $\ddot{\boldsymbol{\Theta}}(kT)$ を消去して次式を得る．

$$\boldsymbol{M}(\boldsymbol{\Theta}(kT))[\ddot{\boldsymbol{\Theta}}(kT^+)-\ddot{\boldsymbol{\Theta}}((k-1)T^+)]=\boldsymbol{\tau}(kT^+)-\boldsymbol{\tau}(kT) \quad (8.52)$$

また $\boldsymbol{\Theta}(kT)=\boldsymbol{\Theta}(kT^+)$，$\boldsymbol{\tau}(kT)=\boldsymbol{\tau}((k-1)T^+)$ であることを代入して次式を得る．

$$M[\Theta(kT^+)][\ddot{\Theta}(kT^+) - \ddot{\Theta}((k-1)T^+)] = \tau(kT^+) - \tau((k-1)T^+) \tag{8.53}$$

ここで前と同じく $i = k^+$, $u(i) = \ddot{\Theta}(i)$ とおいて次式を得る．

$$M[\Theta(i)][u(i) - u(i-1)] = \tau(i) - \tau(i-1) \tag{8.54}$$

これより新たな入力 $u(i)$ は次のように表される．

$$u(i) = u(i-1) + M^{-1}[\Theta(i)][\tau(i) - \tau(i-1)] \tag{8.55}$$

すなわち，式 (8.38) の制御対象の近似離散時間モデルとして式 (8.51) が導出された．またそのモデルの入力 $u(i)$ は実入力 $\tau(i)$ と式 (8.55) の関係にある．したがって，式 (8.51) のモデルに対して制御入力 $u(i)$ を設計し，それから実入力 $\tau(i)$ は式 (8.56) により求められる．

$$\tau(i) = \tau(i-1) + M[\Theta(i)][u(i) - u(i-1)] \tag{8.56}$$

式 (8.51) で表されるモデルは線形系であるので，制御入力の設計は線形制御理論に基づくあらゆる方法が利用できることになる．また基本的なディジタル加速度制御が加速度情報まで必要であるのに対して，このモデルを用いることにより加速度情報を必要としない．そのためディジタル加速度制御法の利点，すなわち式 (8.38) における非線形項 $X(\Theta, \dot{\Theta})$ は，未知のままで制御系が構成できるという大きな特徴を生かす制御が可能となる．また，式 (8.51) はすでにディジタルモデルであるので，このモデルに基づく制御則は当然ながらディジタルアルゴリズムとして得られ，ディジタル制御に直接利用できるなど，非線形制御対象に対する実用的な制御法の一つの有力なアプローチである．参考文献 (4) に具体例への適用がなされている．

▷ 8.5　ロボットマニピュレータの適応制御

ロボットマニピュレータは腕の空間位置が違えば方程式のパラメータが変化し，手先が物を把持すればそれによりパラメータが変化するなど適応制御を必要とする制御対象である．ここで述べるものは，ロボットマニピュレータの運動方程式が《特徴3》に示すように表されることを利用した優れた適応制御法である (参考文献 (1))．

$$M(\Theta)\ddot{\Theta} + h(\Theta, \dot{\Theta})\dot{\Theta} + g(\Theta) = Y(\ddot{\Theta}, \dot{\Theta}, \Theta)a \tag{8.57}$$

未知な $m \times 1$ パラメータベクトル a は《特徴3》より，次の関係式が成り立つ $(n+m)$ 行列 Y を定義できる．n は関節ベクトルの次元，m は手先の位

8.5 ロボットマニピュレータの適応制御

置姿勢を表すベクトルの次元．$n \geq m$ である．

$$M(\Theta)\ddot{\Theta}_r + h(\Theta, \dot{\Theta})\dot{\Theta}_r + g(\Theta) = Y(\Theta, \dot{\Theta}, \dot{\Theta}_r, \ddot{\Theta}_r)a \quad (8.58)$$

ここで，Θ_r は仮想的な目標軌道であり，真の目標軌道 Θ_d に対する追従誤差を

$$e = \Theta_d - \Theta$$

とおいたとき

$$\dot{\Theta}_r = \dot{\Theta}_d + \Lambda e \quad \text{ここで，} \Lambda : n \times n \text{ 対称行列} \quad (8.59)$$

で定義されるものである．

このとき，a の推定値を $\hat{a}$ と表し，推定値で計算したものはすべて $\hat{}$ 印をつけて表すと上式より次式を得る．

$$\hat{M}(\Theta)\ddot{\Theta}_r + \hat{h}(\Theta, \dot{\Theta})\dot{\Theta} + \hat{g}(\Theta) = Y(\Theta, \dot{\Theta}, \dot{\Theta}_r, \ddot{\Theta}_r)\hat{a} \quad (8.60)$$

この行列 Y を用いて制御則と推定則を次のように与える．

制御則：

$$\tau = \hat{M}\ddot{\Theta}_r + \hat{h}\dot{\Theta}_r + \hat{g} - K_D s \quad K_D : n \times n \text{ 対称行列} \quad (8.61)$$

パラメータ推定則：

$$\dot{\hat{a}} = -\Gamma Y^T s \quad \Gamma : m \times m \text{ 対称行列} \quad (8.62)$$

ここで，s は次のように定義する．

$$s = \dot{\Theta} - \dot{\Theta}_r = -\dot{e} - \Lambda e \quad (8.63)$$

この方法は，加速度の測定を必要としない．この場合の制御系構成図を図 8.8 に示す．

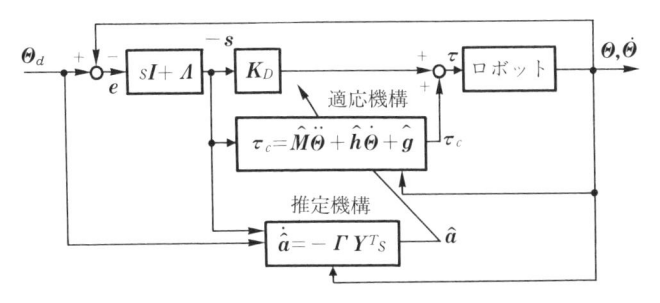

図 8.8 ロボットマニピュレータの適応制御系

■**大域的収束性の証明**■

推定誤差
$$\tilde{a} = \hat{a} - a$$

正定関数：$V(t) = (1/2)[s^T M s + \tilde{a}^T \Gamma^{-1} \tilde{a}]$

この関数の時間微分を求め，かつ《特徴2》を利用して以下の式を得る．

$$\begin{aligned}
\dot{V}(t) &= (1/2) s^T (\dot{M} s + 2 M \dot{s}) + \tilde{a}^T \Gamma^{-1} \dot{\tilde{a}} \\
&= s^T h(\dot{\Theta} - \dot{\Theta}_r) + s^T M (\ddot{\Theta} - \ddot{\Theta}_r) + \tilde{a}^T \Gamma^{-1} \dot{\tilde{a}} \\
&= s^T (\tau - M \ddot{\Theta}_r - h \dot{\Theta}_r - g) + \tilde{a}^T \Gamma^{-1} \dot{\tilde{a}} \\
&= -s^T K_D s + \tilde{a}^T (\Gamma^{-1} \dot{\tilde{a}} + Y^T s)
\end{aligned}$$

推定則：
$$\dot{\hat{a}} = -\Gamma Y^T s \qquad \Gamma：m \times m \text{ 対称行列}$$

を代入する．
$$\dot{V}(t) = -s^T K_D s \leq 0$$

これより $V(t)$ はリアプノフ関数である．したがって，$t \to \infty$ につれ $s \to 0$ となることがわかる．このことは

$$s = \dot{\Theta} - \dot{\Theta}_r = -\dot{e} - \Lambda e$$

から $t \to \infty$ につれ $e \to 0$, $\dot{e} \to 0$ となることを意味することになる．

軌道誤差が零に収束することは，パラメータが真値に収束することを保証するものではないが，推定則より推定値は定数ベクトル $\hat{a}(\infty)$ になる．ここで，$Y(\Theta, \dot{\Theta}, \dot{\Theta}_r, \ddot{\Theta}_r) \hat{a}$ が永続的励振条件(persistently exciting)を満たし，一様連続ならば，$t \to \infty$ における制御則は

$$\tau = Y \hat{a}(\infty) = Y a$$

の関係が成立するから，推定値は真値に漸近的に収束するといえる．

■**証明終**■

第9章 メカトロニクスの事例

　前章までに述べた立場から，メカトロニクス分野の具体例のいくつかについてその要点を述べる．最初の情報機器は情報の入出力，処理，記憶を行う機器で当初から電気信号と機構のインターフェースをもち，メカトロニクス化進展の歴史を反映してきた．次の事例の産業用ロボットはメカトロニクスの構成要素をすべて含み，メカトロニクスを代表する製品である．最後に，コアレスでかつブラシレスのリニアDCモータをそれぞれ上軸，下軸に用いたXYテーブルの経路制御について述べる．

▷ 9.1 情報機器

　情報機器は図9.1に示すように入力装置，処理装置，外部記憶装置，出力装置からなり，入力と出力は利用者である人間とのインターフェースをもつ．外部記憶装置では，電源が切れてもデータが失われない．これらの装置の中には，磁気ドラム装置のように新しい機器の登場にともないほとんど使用されなくな

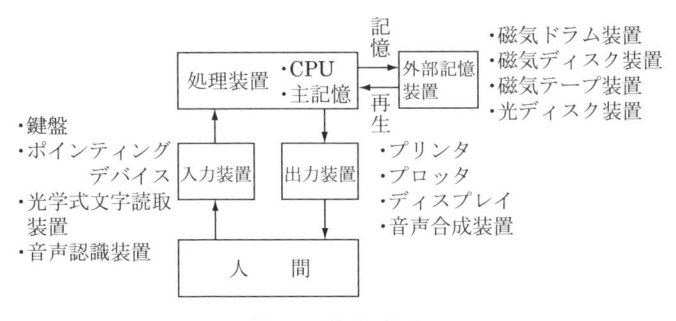

図9.1 情報機器

った装置や，光ディスク装置のように最近登場したものもあり，今後とも機器の変遷があろう．ディスプレイのように機械的に動く部分をもたない装置もあるが，プリンタや磁気ディスク装置のように質量のある機構をアクチュエータで制御する必要のある，典型的なメカトロニクス製品が含まれる．処理装置の速度が速いので，これらの機器は出現の当初から，速い動作速度が要請される高精密な機器であった．事例としてメカトロニクス化の歴史を如実に反映するプリンタとメカトロニクスの極限性能追及が続いている磁気ディスク装置を取り上げる．

9.1.1 プリンタ

プリンタには，衝撃力を加えてインキを紙に着色させるインパクトプリンタと化学・物理現象を利用して紙に着色・発色させるノンインパクトプリンタがあり，その変遷を図9.2に示す．文字形成には，活字を用いる母型印字と画素（ドット）を用いる画素印字がある．インパクトプリンタでは母型印字と画素印字の両方があるのに対し，ノンインパクトプリンタでは画素印字のみとなる．大きな方向としては情報メディアが英数・カナ文字から，漢字，図形，カラー自然画へと拡大するにつれ，表現能力に制約があるインパクトプリンタから高精細画素表現，カラー化に対応できるノンインパクトプリンタへ重点が移っている．これにともないメカトロニクス中に占める機構の割合が減り，多様なメディアに対応するための情報処理の比重が高くなっている．LAN にプリンタを接続しての共通利用やデジタルカメラ媒体のプリンタへの直接印刷あるいは

年代		1970		1980		1990		2000
マイクロプロセッサ		4004	Z80 8086	80286	80386	80486	Pentium PentiumII	Pentium4
情報メディア		英数カナ文字		漢字		漢字・図形		カラー自然画
インパフト プリンタ		機械式プリンタ	モータ制御式プリンタ	ワイヤドット式プリンタ				
		活字式ラインプリンタ		ドット式 ラインプリンタ				
ノンインパクト プリンタ			シリアルヘッド式 サーマルプリンタ	ラインヘッド式サーマルプリンタ				
			インクジェット式 プリンタ	インクジェット式カラー図形プリンタ			インクジェット式 高精細カラープリンタ	
			電子写真式 周辺用プリンタ	電子写真式小型カラープリンタ			電子写真式 高精細カラープリンタ	

図 9.2 プリンタの変遷

プリンタ・複写機・FAX機能を複合した印刷装置の普及といったさまざまな使い方が広がっている．

（1） インパクトプリンタ

一文字ずつ順に印字する，逐次印字型のインパクトプリンタは機械式プリンタから始まり，モータ制御式プリンタ，ワイヤドット式プリンタへと変遷している．印刷電信機と電動タイプライタから発展した機械式プリンタの構造を図9.3に示す．連続回転する一個の同期モータを駆動源としてクラッチ，カム，リンク機構を用いて，印字に必要な一連の間欠運動を創り出す．すなわちタイプヘッド上の印字すべき活字の加算機構による選択，インクリボンを介してのタイプヘッドの紙への衝突，印字後のキャリッジの横移動，さらに一行印字後の用紙改行などの運動である．プリンタへ送信される直列データを並列データに変換するための受信分配機構や，3ビットのデータを $2^3=8$ 通りの位置情報に変換するリンク式加算機構は，機構動作による信号処理そのものであり，機構の占める割合がきわめて高かったことを示している．

その後，希土類永久磁石を用いた小型高トルクモータ，マイクロプロセッサ

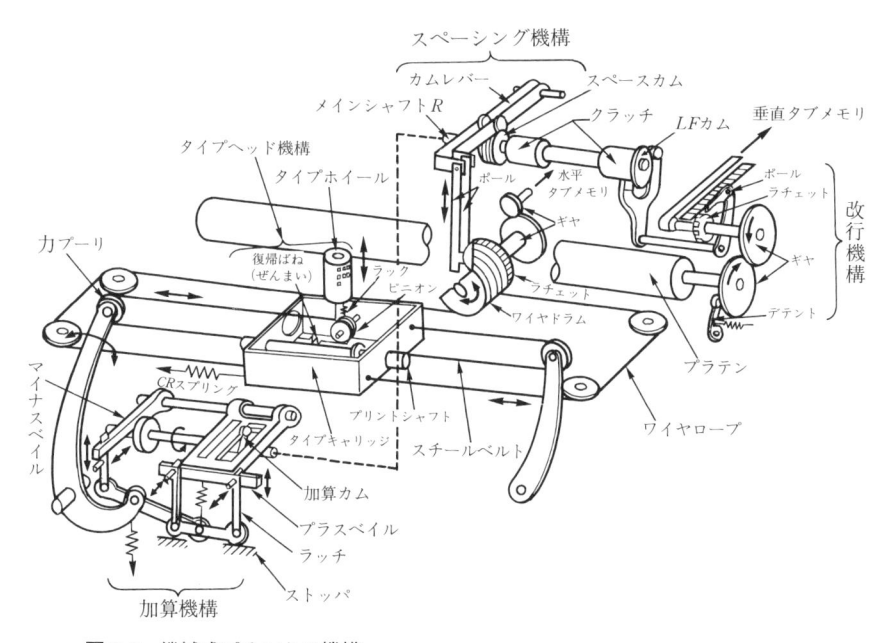

図9.3 機械式プリンタの機構
　　　［板生清：精密機素(2) メカトロニクスのメカニズム，コロナ社より］

の出現が引金となって，機械式プリンタの後に出現した図 9.4 のモータ制御式プリンタでは，複数の DC サーボモータ，パルスモータ，プランジャーマグネットなどのアクチュエータを電子的に直接制御して，上記の一連の運動を独立して行わせている．その結果，クラッチ，カムは姿を消し，印字速度向上 (20 字/秒 → 60 字/秒)，低騒音，高信頼性が達成された．図 9.4 のモータ制御式プリンタでは，花弁状の活字体の回転選択を活字体に直結した DC サーボモータのインクリメンタルサーボ制御によって行っている．サーボ動作は，位置決め点近傍での精密位置制御と，そこへ至る速度制御の二つの制御モードからなり，そのブロック図を図 9.5 に示す．

マイコンで構成されるディジタル制御部は，モータの基準位置から各活字までの回転角を記憶しており，印字すべき文字が与えられると，現在位置からの

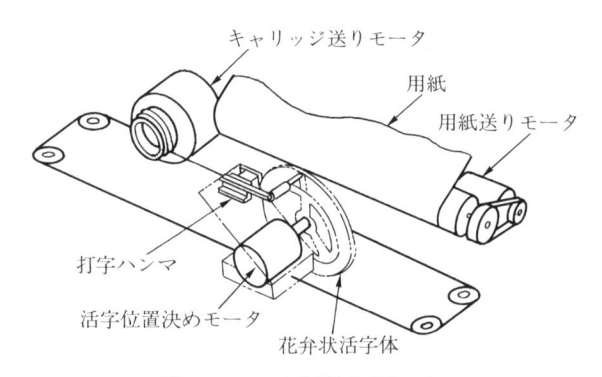

図 9.4 モータ制御式プリンタ

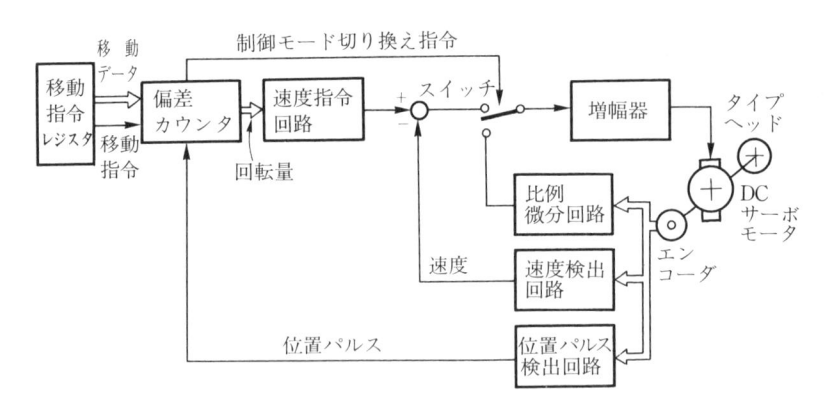

図 9.5 サーボ系ブロック図

回転角と回転方向を計算してサーボの偏差カウンタに移動指令を与える．サーボでは偏差カウンタ値(残差距離)の平方根に比例する大きさの電圧を速度指令としてモータに与え駆動する．これは近似的には最適制御論でいうBang-Bang制御に該当する．回転につれて発生するパルスが偏差カウンタから減算され，減速しながら位置決め点近傍に達し偏差カウンタが0になると，位置制御に切り換えて位置とその微分値をフィードバックして位置決めし，保持する．

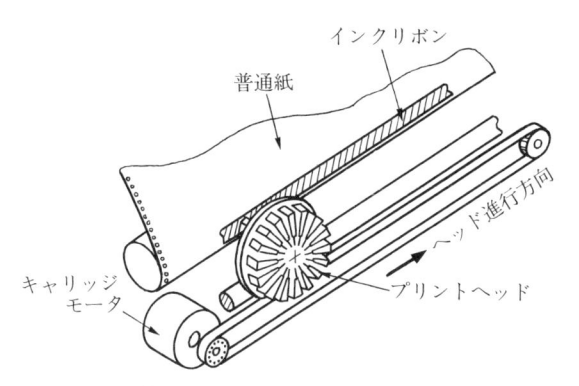

図9.6 ワイヤドット式プリンタ

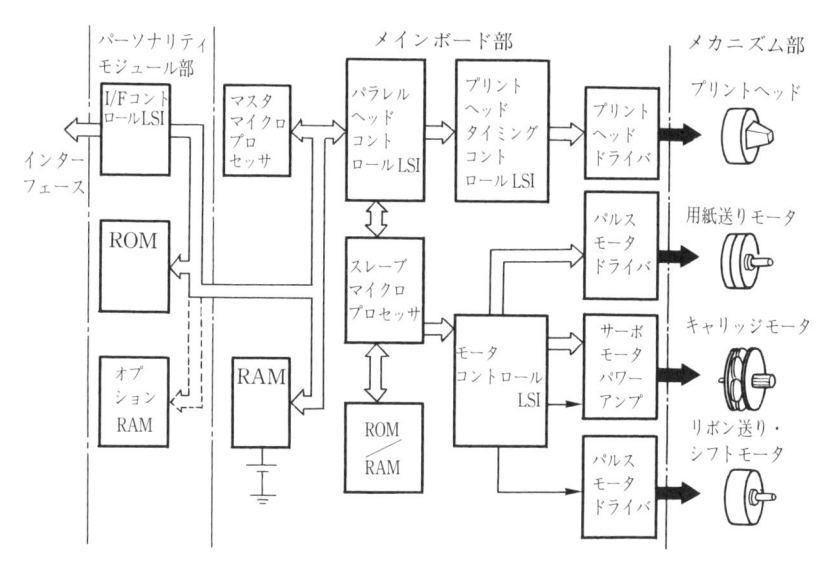

図9.7 ワイヤドット式プリンタの構成
　　　[板生清：精密機素(2) メカトロニクスのメカニズム，コロナ社より]

日本語ワードプロセッサなど漢字処理のニーズが高まり，マグネット駆動のハンマを用いてワイヤを紙に衝突させ，画素マトリックスにより漢字を記録できる図 9.6 に示すワイヤドット式プリンタが開発された．図 9.7 の構成からわかるように，機構の簡素化とマイクロプロセッサ，モータ制御用 LSI および漢字パターン ROM が使われ，電子部品の割合が高くなっている．

以上に示したインパクトプリンタの歴史的変遷は，メカトロニクスにおけるエレクトロニクスの比重が増大する流れを示している．

インパクトプリンタでは，この他に大型汎用計算機周辺での大量高速印字のニーズにこたえて開発されたラインプリンタがある．活字ドラムを高速回転させておき，印字すべき活字がきたときにハンマを衝突させて記録する 1000～2000 行/分の高速ラインプリンタが開発された．

（2） ノンインパクトプリンタ

多様な記録原理に基づくノンインパクトプリンタが開発されてきたが，主要な記録方式は感熱，インクジェット，電子写真である．インパクト型のワイヤドットプリンタでは解像度 5 本/mm 程度が限界であるのに対し，ノンインパクト方式では 16 本/mm 以上の解像度が達成されており，卓上出版（DTP：desk top publishing）への利用が進んでいる．

（a） 感熱記録プリンタ

記録原理には発色方式（熱を加え感熱紙に発色させる）と転写方式（熱を加えインクを普通紙に転写させる）があり，薄膜抵抗体の感熱ヘッドの画素対応点に電流を与えて発熱させ文字を形成する．現像，定着の後処理が不要なため印字機構が小型，軽量，低価格になる．図 9.8 に示すシリアルヘッド式では，ヘッドの横送り機構が必要だが，横一行長さのラインヘッドではその機構が不要となり，改行方向の紙送り運動だけとなり，簡素化，高速化が達成された．

（b） インクジェットプリンタ

記録原理としてはインク粒子を作成し，紙に付着させて文字を形成するのであるが，インク粒子の生成法が各種考案されている．図 9.9 の加圧振動方式では，インキに圧力を加え超音波振動しているノズルから噴出させてインクを規則的な粒子とする．荷電電極で粒子に与える荷電量を制御し，電界中を通過させて粒子を偏向させ紙への付着点を制御する．荷電されない粒子は直進し，回収される．文字形成に必要なインク粒子のみを作成する，インクオンデマンド式の一つを図 9.10 に示す．ノズル後方に圧電振動子を設け，これに必要なと

9.1 情報機器　183

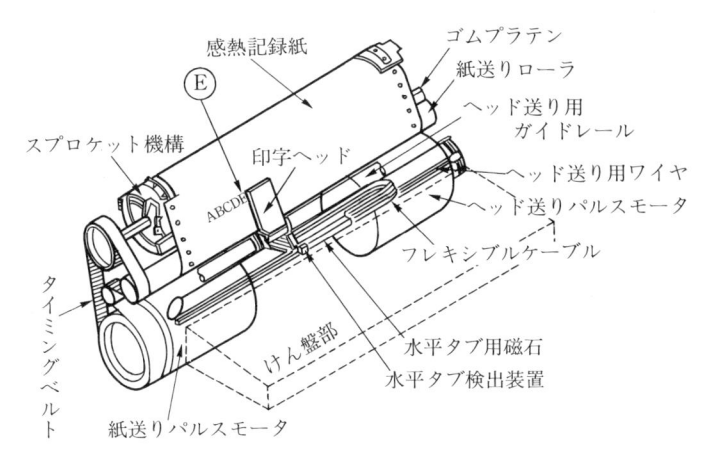

図 9.8　感熱プリンタ（シリアルヘッド式）
　　　　［板生清：電子情報通信のメカトロニクス，電子情報通信学会より］

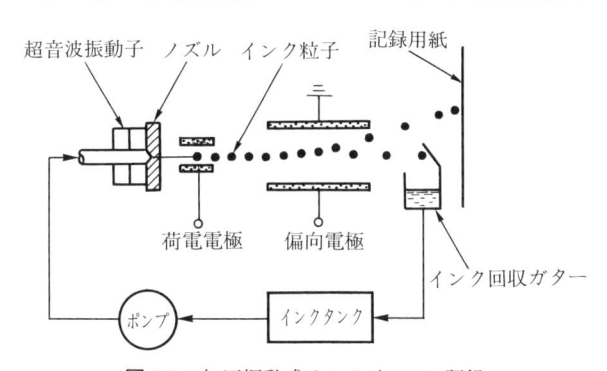

図 9.9　加圧振動式インクジェット記録

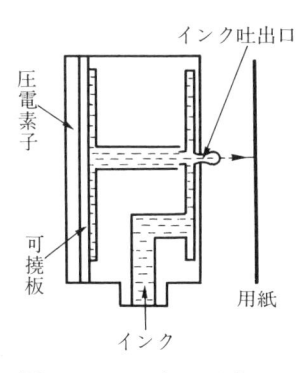

図 9.10　オンデマンド式
　　　　インクジェット記録

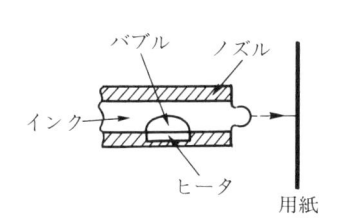

図 9.11　バブルジェット式
　　　　インクジェット記録

きだけ電気信号を加えて圧力波を発生させノズルから粒子を噴出させる．ヒータでノズル内のインクを急速加熱し，発生するバブルの圧力でインキを噴出させるバブルジェット式は，高密度のノズル実装により高精細記録が可能である（図9.11）．これらはヘッド単体だけで印字できるため，装置構成が簡単となる．

（c） 電子写真プリンタ

記録原理は発明者の名前を取ってカールソン法と呼ばれており，図9.12にその記録過程を示す．導電性基板上に光導電性材料の層を設けた感光ドラムを暗所で帯電器で一様に帯電させ，画素となる光像を光書き込み機構で書き込むと，光が照射された部分の表面電荷が光導電現象により消失する．これに着色トナーを静電吸着させ，トナー像と紙を重ねて帯電させるとトナーが紙に転写され，熱，圧力を加えて紙に定着させる．光像形成はレーザ，LEDアレイ，あるいは液晶セルアレイで行われ，光像を微小に作成すると高精細の印字が可能となる．

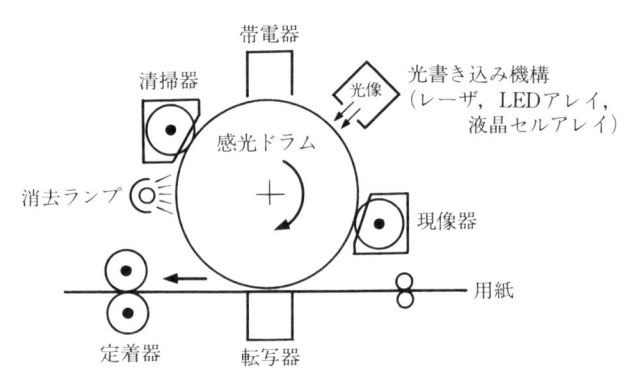

図 9.12 電子写真記録

9.1.2 磁気ディスク装置

磁気ディスク装置（写真9.1）は登場以来45年以上を経るが，基本的な構成は大きく変わらずに，外部記憶装置の中で中心的な位置を保持してきた．磁気材料，信号処理に加え，機構の高性能化の極限追及が進められており，代表的なメカトロニクス装置である．

（1） 磁気記録の原理

a） 記録（書込み）：図9.13に示すように磁気コアと巻線で構成される磁気

写真 9.1　2.5 インチ磁気ディスク装置

図 9.13　磁気ヘッドと記録媒体

図 9.14　磁気履歴特性

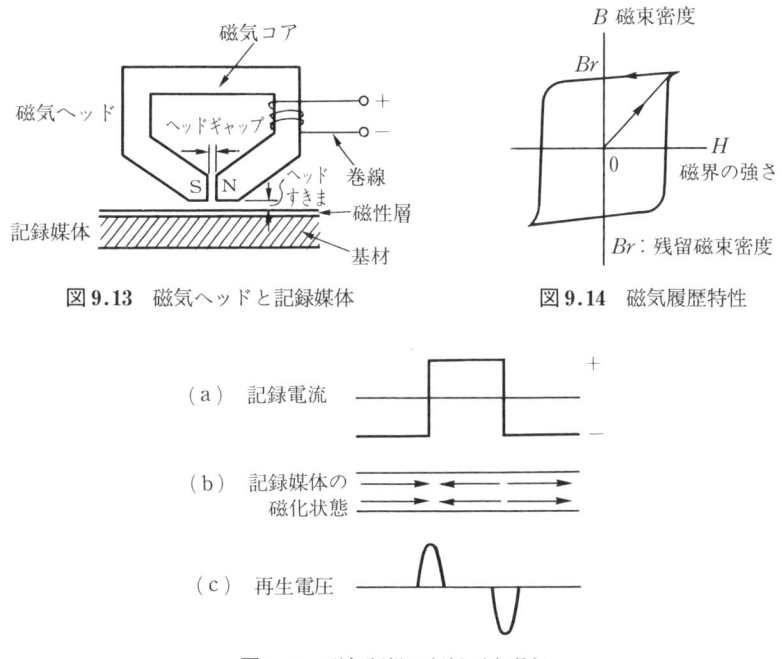

(a) 記録電流
(b) 記録媒体の磁化状態
(c) 再生電圧

図 9.15　磁気記録の記録再生過程

ヘッドを，基材上に磁性層を塗布した記録媒体に近づけ，コイルに電流を流すとコアに磁界が発生する．ヘッドギャップ部分では，発生磁界による磁束が記録媒体磁性層を通り，これを磁化するが，磁性層の磁気履歴特性（図 9.14）により，磁界を取り去っても残留磁束が残り，不揮発に

信号が記録される．

b) 再生(読取り)：磁気ヘッドを磁化された磁性層に近づけ相対運動を行うと，磁束の変化に比例する誘起電圧がコイルに発生し信号が再生される．図9.15に以上の記録・再生過程を示す．

(2) 磁気ディスク装置の構成

磁気ヘッドと記録媒体間に相対運動を発生させる構造の一つとして，円板(ディスク)状の基材の表面に磁性層を形成し，ディスクの一定速度回転運動と，磁気ヘッドの半径方向運動(シーク動作)を組み合わせて，ディスク表面の任意の位置を選択して書込み，読取りできるようにしたのが図9.16に示す磁気ディスク装置である．面記録密度の向上，アクセス時間の短縮および高信頼性が要求される．

ディスクの単位面積当りの情報記録容量を表す面記録密度は，ディスク円周方向の線記録密度と半径方向のトラック密度の積となるが，線記録密度は磁気ヘッドギャップ，媒体とのすきま(ヘッド浮上量)および磁性層の厚さが小さいほど高くなる．トラック密度はヘッドの位置決め精度によって決まる．アクセス時間は，ヘッドのシーク時間と回転待ち時間(平均は1/2回転時間)の和

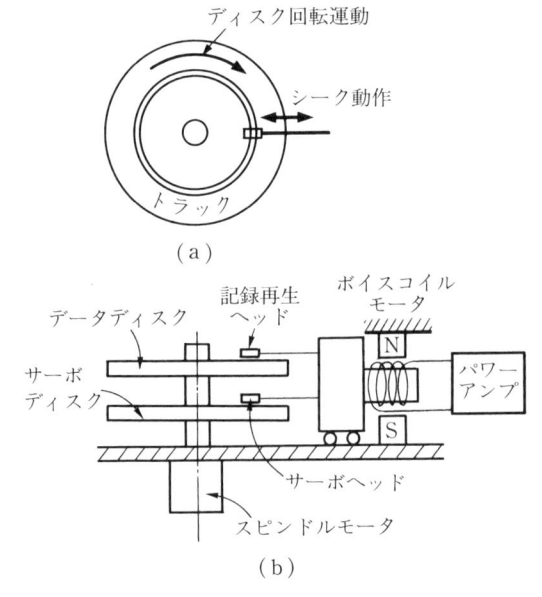

図 9.16 磁気ディスク装置の構成

となる．ヘッドの駆動はボイスコイルモータを駆動源として，そのまま直線的にヘッドに伝える直進形と，駆動力を旋回軸を介して揺動運動に変換する揺動形がある．直進形は機械共振点を高めやすいが，構造が複雑で，大きな駆動力を必要とするため大型装置に使用される．揺動形は曲げが作用するため固有振動数が低いが，案内がいらず構造が単純で駆動質量が小さいため小型装置に使用される．

（3） 磁気ディスク装置の動向

1957年に24インチディスク50枚を1ヘッドで書込み，読出しするアクセスタイム600 ms，記憶容量5 MBの装置が登場したが，今日では2.5インチディスク1枚で，アクセスタイム7 ms，40 GB容量が実現されている．この間の面記録密度の推移を図9.17に示すが，年率40％以上の伸び率で，半導体メモリの高集積化に匹敵する進歩をしてきた．これを実現したのは，記録媒体の高性能化，磁気ヘッドの寸法低減ばかりではなく，ヘッドのトラック位置決め制御，ヘッドの浮上機構の動解析などの機構にかかわる技術の成果がトラック密度の向上，ヘッド浮上量の低減に寄与している．現在ではトラックピッチ3 μm以下，ヘッド浮上量0.01 μm以下が達成されている．

面記録密度の向上により，小径のディスクで必要な記憶容量が実現できる．小径ディスクではヘッド移動量が短いためシーク時間が短縮でき，面振れが小さいためディスク回転速度をあげて回転待ち時間を短縮できるので，アクセス時間の減少が可能となる．大型汎用計算機用の大容量が要求される装置でも小型ディスクを複数台並列に駆動するディスクアレーが試みられ，信頼性を向上

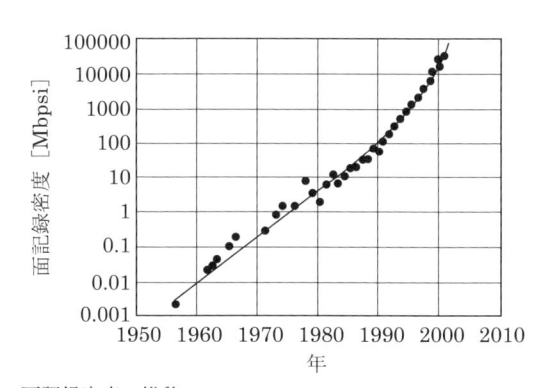

図 9.17 面記録密度の推移
　　　　［岡村博司：ハード・ディスク装置の構造と応用，CQ出版社より］

させている．

（4）位置決め制御

ヘッド位置決めは，目標トラックに移動させるシーク制御と，移動後のヘッドをトラックに追従させるトラック追従制御からなる．フィードバック制御に必要なヘッド位置情報を，あらかじめ磁気パターンとして記録した専用のサーボディスクから得るサーボ面サーボ方式と，データディスクに離散的に記録した位置情報を利用するセクタサーボ方式がある．前者は環境温度変化によりデータヘッドとサーボヘッドの位置ずれが発生しうるのに対し，後者は位置ずれ発生はない．しかし位置データが不連続で，高速シーク時性能が劣るため，サーボ面を併用するハイブリッド方式などが考案されている．

シーク制御では，目標位置までの残差距離の平方根に比例させる図9.18の基準速度を設定しておき，これにヘッドを追従させるフィードバック制御が行われる．これはボイスコイルモータの最大駆動電流で加減速を行い，最短時間制御を得る，いわゆるBang-Bang制御を意味する．実際には残差距離のべき関数を用いて指数が1/2の最短時間から1に近づけ，緩やかに減速するなどの工夫がなされている．トラック追従制御では回転空気流や，ヘッドリード線などの外乱に対する追従性を向上するため，位置，速度だけでなく位置の積分もフィードバック補償している．

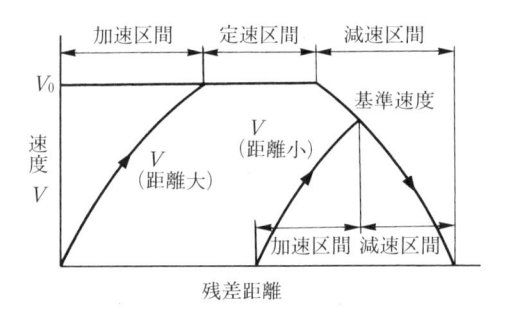

図9.18 シーク制御の基準速度

（5）浮動ヘッド機構

磁気ヘッドと磁性面とのすきま（浮上量）低減が線密度向上に有効であり，当初の 20 μm で 4 bit/mm から，最近の 0.01 μm で 24 Kbit/mm へと飛躍的な高密度化が実現している．ヘッドは停止時は磁性面と接触しているが，回転に伴い発生する空気流がヘッドと磁性面の間に入り込みヘッドを浮上させる．

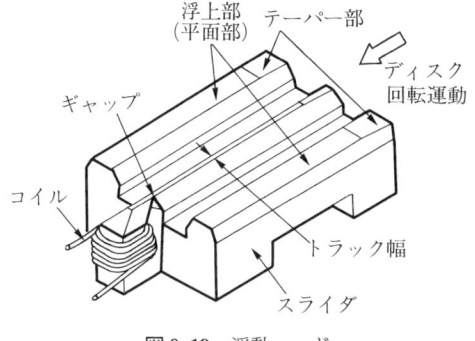

図 9.19　浮動ヘッド

設計の基礎となるヘッドの動的浮上特性は，修正レイノルズ方程式に基づく理論解析により行われ，定式化がほぼ確立している．ディスク面の振れやヘッド支持部への外乱に対し，微小なすきまをいかにして小さな変動で保持するかが重要であり，図 9.19 の双胴のテーパフラット型スライダが優れた特性を示している．

▷ 9.2　産業用ロボット

国際ロボット連盟は，製造業用の産業用ロボットの定義として
「3 又はそれ以上の駆動軸を有し，自動制御式，再プログラム可能，多目的で，マニピュレーションの機能をもつ機械．移動機能をもつものともたないものがあり，産業用オートメーションに用いられる．」
を与えている．本節では移動機能をもたないロボットマニピュレータ (robot manipulator) と呼ばれる計算機制御で動作する機械的なハンドリング装置を対象とする．

デボル (G.C. Devol) が 1954 年に Programmed Article Transfer の名称で特許出願したときに最初のアイデアが示された．これは，
① 計算機により工具の経路を制御する数値制御工作機械と，
② 原子力設備で使用されてきた人間の操作するマスター腕に同期した運動をスレーブ腕に与えるマスター・スレーブ型の遠隔操作腕の機能を組み合わせたもの

である．

1962年にエンゲルバーガー (J.F. Engelberger) がデボルのアイデアを具体化して，ユニメートと名付ける実際に動くロボットマニピュレータを開発した．アナログの磁気テープ装置を使用して，教示と再生 (teaching and playback) を実行している．現在の産業用ロボットは，制御装置がディジタル計算機に変わったが，その考え方は踏襲されており，またマニピュレータの基本的な構成も大きく変化していない．

9.2.1 産業用ロボットの分類

産業用ロボット（写真9.2）を動作機構，制御の視点から分類すると以下のようになるが，目的とする作業内容が分類の判断基準となっている．

写真 9.2　PUMA 260 多関節
垂直ロボットとティーチボックス

（1）動作機構による分類

図9.20に機構分類によるロボットの構成と作業領域を示す．ロボットで作業をするには，手先の位置（x, y, zの3自由度）と方向（θ, ϕ, ψの3自由度）の6自由度が必要であるが，位置を決定する3自由度の実現方法が異なる．

（a）直交座標ロボット（rectangular robot, cartesian robot）

三つの直交する直動軸からなり，各軸を一定速度で駆動することにより，空間内を直線経路で動く．腕の位置が変化しても各軸の負荷が変わらない特徴があり，制御が容易であるが，床面へ手先が届かず柔軟性に欠け，回転型に比べ速度が遅いためあまり普及していない．

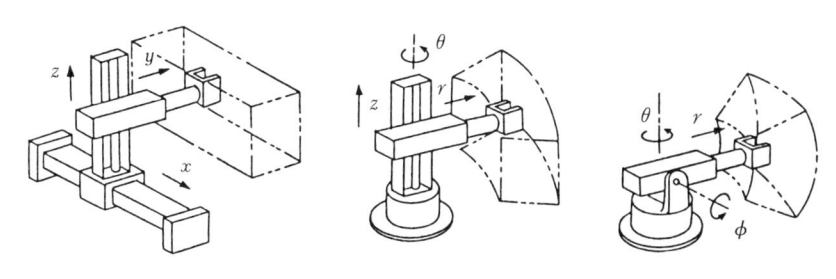

(a) 直交座標ロボット　　(b) 円筒座標ロボット　　(c) 極座標ロボット

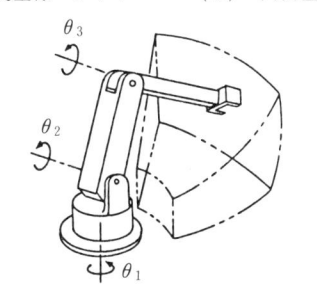

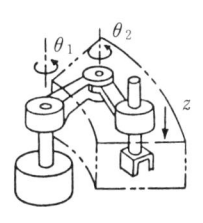

(d) 垂直多関節ロボット　　(e) 水平多関節ロボット (SCARA)

図 9.20　動作機構による産業用ロボットの分類
[川崎晴久：ロボット工学の基礎，森北出版より]

(b) 円筒座標ロボット (cylindrical robot)

ベース回りの回転軸と二つの直動軸からなる．作業領域は円筒の中心をくり抜いた空間となり，床面へは届かない．ベース回りの慣性モーメントは負荷と腕先端の距離により変化し，動特性を変動させる．

(c) 極座標ロボット (polar robot, spherical robot)

一つの直動軸と二つの回転軸からなり，腕先端をベースより低い位置に動かすことができる柔軟性がある．

(d) 多関節ロボット (articulated robot)

人間の腕に似た構造の三つの回転軸からなり，高速で動作の柔軟性が高い．垂直多関節型と水平多関節型 (SCARA) がある．水平多関節型は剛性が垂直方向に高く，水平方向に低い構造をしており，特に垂直方向に部品を押し込む組立て作業に適している．

(2) 制御による分類

(a) PTP (point to point) 制御ロボット

経路上の通過点が飛び飛びに指定される制御によって運動されるロボット．

スポット溶接，ピックアンドプレイス作業(対象物を持ち上げて，他の場所に移動させて置く)，簡単な組立て作業などに使用される．

（b） **CP**(continuous path)**制御ロボット**
全経路が指定される制御によって運動されるロボット．アーク溶接，スプレー塗装のような作業では不可欠の機能となる．

（c） **サーボ制御ロボット**
アクチュエータの位置，速度あるいは手先と対象物間に発生する力(トルク)をフィードバック制御して操作するロボット．高精度の組立てや研磨作業では位置だけでなく力のフィードバックが必要になる．

（d） **ノンサーボロボット**
ステッピングモータを開ループで使用して運動させるロボット．制御が簡単であるが，負荷トルクが変動して始動トルクを超えるとステップがずれ，位置誤差を生ずる．

9.2.2 産業用ロボット

（1） システム構成

産業用ロボットのシステム構成例を図9.21に示す．ロボット制御装置は組込み型のマイクロコンピュータとなっており，種々の処理プログラム，ロボット言語コンパイラ，エディタなどがROMに入っていて，電源を入れると立ち上がる．データ，ユーザ作成プログラム用のRAMと外部記憶装置および工作機械，コンベヤなどの相手機械との入出力インターフェースがある．さらに人間が経路を教示するためのティーチボックスと，装置の起動停止やプログラ

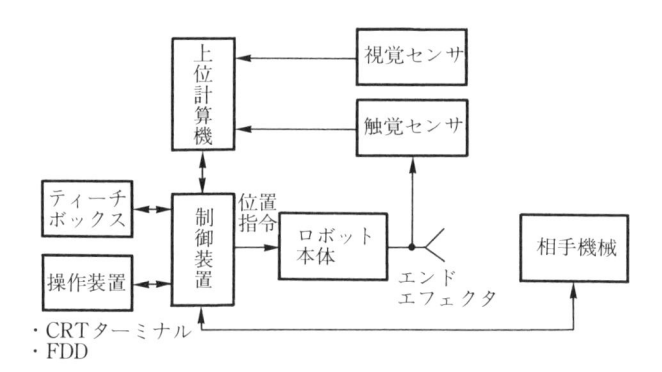

図9.21 産業用ロボットのシステム構成例

ムを作成運転するための操作装置がつく．

制御装置は指示された手先経路から各関節の位置を計算し，関節サーボに位置指令を与える．また作業に必要なエンドエフェクタへの指令も出す．エンドエフェクタとはロボットの手先に装着する作業に必要な装置で，開閉装置，ドリル，グラインダ，吸着パッドなどである．

視覚センサや触覚センサを用いて作業をする場合には，制御装置の外部計算機がその情報処理を分担し，作業手順や経路計画を立ててロボット制御装置に指示を出す．また複数台のロボットを組み合わせた作業の指令はこの上位の計算機が行う．

（2） サーボ制御

図9.22は，ロボット制御装置から位置指令を受けた一つの関節のサーボ制御ブロックを示す．現在の産業用ロボットは，各関節ごとにサーボ制御がなされるので，このサーボブロックが関節駆動アクチュエータの数だけ用意される．制御装置からの位置指令値とエンコーダで検出されるモータの現在位置との偏差をカウンタで計算し，その値からPID補償などの演算により速度指令信号を生成する．この信号を電力増幅部で増幅してサーボモータに供給し，関節を指定された速度で駆動する．各関節の運動が合成されて手先が設定された経路を移動する．

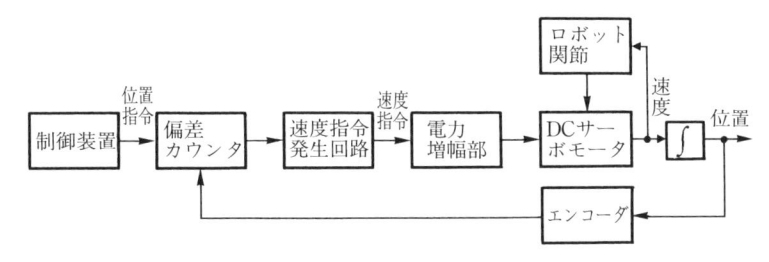

図9.22 サーボ制御ブロック

直角座標ロボットを除いては，8.1節で示したように運動に伴う姿勢変化や関節相互の干渉が発生し，慣性モーメント，重力項，コリオリ力項，遠心力項が変動するが，現在の産業用ロボットではそれらを各モータに対する外乱とみなして，それぞれのモータの運動だけを独立して制御する．減速機構を介するロボット関節では5.2節で説明したように，負荷の慣性モーメントはモータ側に換算すると減速比の2乗の逆数になるため，あえて機械インピーダンスマッ

チングとなる減速比より大きな減速比を選んで，変動の影響を小さくする．重力項については，影響を軽減するようにバランスを取る機構設計がなされる．

関節速度が速くない場合には，コリオリ力，遠心力は小さい．また，制御系としては7.4.1項で説明したハイゲインフィードバック系を構成して，外乱の制御量に与える影響を小さくするなど，機構，制御の工夫によりこれらの動的変動に対処している．しかし，減速機を介さないモータ直接駆動型のDDロボット (direct drive robot) や，ロボットの高速化を進めると，動的変動を考慮したサーボ制御が必要になるが，その詳細は8.4，8.5節で述べたとおりである．

(3) **運動学** (kinematics)

機構運動学では力学要素(質量，慣性モーメント)を考慮せずに静的に関節変位(回転，直動)と手先の位置，方向の幾何的な関係を求める．図9.23に示

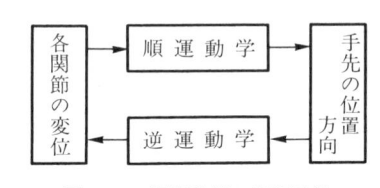

図 **9.23** 順運動学と逆運動学

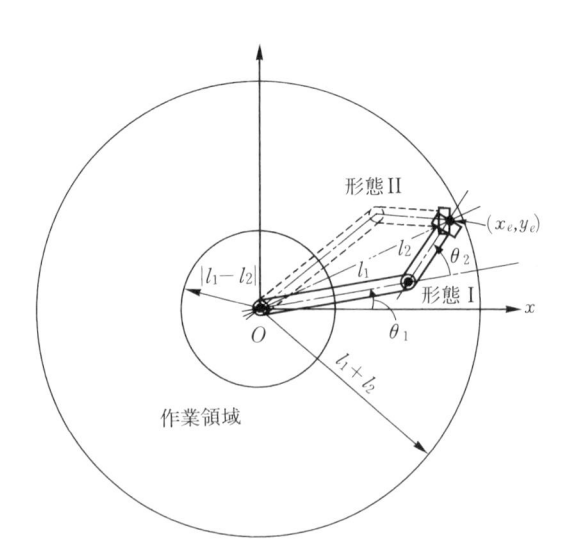

図 **9.24** 水平2関節ロボットの運動学

すように関節変位を与えて，手先の位置，方向を求めることを順運動学，逆に手先の位置，方向を与えて対応する関節変位を求めることを逆運動学と呼ぶ．逆運動学は各モータ軸への指令値を与えるのに必要であり，モータ位置を与えたときの手先位置算出に順運動学が使用される．ここでは図9.24の水平2関節ロボットを例に，これらの関係の幾何計算をすると次のようになる．

a） 順運動学

$$x_e = l_1 \cos\theta_1 + l_2 \cos(\theta_1 + \theta_2) \tag{9.1}$$

$$y_e = l_1 \sin\theta_1 + l_2 \sin(\theta_1 + \theta_2) \tag{9.2}$$

b） 逆運動学

$$\theta_1 = \tan^{-1}\frac{y_e}{x_e} \pm \tan^{-1}\frac{\sqrt{(x_e^2+y_e^2+l_1^2+l_2^2)^2 - 2\{(x_e^2+y_e^2)^2+l_1^4+l_2^4\}}}{x_e^2+y_e^2+l_1^2-l_2^2} \tag{9.3}$$

$$\theta_2 = \pm\tan^{-1}\frac{\sqrt{(x_e^2+y_e^2+l_1^2+l_2^2)^2 - 2\{(x_e^2+y_e^2)^2+l_1^4+l_2^4\}}}{x_e^2+y_e^2-l_1^2-l_2^2} \tag{9.4}$$

複号は θ_1 が－，θ_2 が＋のときに形態 I，θ_1 が＋，θ_2 が－のときに形態 II をとる．平方根の中が非負であるためには $|l_1-l_2| \leq \sqrt{x_e^2+y_e^2} \leq l_1+l_2$ が成立しなければならないが，これは図の作業領域内でのみ，有効な解が存在することを意味している．

この例でわかるように，順運動学は必ず成立する．一方，逆運動学は成立変数の制限があり，解も複数あり得る．また各関節の自由度 n_j と手先の自由度 n_e の間に，$n_e = n_j$ が成立するときには関節変位が求められるが，$n_e < n_j$ では $(n_j - n_e)$ 個の拘束条件が必要であり，$n_e > n_j$ では解は求められない．順運動学を一般的に解く体系的な手法が確立しており，ロボットのようなリンク機構の連鎖に対してデナビット(Denavit)，ハルテンベルグ(Hartenberg)が1955年に考案した同次変換行列に基づく手法はよく知られているので，参考文献を参照してもらいたい．

一方，逆運動学では一般的に解析解を求める手法はなく，限定された構造のロボットでのみ解が求められるので，産業用ロボットではそのような構造を採用している．8.3.2項の分解速度制御は，逆運動を解かずに手先を制御する方法である．

（4） プログラミング

ロボットに作業を行わせるには，作業に必要な動作を何らかの形で人間が教え（教示），繰り返させる（再生），教示・再生方式が取られる．教示には生産

ラインにあるロボットを動かすオンラインプログラミングと，ロボットを使わずに動作手順をプログラムするオフラインプログラミングがある．

　前者にはティーチボックスを使用しロボットの腕，手などを操作して教示する遠隔教示と，ロボットの腕，手などを直接人が動かして教示する直接教示がある．

　オフラインではプログラム言語を使用する．遠隔教示では経路の要求位置へロボットを動かしてその座標を記録し，これを繰り返して作業をプログラムする．直接教示では，要求経路の最初から最後までロボットを直接動かして経路をすべて記憶させる．簡単な方法ではあるが，不要な動作を取り除けないので，作業者は何度も練習した上でプログラミングをすることになる．スプレー塗装作業など，作業者の技能をロボットに直接教示するには有効である．

　オンラインプログラミングは簡単な現場向きの方法であるが，多数の点を教示するのは手数のかかる作業であり，また相手機械やセンサ信号の条件によって作業内容を変えるような複雑な作業を教示することは難しい．プログラム言語を用いると複雑な作業を教示できる．しかし，手先の位置，方向の座標値をオフラインで指示しても，負荷と姿勢によるリンクのたわみがあり，誤差を生じてしまう．これの解決法としてはオフラインで動作手順，相手機械との信号送受などを言語で記述し，識別名をつけた手先の各位置，方向へオンラインでロボットを動かして，その座標値を直接記憶させる方法がとられる．

　ロボット言語は機能レベルの低い方から動作レベル，対象レベル，作業レベルに分類される．動作レベルの言語はロボットの単位となる動作を命令文で記述し，フローを制御して複雑な作業を記述する．対象レベル言語は対象物体の取扱いを記述すると動作レベルの言語に翻訳し，それを実現する腕の動作手順を生成する．まだ実用になっているものはない．

　作業レベルは一つのまとまった作業を記述すれば，そのための途中の状態を自動的に生成し，動作プログラムに変換する．理想の言語であるが，実現への道は遠い．

　現在の実用言語は動作レベルにあり，PUMA多関節垂直ロボットで使われているVAL言語もこの範疇に入る実績のある言語である．図9.25にVALによるピックアンドプレイス作業のプログラム例を示す．PICK点，PLACE点はオンラインの遠隔教示で座標値をあらかじめ入力しておく．ハンドの接近はハンド座標系のZ軸方向から行うので図9.26に示すような傾いた面に対し

ても滑らかに接近できる．二つの相手機械の一つとは部品準備の確認(受信)，他とは部品設置完了の報告(送信)を行っている．

JISで標準化された産業用ロボット-プログラム言語SLIM (standard language for industrial manipulators) (JIS B8439-1992) は主として組立て作業に用いる種々の産業用ロボット間での，プログラムの移植性を高めることを

```
REMARK PICK & PLACE DEMONSTRATION
SPEED 50 ALWAYS    速度を50%に設定する．
SIGNAL -2          出力2チャンネルをOFFにする．
OPENI              ハンドを直ちに開く．
WAIT 1             外部入力信号1がONになるまで待つ（相手機械1の準備確認）．
APPRO PICK,100     PICK点のハンドZ軸方向100mmの点に移動する．
SPEED 10           次の命令の速度を10%に設定する．
MOVE PICK          PICK点に移動する．
CLOSEI             ハンドを直ちに閉じる．
DELAY 0.5          0.5秒待つ．
SPEED 10           次の命令の速度を10%に設定する．
DEPART 100         Z軸方向に100mm移動する．
APPORO PLACE,100   PLACE点のハンドZ軸方向100mmの点に移動する．
MOVES PLACE        直線経路でPLACE点に移動する．
OPENI              ハンドを直ちに開く．
DELAY 0.5          0.5秒待つ．
DEPART 100         Z軸方向に100mm移動する．
SIGNAL 2           出力2チャンネルをONにする（相手機械2へ設置完了報告）．
STOP               終了．
```

図9.25　VALによるプログラム例

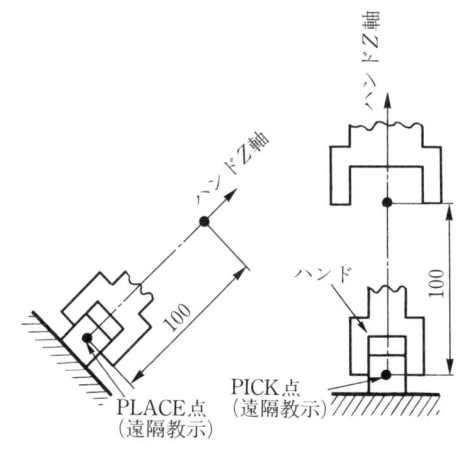

図9.26　位置教示とハンドの接近

ねらいとする動作レベルの言語である．BASIC に準拠し，種々の拡張，削除がなされている．ロボット制御装置および周辺装置の制御を行うロボット制御文として以下のコマンドが用意されている．

a) 動作制御：手先の移動と回転，各軸の直接駆動，原点復帰
b) ハンド制御：ハンドの開閉
c) 入出力制御：ポートを通してのデータ入出力
d) 速度制御：移動速度指定，加速度・減速度の指定，軸動作速度の指定
e) 時間制御：指定時間の待ち，指定条件成立の待ち
f) 停止制御：プログラムの停止
g) 形態制御：腕，ひじ，手首形態の規定

表9.1 産業用ロボットにおけるメカトロニクス要素の使われ方

要 素	具 体 例	使 用 方 法
センサ	インクリメンタルエンコーダ	DC サーボモータの回転角を計測する．
	リミットスイッチ	ロボットの駆動限界を機械的に検出して，強制停止させる．
	視覚センサ	作業対象物体の位置，形状，特徴を計測する．
アクチュエータ	DC サーボモータ	制御，保守の容易さから駆動源として最も多く使用されている．
	油圧モータ	大きな力を出力できるため，重量物ハンドリングのロボットで使用される．
	ステッピングモータ	軽作業で使用が限定される場合，制御が容易なため使用される．
機 構	減速機構	減速歯車列．ハーモニックドライブが減速比 50〜100 で使用される．
	巻掛け伝動機構	腕の根元に全てのアクチュエータを置き，ロープを用いて自在に関節へ運動を伝える．
	リンク機構	指の開閉機構に使用される．
計算機	マイクロコンピュータ	ロボット制御器では電源を入れると自動実行する組み込み利用となる．
	専用計算機	視覚センサ処理の高速化のため画像処理専用計算機が利用される．
	パソコン	作業計画や複数ロボット制御のための上位計算機として使う．

（5） ロボットとメカトロニクス要素

表9.1は，メカトロニクス要素が産業用ロボットでどのように使用されているかを示したものである．質量のある物体を動かすことを基本の機能としているため，すべての要素が使用されており，機械，電子，情報の技術が統合化された典型的なメカトロニクスの事例であることがわかる．

▷ 9.3 リニア DC ブラシレスモータによる X-Y テーブル制御

メカトロニクスの具体例として，ここでは小型高精度サーボ用に適したコアレスでかつブラシレスのリニア DC モータをそれぞれ上軸，下軸に用いた X-Y テーブルの経路制御について述べる．

図9.27はここで用いたリニア DC ブラシレスモータであるが，リード線をひきずって動くことのないように可動マグネット形となっている．固定子側には空心の電機子コイルとホール素子が設置されており，可動子側には界磁マグネットが設置されている．この界磁マグネットの磁極を各コイルのホール素子が検出すると，そのコイルの駆動回路が導通状態となり電機子コイルに電流が流れ，可動子が所定の方向に動く構造になっている．

図9.28は図9.27のリニア DC ブラシレスモータをX軸とY軸に配置したものであり，X軸とY軸は非干渉の構造となっている．このX-Yテーブルは通常のX-Yテーブルに比較して，構造がシンプルであり，小型軽量化が図られ，高速高精度が実現できる利点がある．このためプリント孔あけ機，直交座標ロボット，精密組立ロボットなどへの適用が行われている．

通常の制御問題では，時間目標値信号が与えられて，これに制御対象の出力

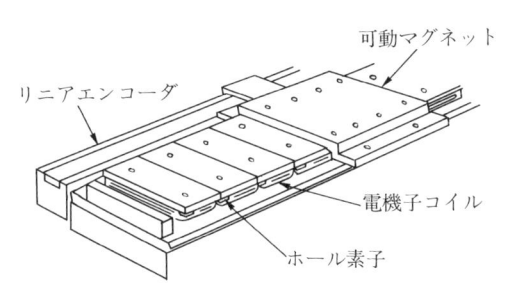

図 9.27　リニア DC ブラシレスモータ
　　　　［土谷武士・江上正：ディジタル予見制御，産業図書より］

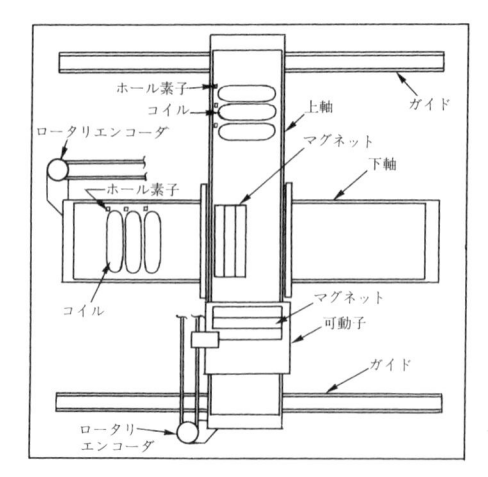

図 **9.28** リニア DC ブラシレスモータを用いた X-Y テーブル制御

(制御量)をできるだけ正確に追従させることを要求する．つまり制御系の時間応答が重要な問題となる．ところが，ここで述べる経路制御とは，X-Y 平面に与えられた経路を正確に追跡することを要求するものであり，時間応答よりも X-Y 平面内で与えられた経路への追従性が問題となる．このような制御問題の典型的な例は，ロボットマニピュレータの経路制御，工作機械における切削制御などがある．

本節では，ロバスト位置制御系を構成してその優位性を示すこととする．その制御系は，次のように四つの制御方法を内側から順番に構成して，最終的に X 軸，Y 軸ともロバスト位置制御系を構成している．

① 極配置：制御対象の状態フィードバックにより極を適切な位置に移動する．

② 外乱抑圧速度制御系：リニアモータはダイレクトドライブモータであり，ギアなどの補助機構がないために制御上での利点があると同時にパラメータ変化や負荷の変動の影響を受けやすく，それだけ制御が難しいことになる．このようなパラメータ変動や負荷の影響を抑制するために，外乱抑圧速度制御系を構成する．すなわち，パラメータ変動を等価的な外乱とみなし，本来の外乱とともにその大きさを推定し，その推定外乱を打ち消すように入力を入れるような速度制御系を構成する．

図 9.29 に ① と ② による外乱抑圧速度制御系構成図を示す．

③ 最適位置制御系：位置は速度を積分したものであるので，図9.29で得られた速度制御系をもとにして，最適位置制御系を構成する．パラメータ変動などはすでに速度制御系を構成する段階で対処しているので，位置制御系構成

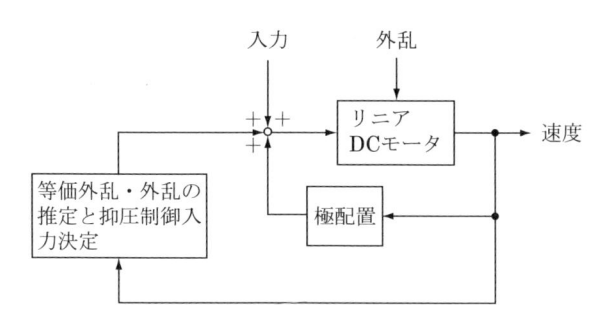

図9.29 外乱抑圧速度制御系

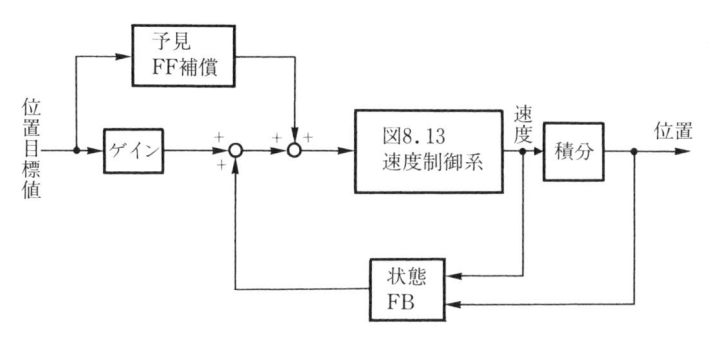

図9.30 ロバスト位置制御系（最適予見外乱抑圧位置制御系）

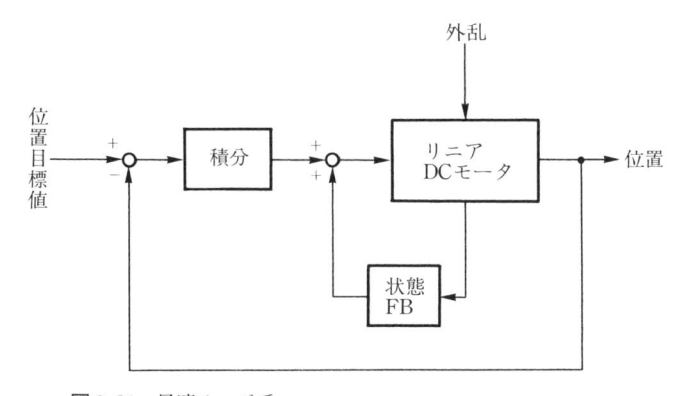

図9.31 最適サーボ系
[土谷武士・江上正：現代制御工学，産業図書より]

では0型制御系を構成する．

④ 予見フィードフォワード補償：X軸，Y軸それぞれに構成されるサーボ系においてサーボモータへの入力のピーク値を抑え，また各サーボ系の位相特性を改善するために予見制御系を構成している．

図9.30が最終的なロバスト位置制御系である．図9.31には比較のための制御系として最適サーボ系構成図を示す．これは7.7.2項において説明された最適レギュレータ理論を利用した制御系であるが，詳細は省略する．なお，ここでは予見FF補償もつけていない．ここでの最適サーボ系は，最も基本的な制御系を用いているが，図9.31をもとにして性能向上のための種々の工夫が可能である．

9.3.1 単独軸の時間応答

X軸あるいはY軸を単独で運転した場合には，上述のように時間目標値に対する応答が問題になるが，図9.32から図9.34がその結果である．サンプリング周期は1 ms，予見ステップ数は90ステップとしている．

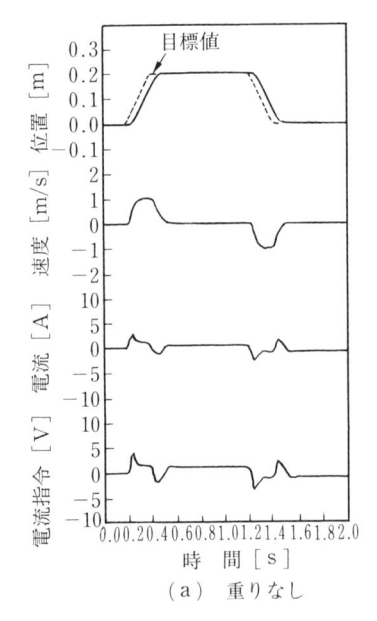

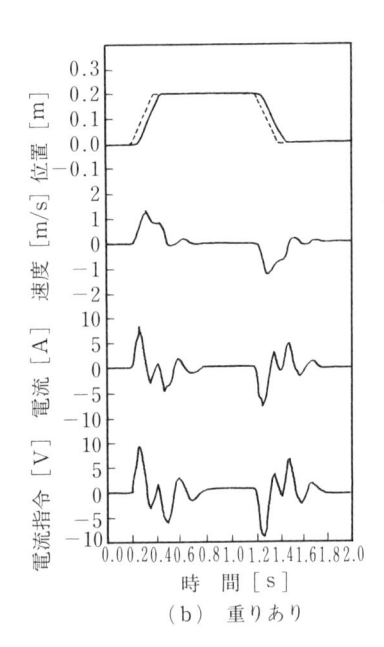

図9.32 最適サーボ系の応答（単独軸）
　　　　［土谷武士・江上正：ディジタル予見制御，産業図書より］

(a) 重りなし   (b) 重りあり

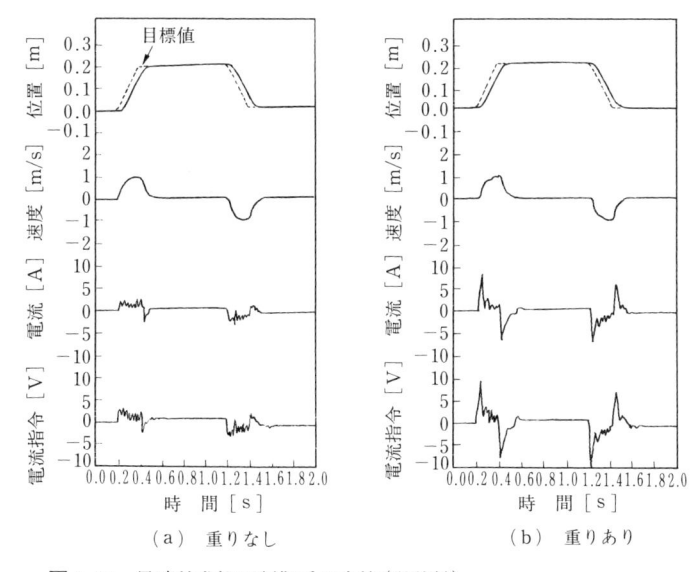

図 9.33　最適外乱抑圧制御系の応答（単独軸）
　　　　　［土谷武士・江上正：ディジタル予見制御，産業図書より］

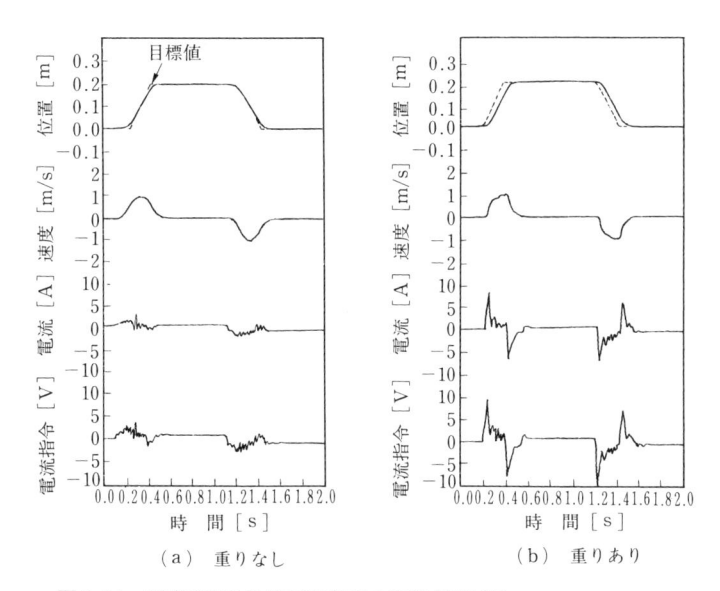

(a) 重りなし   (b) 重りあり

図 9.34　最適予見外乱抑圧制御系の応答（単独軸）
　　　　　［土谷武士・江上正：ディジタル予見制御，産業図書より］

204   第9章 メカトロニクスの事例

図 9.32：最適サーボ系による応答

図 9.33：最適外乱抑圧制御系の応答．図 9.30 において予見 FF 補償を取り
はずした制御系

図 9.34：最適予見外乱抑圧制御系の応答 (図 9.30 の制御系)

それぞれの図 (a) には，リニアモータの可動子に重りを載せない場合，図 (b) には 1 kg の重りを載せ，可動子の質量が 0.4 kg から 1.4 kg に変動した場合である．図 9.30 においては図 (a) の応答は良好であるが，パラメータ変動のある図 (b) では応答が振動している．一方，図 9.33 では図 (a) と図 (b) の応答にほとんど差はないが，入力のピーク値が制限値で抑えられているために，少し応答に乱れが生じている．

これに対して図 9.34 では図 9.33 に比較して応答の位相が大きく改善されていることがわかる．また，予見 FF 補償により入力のピーク値が低減され，制限値でカットされることがないために，外乱抑圧制御が理論どおり行われており，図 (a)，(b) ともほとんど同じ出力応答が得られている．

9.3.2 X-Y テーブルの経路制御

図 9.35 から図 9.36 は X-Y テーブルに対する経路制御結果である．サンプリング周期は 1.2 ms，予見ステップ数は 40 ステップとしている．

図 9.35：最適サーボ系の応答

図 9.36：最適予見外乱抑圧制御系の応答

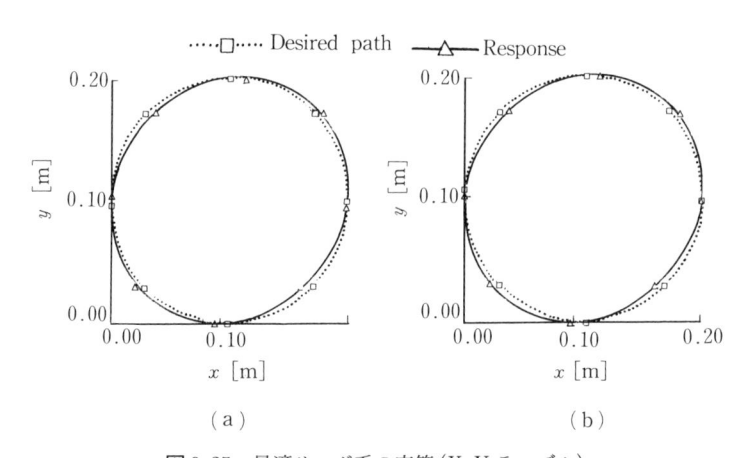

(a)

(b)

図 9.35　最適サーボ系の応答 (X-Y テーブル)

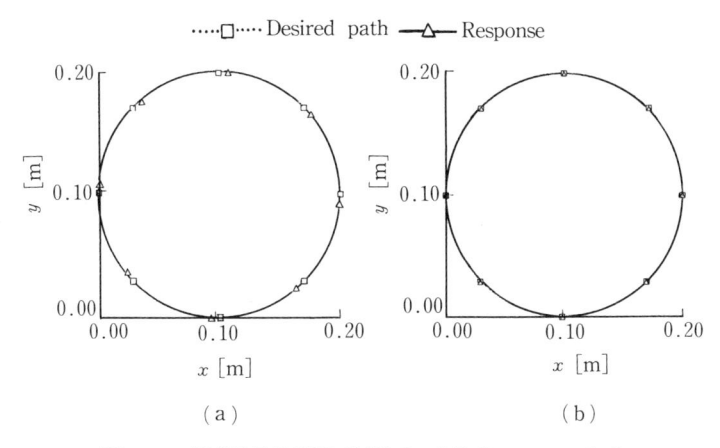

9.3 リニアDCブラシレスモータによるX-Yテーブル制御 205

·····□····· Desired path ——△—— Response

(a)

(b)

図 **9.36** 最適予見外乱抑圧制御系の応答 (X-Y テーブル)

　それぞれ図 (a) は重りを載せない場合，すなわちパラメータ変化のない状態での応答であり，図 (b) は Y 軸 (上軸) に 3.2 kg の重りを載せた場合，すなわちパラメータ変化を与えたときの応答である．□印は X-Y 平面上での目標経路を示し，×印は応答の点を示している．図 9.35 では (a)，(b) ともに目標の円経路からずれた応答が得られているのに対して，図 9.36 ではパラメータ変動の有無にかかわらず，ほぼ目標の経路を追従していることがわかる．

演習問題解答

第1章

1.1 ① 機械式懐中時計 ——— クオーツ時計，電波時計
② 足踏みミシン ——— 電動ミシン
③ 蛇腹式写真機 ——— デジタルカメラ，カメラ付き携帯電話
④ 和文タイプライタ ——— ワープロ
⑤ 機械式計算機 ——— 電卓

1.2 ・すぐれた点：1.3節のメカトロニクスの効用参照．
・問題点：機器がブラックボックス化している．そのためもあり故障が起きた場合に修理等がむずかしい場合が多い．

1.3 図1.4参照．コントローラ，駆動装置，アクチュエータ，制御対象，センサ，エネルギー源，図1.5参照．

1.4 駆動回路とアクチュエータ．コントローラからの指令信号を受け取り，その信号をパワーアップして制御対象（たとえば，ロボットや工作機械など）を動かす．

第2章

2.1 使用するインクリメンタルエンコーダが n パルス/回転とする．分解能を考えると

$$\frac{360}{n} \leq 1 \quad \therefore \quad n \geq 360 \text{ パルス/回転}$$

使用するアブソリュートエンコーダが n ビットとする．分解能を考えると

$$\frac{360}{2^n} \leq 1, \quad 2^n \geq 360, \quad n \geq \frac{\log 360}{\log 2} = 8.49\cdots \quad \therefore \quad n = 9 \text{ ビット}$$

2.2 n パルス/回転のインクリメンタルエンコーダを用いて，サンプリング周期 T 秒で，回転速度 x rpm を計測する．

1秒あたりの回転速度は

$$\frac{x}{60} \times 360 = 6x \text{ 度/秒}$$

パルスに換算すると

$$\frac{n}{360} \times 6x = \frac{nx}{60} \text{ パルス/秒}$$

サンプリング周期 T 秒に通過するパルス数が1以上ないと計測できないので，

$$\frac{nx}{60} \times T = \frac{nxT}{60} \geq 1$$

$$\therefore \quad n \geq \frac{60}{xT} = \frac{60}{100 \times 10^{-3}} = 600 \text{ パルス/回転}$$

2.3 P_{i+1} と P_i 間の速度 $V_{i+1,i}$, P_i と P_{i-1} 間の速度 $V_{i,i-1}$ は

$$V_{i+1,i} = \frac{P_{i+1} - P_i}{T}, \quad V_{i,i-1} = \frac{P_i - P_{i-1}}{T}$$

加速度は,

$$\frac{1}{T}(V_{i+1,i} - V_{i,i-1}) = \frac{1}{T}\left(\frac{P_{i+1} - P_i}{T} - \frac{P_i - P_{i-1}}{T}\right)$$

$$= \frac{1}{T^2}(P_{i+1} - 2P_i + P_{i-1})$$

2.4 $\omega/\omega_n \gg 1$ のとき,式 (2.3) の振幅は A,位相は π で近似される.

$$z \fallingdotseq A\sin(\omega t - \pi) = -A\sin\omega t = -x$$

となり,相対変位 z は支持枠の変位 x に比例する.

$\omega/\omega_n \fallingdotseq 1$ のとき,振幅は $\omega A/(2\zeta\omega_n)$,位相は $\pi/2$ で近似される.

$$z \fallingdotseq \frac{\omega}{2\zeta\omega_n}A\sin\left(\omega t - \frac{\pi}{2}\right) = -\frac{\omega}{2\zeta\omega_n}A\cos\omega t$$

$$= -\frac{m}{c}\frac{d}{dt}A\sin\omega t = -\frac{m}{c}\frac{dx}{dt}$$

となり,相対変位は支持枠の速度 dx/dt に比例する.

2.5 $\Delta R/R = K\varepsilon = 2 \times 4 \times 10^{-4} = 8 \times 10^{-4}$

$\Delta R = 8 \times 10^{-4} \times 120 = 0.096 \, \Omega$

2.6 $\Delta E_o = (1/4) \times 8 \times 10^{-4} \times 10 = 0.002 \, V$

2.7 R_1, R_2 と R_4, R_3 を流れる電流をそれぞれ i_1, i_2 とすると,キルヒホッフの法則より

$$(R_1 + R_2)i_1 = E_i \tag{1}$$

$$(R_3 + R_4)i_2 = E_i \tag{2}$$

$$E_o = E_i - R_4 i_2 - (E_i - R_1 i_1) = -R_4 i_2 + R_1 i_1 \tag{3}$$

式 (1), (2) より i_1, i_2 を求めて式 (3) に代入し整理すると次式が求まる.

$$E_o = \frac{R_1 R_3 - R_2 R_4}{(R_1 + R_2)(R_3 + R_4)} E_i$$

2.8 E_o の全微分は次式となる.

$$\Delta E_o = \frac{\partial E_o}{\partial R_1}\Delta R_1 + \frac{\partial E_o}{\partial R_2}\Delta R_2 + \frac{\partial E_o}{\partial R_3}\Delta R_3 + \frac{\partial E_o}{\partial R_4}\Delta R_4$$

$$\frac{\partial E_o}{\partial R_1} = \frac{R_3(R_1 + R_2)(R_3 + R_4)}{(R_1 + R_2)^2(R_3 + R_4)^2}E_i = \frac{R_3}{(R_1 + R_2)(R_3 + R_4)}E_i$$

ここで $R_1 R_3 = R_2 R_4$ 即ち $R_3 = \dfrac{R_2 R_4}{R_1}$ を代入すると

$$\frac{\partial E_o}{\partial R_1} = \frac{R_1 R_2}{(R_1 + R_2)^2}\frac{1}{R_1}E_i$$

同様の計算をすると

$$\frac{\partial E_o}{\partial R_2} = -\frac{R_1 R_2}{(R_1 + R_2)^2}\frac{1}{R_2}E_i$$

$$\frac{\partial E_o}{\partial R_3}=\frac{R_1R_2}{(R_1+R_2)^2}\frac{1}{R_3}E_i$$

$$\frac{\partial E_o}{\partial R_4}=-\frac{R_1R_2}{(R_1+R_2)^2}\frac{1}{R_4}E_i$$

が求まる．

したがって，

$$\Delta E_o=\frac{R_1R_2}{(R_1+R_2)^2}\left(\frac{\Delta R_1}{R_1}-\frac{\Delta R_2}{R_2}+\frac{\Delta R_3}{R_3}-\frac{\Delta R_4}{R_4}\right)E_i$$

第3章

3.1
- 頻繁な加速・減速に対する耐久性のあること
- 停止している場合が多いことがあるので加熱などに対する対策を講じている
- トルクや回転数などの制御範囲のできるだけ広いこと
- 位置や速度についての高精度の制御が可能なこと
- 速応性の良いこと

3.2 3.1節参照．

3.3 式(3.9)の第2式より

$$J\frac{d\omega(t)}{dt}+B\omega(t)=Ki(t)-T_L(t)$$

式(3.10)より

$$L\frac{di(t)}{dt}+Ri(t)=v_a(t)-K\omega(t)$$

すべての初期値を零とおいて上の二式をラプラス変換する．

$$(Js+B)\Omega(s)=KI(s)-T_L(s)$$
$$(Ls+R)I(s)=V_a(s)-K\Omega(s)$$

これらより，$I(s)$を消去して次式を得る．

$$\Omega(s)=\frac{K}{(Js+B)(Ls+R)+K^2}V_a(s)+\frac{-(Ls+R)}{(Js+B)(Ls+R)+K^2}T_L(s)$$

ゆえに

$$\frac{\Omega(s)}{V_a(s)}=\frac{K}{(Js+B)(Ls+R)+K^2}$$

および

$$\frac{\Omega(s)}{T_L(s)}=\frac{-(Ls+R)}{(Js+B)(Ls+R)+K^2}$$

制動係数Bが無視できる場合にはより簡単な伝達関数となる．

また，回転角までの伝達関数は，回転角速度から回転角度までが積分の関係になっていることから，容易に次のように求められる．

$$\frac{\Theta(s)}{V_a(s)}=\frac{K}{s\{(Js+B)(Ls+R)+K^2\}}$$

および

$$\frac{\Theta(s)}{T_L(s)} = \frac{-(Ls+R)}{s\{(Js+B)(Ls+R)+K^2\}}$$

3.4 伝達関数表現は，アクチュエータの入力信号と出力信号だけの関係を表す．したがって，たとえば，DC モータの場合には電機子電流は伝達関数の表現には表れない．そのために伝達関数表現を外部表現ということもある．また伝達関数の定義からすべての初期値は零の場合にのみ伝達関数が定義されていることから，アクチュエータが初期値をもつような場合には，その扱いは注意しなければならない．

状態変数表現は，入力信号と出力信号のみならず状態変数といわれる中間変数をも表現に含むものである．DC モータでは電機子電流がこれにあたり，状態方程式のなかに表れている．電機子電流は出力信号(回転角速度や回転角)の将来値にきわめて重要な影響を与える変数であるので，そのような変数にも着目しようという立場である．また初期値は零という仮定はいらない．

以上の特徴はアクチュエータのみの表現に限らず，すべての信号伝達要素においていえることである．

3.5 一般的に 2 次遅れ要素 (零点のない場合) は次の標準形で表す．上にあげた場合もこの標準形に表されることはすでに示したとおりである．

$$G(s) = \frac{\omega_n^2}{s^2 + 2\zeta\omega_n s + \omega_n^2}$$

ただし，ζ は減衰係数あるいは制動係数(damping constant)，ω_n は固有角周波数(natural angular frequency)と呼ばれる．二つの極は ζ の大きさにより実根，複素根，重根のどれかになり，それによりステップ応答が典型的に変化するのでそれぞれの場合について以下に述べる．

（ⅰ） 2 実根の場合 ($\zeta > 1$)

$$Y(s) = \frac{\omega_n^2}{(s-\alpha)(s-\beta)} U(s)$$

ここで，$\alpha = (-\zeta + \sqrt{\zeta^2-1})\omega_n$，$\beta = (-\zeta - \sqrt{\zeta^2-1})\omega_n$

上式を部分分数展開し，$U(s)$ としてステップ信号を考える．

$$Y(s) = \frac{\omega_n^2}{\alpha - \beta}\left(\frac{1}{s(s-\alpha)} - \frac{1}{s(s-\beta)}\right)$$

$$= \frac{\omega_n^2}{\alpha - \beta}\left\{\frac{1}{\alpha}\left(\frac{1}{s-\beta} - \frac{1}{s}\right) - \frac{1}{\beta}\left(\frac{1}{s-\beta} - \frac{1}{s}\right)\right\}$$

ラプラス逆変換をして次式を得る．

$$y(t) = 1 + \frac{1}{\alpha - \beta}(\beta\varepsilon^{\alpha t} - \alpha\varepsilon^{\beta t})$$

$$= 1 + \frac{1}{2\sqrt{\zeta^2-1}}\{(\zeta + \sqrt{\zeta^2-1})\varepsilon^{\sqrt{\zeta^2-1}\omega_n t} - (\zeta - \sqrt{\zeta^2-1})\varepsilon^{-\sqrt{\zeta^2-1}\omega_n t}\}\varepsilon^{-\zeta\omega_n t}$$

（ⅱ） 2 重根の場合 ($\zeta = 1$)

この場合には入出力関係は次のようになる．

$$Y(s) = \frac{\omega_n^2}{s^2 + \omega_n^2} U(s)$$

$U(s)$ としてステップ信号を考えて上式は次のように展開される．

$$Y(s) = \frac{\omega_n^2}{s(s+\omega_n)^2} = \frac{1}{s} - \frac{1}{s+\omega_n} - \frac{\omega_n}{(s+\omega_n)^2}$$

ゆえに

$$y(t) = 1 - e^{-\omega_n t}(1 + \omega_n t)$$

(iii) 2複素根の場合 $(0 < \zeta < 1)$

$$Y(s) = \frac{\omega_n^2}{s^2 + 2\zeta\omega_n s + \omega_n^2} \cdot \frac{1}{s} = \frac{1}{s} - \frac{s + 2\zeta\omega_n}{s^2 + 2\zeta\omega_n s + \omega_n^2}$$

$$= \frac{1}{s} - \frac{s + \zeta\omega_n}{(s+\zeta\omega_n)^2 + \omega_n^2(1-\zeta^2)} - \frac{\zeta\omega_n}{(s+\zeta\omega_n)^2 + \omega_n^2(1-\zeta^2)}$$

ゆえに，

$$y(t) = 1 - e^{-\zeta\omega_n t}\left\{\cos(\omega_n\sqrt{1-\zeta^2}\,t) + \frac{\zeta}{\sqrt{1-\zeta^2}}\sin(\omega_n\sqrt{1-\zeta^2}\,t)\right\}$$

さらに整理して

$$y(t) = 1 - \frac{1}{\sqrt{1-\zeta^2}}\varepsilon^{-\zeta\omega_n t}\sin\{(\omega_n\sqrt{1-\zeta^2})\,t + \varphi\}$$

ただし，$\tan\varphi = \dfrac{\sqrt{1-\zeta^2}}{\zeta}$

以上三つの場合の代表的な応答波形を図解3.1に示す．$\zeta \geq 1$ の場合には非振動的であり，$0 < \zeta < 1$ の場合には振動的になる．制動係数 ζ が大きな影響をもっていることに注意する．

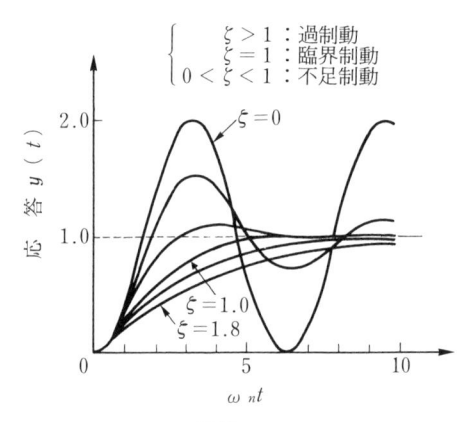

図解 3.1

3.6 図 3.9 を書き換えて図解 3.2 が得られる．

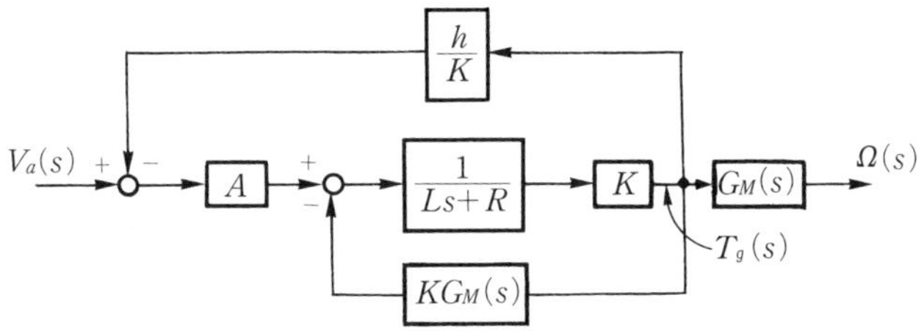

図解 3.2

これにより印加電圧 $V_a(s)$ からトルク $T_g(s)$ までの伝達関数は次のようになる．

$$\frac{T_g(s)}{V_a(s)}=\frac{\dfrac{AK}{Ls+R+K^2G_M(s)}}{1+\dfrac{AK}{Ls+R+K^2G_M(s)}\cdot\dfrac{h}{K}}=\frac{AK}{Ls+R+K^2G_M(s)+Ah}$$

さらに

$$\frac{T_g(s)}{V_a(s)}=\frac{K}{\dfrac{Ls+R+K^2G_M(s)}{A}+h}$$

ここで，Aを大きくして次式を得る．

$$\frac{T_g(s)}{V_a(s)}\fallingdotseq\frac{K}{h}$$

第 4 章

4.1 トランジスタ (PNP 接合または NPN 接合) ではベース電流に応じてコレクタ電流が比例的に変化する．そのためにベース電流を入力とすれば，出力信号であるコレクタ電流に相当するものは線形的に取り出せる装置を作ることができる．一方，サイリスタ (PNPN 接合) ではトランジスタのベースに相当するものがゲートといわれるものであるが，ゲートの信号と出力である主電流は比例しない．つまり，ゲート信号によりサイリスタが導通状態になるとその導通状態はゲート信号では制御できない．そのためにトランジスタのように入出力間に線形関係が成り立たないことになり，増幅器などの製作にあたり工夫が必要である．なお，ゲートターンオフサイリスタ (GTO) といわれるサイリスタでは，ゲート信号で主電流を切ることができるものであり，近年よく用いられている．

4.2 4.3 節参照．トランジスタなどの半導体素子を線形的に用いて増幅器を作ると，電源から取り出される電力のうちかなりの割合を半導体素子そのもので消費せざるを得ない．そうしないと線形増幅器にはならないのである．それは電源の電力利用の面で望ましいことではないと共に，半導体素子の発熱につながることとなるので，中容量から大容量の増幅器では半導体素子は on-off 動作によらざるを得ない．その結果，そのような増幅器の入出力関係は線形ではなくなると共に出力信号に高調波を含むこととなる．

4.3 4.2節参照.

4.4 4.4節参照.

第5章

5.1 かさ歯車減速比は30/15, 平歯車減速比は35/20, ウォーム歯車減速比は36/2なので, 全体の入出力減速比は
$$\frac{30}{15} \times \frac{35}{20} \times \frac{36}{2} = 63$$

5.2 かさ歯車減速比は100/50=2, ハーモニックドライブ減速比は$(100-102)/100 = -50$, 総減速比は$2 \times (-50) = -100$. ハーモニックドライブはウェーブジェネレータを入力, フレクススプラインを出力とするので, 減速比のマイナスは回転方向が逆になることを意味する.

5.3 ピニオンが1回転(2π)したときのラックの移動量は, 歯数(Z_1)×ピッチ(p)となる. したがって, $2\pi : Z_1 p = \theta : x$ より
$$x = \frac{Z_1 p}{2\pi} \theta$$
が得られる.

5.4 モータ軸回り慣性モーメントは, $J_1 = J_M + J_{T1}$, 中間歯車軸回り慣性モーメントは $J_2 = J_{T2} + J_S$, 出力部質量は $m = m_L + m_N$ となる. 出力部質量を中間軸に換算すると $m(p/2\pi)^2$ となり, さらにモータ軸に換算すると $(1/R^2) m(p/2\pi)^2$ となる. 中間軸回り慣性モーメントをモータ軸に換算すると J_2/R^2. したがって, 総慣性モーメントは次のようになる.
$$J_1 + \frac{J_2}{R^2} + \frac{1}{R^2} \left(\frac{p}{2\pi}\right)^2 m$$

5.5 式(5.14)を式(5.16)に代入すると
$$T_M = \frac{2\pi}{p} \left\{ J + m \left(\frac{p}{2\pi}\right)^2 \right\} \ddot{x}$$

平歯車減速機構と同様に, Bang-Bang制御では
$$x = \frac{T_{ML}}{\frac{2\pi}{p} \left\{ J + m \left(\frac{p}{2\pi}\right)^2 \right\}} \frac{1}{2} t^2 \quad \left(0 \leq t \leq \frac{t_g}{2}\right)$$

$t = t_g/2$, $x = x_g/2$ を代入すると
$$t_g = 2 \sqrt{\frac{\frac{2\pi}{p} J + \frac{p}{2\pi} m}{T_{ML}} x_g}$$

t_g を最小にするには $\frac{2\pi}{p} J + \frac{p}{2\pi} m$ を最小にすればよいから,
$$\frac{d}{dp}\left(\frac{2\pi}{p} J + \frac{p}{2\pi} m\right) = 0$$
より, 求めるピッチは

$$p = 2\pi\sqrt{\frac{J}{m}}$$

最短時間は

$$t_g = 2\sqrt{\frac{2\sqrt{mJ}}{T_{ML}}x_g}$$

第 6 章

6.1 マイコンの応用分野で異なる．情報処理応用ではマルチチップマイコンの構成をとり，CPU 単体チップの一層の高速化，高性能化が進んでいる．一方，組み込み応用では CPU，メモリ，入出力，CPU サポート機能が一つのチップ上に集積され，シングルチップマイコンの構成が可能となった．コアの CPU はパソコン出現時の CPU 単体チップよりはるかに高速・高性能ではあるが，さらに高速・高性能化を進めるというよりも，むしろ低価格化，低消費電力化，小型化の総合的な性能を向上させる方向に進んでいる．

6.2 全自動洗濯機，電子炊飯ジャー，デジタルカメラ，携帯電話，レーザプリンタ，デジタル自動血圧計，温水洗浄便座，自動車など多数ある．

6.3 A/D 変換器の場合，$\frac{5\,\text{V}}{2^{10}} = \frac{5\,\text{V}}{1024} \cong 0.00488\,\text{V} = 4.88\,\text{mV}$ 変化すると 1 ビット変わる．

　　D/A 変換器の場合，8 ビットが 5 V の出力となるので，1 ビット変化させると $\frac{5\,\text{V}}{2^8} = \frac{5\,\text{V}}{256} \cong 0.0195\,\text{V} = 19.5\,\text{mV}$ 出力が変わる．

6.4 11001100 のビットパターン，16 進数では cc を右回転させればよい．
H8 アセンブリ言語では
```
        MOV.B   #H'CC,R0H
        ROTR.B  R0H
```
C 言語では
```
        a=0xcc;
        a=(a <<7)|(a>> 1);
```
となる．

6.5 1 クロックの時間 $= \frac{1\,\text{s}}{25 \times 10^6} = 0.04\,\mu\text{s}$ なので，$\frac{1\,\text{ms}}{0.04\,\mu\text{s}} = 25000$ クロックを消費するプログラムとすればよい．次のプログラムでは DEC.L（2 クロック），NOP（2 クロック），BNE（4 クロック）合計 8 クロックを繰り返して時間消費するので，25000/8 = 3125 回ループを回す．ただし，ループ前後の 1 回のみ実行する命令の時間消費は小さいので計算に入れていない．レジスタのデータを退避するには PUSH, POP 命令を使用する．

```
TIME1MS:                        ;1 ms サブルーチンの始まりラベル
        PUSH.L  ER1             ;ER1 レジスタのデータを退避
        MOV.L   #D'3125,ER1     ;繰り返し数を設定
```

```
TIME:                           ：繰り返しのためのラベル
        DEC.L    #1,ER1         ：繰り返し数を1減算
        NOP                     ：何もしない
        BNE      TIME           ：繰り返し数が0になるまでTIMEヘループ
        POP.L    ER1            ：ER1レジスタヘデータを復旧
        RTS                     ：サブルーチンの戻り
```

第7章

7.1 シーケンス制御：定性的制御．作業を目的とする．
　　　フィードバック制御：定量的制御．物理量を目的の値にする．

7.2 制御系の目的
① 制御系の安定性　② 目標値追従性　③ 外乱・パラメータ変動抑制

　制御対象が安定であっても不安定であってもFB制御を行うことにより全系を安定にすることが多くの場合可能である．しかし，FB制御が適切に行われていないと，たとえ制御対象が安定であっても全系は不安定になることがあるので，FB制御系では安定性の確保がすべてに優先して重要である．FF制御系ではそのような不安はない．

　FF制御系では，制御対象の伝達関数などを正確に把握できていれば目標値に正確に追従できる制御系を構成できる．しかし，通常正確に制御対象の伝達関数などを知ることは困難であるので，FF制御によっては優れた目標値追従特性を得ることができない場合が多い．もちろん，これは具体的な問題に依存するので場合によって違うので注意する．

　FB制御系では目標値と出力を比較して，違っていればその誤差を修正するような修正動作を行うように構成されているので，FB制御系が適切に構成されている場合には，たとえ制御対象などの伝達関数が正確にわからなくても優れた目標値追従特性が得られる．

　制御対象の伝達関数などが正確にわからないのと同じように，それが時間と共に変化することがある．あるいは予想もできない外乱が加わることがある．これらに対しては，FF制御はほとんど無力である．したがって，そのような恐れのある制御の場合にはFB制御が使われなければならない．その理由は上と同じで修正動作を行うことができるからである．誤差の原因が外乱であれ，パラメータ変動であれ何であれ誤差をなくすような修正動作を行うのがFB制御の基本である．

7.3 図7.4において，次のように三つの場合についてそれぞれ信号関係を求める．
① $D(s)=0$, $N(s)=0$ とおいて $R(s)$ と $Y(s)$ の関係を求める．
$$Y(s)=\frac{G_c(s)\,G(s)}{1+G_c(s)\,G(s)H(s)}R(s)$$
② $R(s)=0$, $N(s)=0$ とおいて $D(s)$ と $Y(s)$ の関係を求める．
$$Y(s)=\frac{G(s)}{1+G_c(s)\,G(s)H(s)}D(s)$$

③ $R(s)=0$, $D(s)=0$ とおいて $N(s)$ と $Y(s)$ の関係を求める.
$$Y(s) = -\frac{G_c(s)G(s)}{1+G_c(s)G(s)H(s)}N(s)$$
この三つの結果を加え合わせて式(7.4)が得られる.

7.4 式(7.8)の前の式より (以後, ラプラス変換の変数 s を省略する)
$$Y+\Delta Y = \frac{G_c[G+\Delta G]}{1+G_c[G+\Delta G]H}R$$
$$\{1+G_c[G+\Delta G]H\}\{Y+\Delta Y\} = G_c[G+\Delta G]R$$
これより
$$\{1+G_cGH\}Y + [1+G_cGH]\Delta Y + G_c\Delta GHY + G_c\Delta GH\Delta Y$$
$$= G_cGR + G_c\Delta GR$$
パラメータ変動のないもとの制御系では, 次の関係が成り立つ.
$$\{1+G_cGH\}Y = G_cGR$$
また $\Delta G\Delta Y \fallingdotseq 0$ とおいて上式は次のようになる.
$$[1+G_cGH]\Delta Y + G_c\Delta GHY \fallingdotseq G_c\Delta GR$$
両辺を Y で割る.
$$(1+G_cGH)\frac{\Delta Y}{Y} + G_c\Delta GH \fallingdotseq G_c\Delta G\frac{R}{Y}$$
$\{1+G_cGH\}Y = G_cGR$ の関係を上式に代入して次式を得る.
$$\frac{\Delta Y}{Y} \fallingdotseq \frac{1}{(1+G_cGH)} \cdot \frac{\Delta G}{G}$$

7.5
$$Y+\Delta Y = \frac{G_cG}{1+G_cG[H+\Delta H]}R$$
$$\{1+G_cG[H+\Delta H]\}\{Y+\Delta Y\} = G_cGR$$
これより
$$\{1+G_cGH\}Y + [1+G_cGH]\Delta Y + G_cG\Delta HY + G_cG\Delta H\Delta Y = G_cGR$$
パラメータ変動のないもとの制御系では次の関係が成り立つ.
$$\{1+G_cGH\}Y = G_cGR$$
また $\Delta H\Delta Y \fallingdotseq 0$ とおいて, 上式は次のようになる.
$$[1+G_cGH]\Delta Y \fallingdotseq -G_cG\Delta HY$$
両辺を Y で割り, 整理して次式を得る.
$$\frac{\Delta Y}{Y} \fallingdotseq \frac{-G_cGH}{(1+G_cGH)} \cdot \frac{\Delta H}{H}$$

7.6
$$S(s) = \frac{\Delta W_{RY}(s)/\{W_{RY}(s)+\Delta W_{RY}(s)\}}{\Delta G(s)/\{G(s)+\Delta G(s)\}}$$
である. ここで
$$W_{RY}(s) = \frac{Y(s)}{R(s)} = \frac{G_c(s)G(s)}{1+G_c(s)G(s)H(s)}$$

$$W_{RY}(s) + \Delta W_{RY}(s) = \frac{G_c(s)\{G(s) + \Delta G(s)\}}{1 + G_c(s)\{G(s) + \Delta G(s)\}H(s)}$$

$$\Delta W_{RY}(s) = \frac{G_c(s)\Delta G(s)}{\{1 + G_c(s)[G(s) + \Delta G(s)]H(s)\}\{1 + G_c(s)G(s)H(s)\}}$$

ゆえに

$$\frac{\Delta W_{RY}(s)}{W_{RY}(s) + \Delta W_{RY}(s)} = \frac{1}{1 + G_c(s)G(s)H(s)} \cdot \frac{\Delta G(s)}{G(s) + \Delta G(s)}$$

これより

$$S(s) = \frac{1}{1 + G_c(s)G(s)H(s)}$$

7.7 P制御の場合；コントローラのゲインを K とする．目標値 R と制御量 Y との関係は次のようになる．

$$Y(s) = \frac{K}{Ts + 1 + K} R(s)$$

したがって，誤差 $E(s)$ と目標値 $R(s)$ の関係は次のようになる．

$$E(s) = \frac{Ts + 1}{Ts + 1 + K} R(s)$$

ゆえに，$R(s)$ がステップ信号の場合には，$R(s) = 1/s$ であるので定常誤差は次のようになる．

$$\lim_{t \to \infty} e(t) = \lim_{s \to 0} sE(s) = \lim_{s \to 0} s \frac{Ts + 1}{Ts + 1 + K} R(s) = \frac{1}{1 + K}$$

目標値がランプ信号の場合は $R(s) = 1/s^2$ であるので，定常誤差は次のようになる．

$$\lim_{t \to \infty} e(t) = \lim_{s \to 0} sE(s) = \lim_{s \to 0} s \frac{Ts + 1}{Ts + 1 + K} R(s) = \infty$$

I制御の場合：コントローラのゲインを K/s とする．

目標値 R と制御量 Y との関係は，次のようになる．

$$Y(s) = \frac{K}{Ts^2 + s + K} R(s)$$

したがって，誤差 $E(s)$ と目標値 $R(s)$ の関係は，次のようになる．

$$E(s) = \frac{Ts^2 + s}{Ts^2 + s + K} R(s)$$

ゆえに，$R(s)$ がステップ信号の場合には $R(s) = 1/s$ であるので定常誤差は次のようになる．

$$\lim_{t \to \infty} e(t) = \lim_{s \to 0} sE(s) = \lim_{s \to 0} s \frac{Ts^2 + s}{Ts^2 + s + K} R(s) = 0$$

目標値がランプ信号の場合は $R(s) = 1/s^2$ であるので，定常誤差は次のようになる．

$$\lim_{t \to \infty} e(t) = \lim_{s \to 0} sE(s) = \lim_{s \to 0} s \frac{Ts^2 + s}{Ts^2 + s + K} R(s) = \frac{1}{K}$$

7.8 P制御の場合：コントローラのゲインを K とする．

外乱 D と制御量 Y との関係は，次のようになる．
$$Y(s)=\frac{Ts+1}{Ts+1+K}D(s)$$
ゆえに，$D(s)$ がステップ信号の場合には $D(s)=1/s$ であるので，制御量の定常値は次のようになる．
$$\lim_{t\to\infty}y(t)=\lim_{s\to 0}sY(s)=\lim_{s\to 0}s\frac{Ts+1}{Ts+1+K}D(s)=\frac{1}{1+K}$$
つまり，外乱の影響は定常的にも零とはならないことがわかる．外乱がランプ信号の場合は $D(s)=1/s^2$ であるので，制御量の定常値は次のようになる．
$$\lim_{t\to\infty}y(t)=\lim_{s\to 0}sY(s)=\lim_{s\to 0}s\frac{Ts+1}{Ts+1+K}D(s)=\infty$$
I 制御の場合：コントローラのゲインを K/s とする．

外乱 D と制御量 Y との関係は次のようになる．
$$Y(s)=\frac{Ts^2+s}{Ts^2+s+K}D(s)$$
ゆえに，$D(s)$ がステップ信号の場合には $D(s)=1/s$ であるので制御量の定常値は次のようになる．
$$\lim_{t\to\infty}y(t)=\lim_{s\to 0}sY(s)=\lim_{s\to 0}s\frac{Ts^2+s}{Ts^2+s+K}D(s)=0$$
すなわち，外乱の影響は制御量には表れない．P 制御の場合との差を比較せよ．

外乱がランプ信号の場合は $D(s)=1/s^2$ であるので，制御量の定常値は次のようになる．
$$\lim_{t\to\infty}y(t)=\lim_{s\to 0}sY(s)=\lim_{s\to 0}s\frac{Ts^2+s}{Ts^2+s+K}D(s)=\frac{1}{K}$$
この場合も P 制御の結果との差を比較してみて欲しい．このように P 制御と I 制御の基本的な機能を理解することが必要である．この展開として PI 制御の効果であるとか，D 制御の効果などを考察できる．

7.9
FB なしアンプ
$$E_o=AE_i$$
FB つきアンプ
$$E_{FB}=R_{FB}I_C=\frac{R_{FB}}{R_L}E_o=\beta E_o$$
ただし，$\beta=\dfrac{R_{FB}}{R_L}$：帰還率
したがって
$$E_{BE}=E_i-E_{FB}=E_i-\beta E_o$$
$$E_o=AE_{BE}=A(E_i-\beta E_o)$$
これより
$$\frac{E_o}{E_i}=\frac{A}{1+A\beta}$$

図 7.7 の電圧 FB アンプと同じ結果が得られる．

7.10 中域周波数のゲインが A_0 の FB なしアンプに β の FB をかけた FB アンプのゲインは次のようになる．

$$A_{FB} = \frac{A_0}{1 + A_0 \beta}$$

与えられた A_h を A_{FB} の式に代入して次のようになる．

$$A_{FB} = \frac{A_0[1 + j(f/f_h)]}{1 + [A_0\beta/\{1 + j(f/f_h)\}]} = \frac{A_0}{1 + A_0\beta} \cdot \frac{1}{1 + [f/f_h(1 + A_0\beta)]}$$

これより高域遮断周波数は FB なしアンプの遮断周波数 f_h の $(1 + A_0\beta)$ 倍となることが示された．ただし，ゲインは $1/(1 + A_0\beta)$ 倍となる．つまり (ゲイン)×(周波数) 積は変わらない．

同様に A_l を A_{FB} に代入して次のようになる．

$$A_{FB} = \frac{A_0}{1 + A_0\beta} \cdot \frac{1}{1 - j[f_l/\{f(1 + A_0\beta)\}]}$$

すなわち，低域遮断周波数は FB なしアンプの遮断周波数 f_l の $1/(1 + A_0\beta)$ 倍となり，周波数特性が改善される．高域および低域とも遮断周波数が上下に移動し周波数帯域が拡大したことが示され，解図 7.1 にはこれらの結果を描いてある．

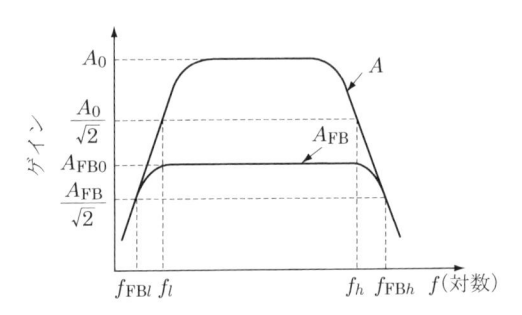

解図 7.1

参 考 文 献

第1章
（ 1 ） 藤野義一編著：メカトロニクス概論，産業図書，1990．

第2章
（ 1 ） 日本電気制御機器工業会：「制御機器の基礎知識－選び方・使い方」シリーズ，2004．http://www.neca.or.jp/htm/pub_1.cfm
（ 2 ） 株式会社緑測器：ポテンショメータカタログ，http://midori.co.jp/
（ 3 ） 多摩川精機株式会社：エンコーダカタログ，http://www.tamagawa-seiki.co.jp/
（ 4 ） 大島康次郎，秋山勇治：サーボセンサの基礎と応用，オーム社，1988．
（ 5 ） 共和電業：電子計測機器総合カタログ，2004/2005．
（ 6 ） 山崎弘郎：センサ工学の基礎（第2版），昭晃堂，2000．
（ 7 ） 増田良介：はじめてのセンサ技術，工業調査会，1998．
（ 8 ） 新美智秀：センシング工学，コロナ社，1992．
（ 9 ） 西原主計，山藤和男：計測システム工学の基礎，森北出版，2001．
（10） トランジスタ技術 2003年12月号，[特集] 新時代のセンサ入門，CQ出版，2003．

第3章
（ 1 ） 武藤高義：アクチュエータの駆動と制御，コロナ社，1992．
（ 2 ） メカトロニクス研究会編：電子機械，コロナ社，1990．
（ 3 ） 岡田養二，長坂長彦：サーボアクチュエータとその制御，コロナ社，1985．
（ 4 ） 松井信行：電気機器，森北出版，1989．
（ 5 ） 精密工学会編：メカトロニクス，オーム社，1989．
（ 6 ） 笹島春巳，江上正：電気機器とサーボモータ，産業図書，1997．
（ 7 ） 土谷武士，江上正：新版現代制御工学，産業図書，2000．

第4章
（ 1 ） 上滝致孝，谷口勝彦：制御機器の基礎と応用，オーム社，1987．
（ 2 ） 相田貞蔵，釘澤秀雄：電子工学概論，培風館，1987．
（ 3 ） 松井信行：電気機器，森北出版，1989．
（ 4 ） 平紗多賀男：パワーエレクトロニクス，共立出版，1992．
（ 5 ） 宮入庄太，磯部直吉：基礎電気・電子工学，東京電機大学出版局，1989．

（6） 山村昌・大野栄一編著：パワーエレクトロニクス入門，オーム社，1991．
（7） 藤田宏：電気機器，森北出版，1991．
（8） T. Tsuchiya : Basic Characteristics of Cycloconverter-Type Commutatorless Motors IEEE Tran. Industry & General Applications vol. IGA-6 No. 4 349/356 1970.

第5章

（1） J.E. Shigley : Kinematic Analysis of Mechanisms, McGraw-Hill Book Company, New York, 1969.
（2） 大島康次郎，荒木献次：サーボ機構，オーム社，1965．
（3） 小川潔，加藤功：機構学 SI 併記，森北出版，1983．
（4） 板生清：精密機素(2)メカトロニクスのメカニズム，コロナ社，1987．
（5） 伊藤光久：わかりやすいメカトロ機構設計，工業調査会，1988．
（6） 武藤高義：アクチュエータの駆動と制御，コロナ社，1992．

第6章

（1） トランジスタ技術 SPECIAL No. 75 はじめての組み込みマイコン技術，CQ出版社，2001．
（2） トランジスタ技術 SPECIAL No. 59 新世代 Z80 CPU で学ぶマイコン入門，CQ 出版社，1997．
（3） 粕谷英一，佐野羊介，中村陽一，若島正敏：Z80 マイコン応用システム入門ハード編第 2 版，東京電機大学出版局，2000．
（4） 栄野雅彦：メモリ IC の実践活用法，CQ 出版社，2001．
（5） TECHI Vol. 8 USB ハード＆ソフト開発のすべて，CQ 出版社，2001．
（6） 藤沢幸穂：H8 マイコン完全マニュアル，オーム社，2000．
（7） 今野金顕：マイコン技術教科書 H8 編，CQ 出版社，2002．
（8） 堀桂太郎：H8 マイコン入門，東京電機大学出版局，2003．
（9） 横山直隆：C 言語による H8 マイコンプログラミング入門，技術評論社，2003．
（10） トランジスタ技術 2002 年 3 月号，［特集］H8 マイコン活用テクニック，CQ 出版社，2002．
（11） トランジスタ技術 2004 年 4 月号，［特集］付録基板で始めるマイコン入門，CQ 出版社，2004．
（12） トランジスタ技術 2004 年 5 月号，［特集］保存版＊H8 マイコン応用回路集，CQ 出版社，2004．

第7章

（1） 土谷武士，江上正：新版現代制御工学，産業図書，2000．
（2） 土谷武士，江上正：基礎システム制御工学，森北出版，2001．
（3） 上滝致孝：制御工学を学ぶ人のために，オーム社，1986．

（4） 金井喜美雄：制御システム設計，槇書店，1983．
（5） ミニ特集"事例で探る制御教育の現状"計測と制御 Vol. 33，No. 6，1994．
（6） 松下昭彦，土谷武士：制御系構成法を用いたオンライン目標値計画，計測自動制御学会論文集 Vol. 30，No. 8，pp. 917～925，1994．
（7） 江上正，木間政保，土谷武士：実時間仮想目標設計，計測自動制御学会論文集 Vol. 31，No. 10，pp. 1618～1625，1995．
（8） 寺国成宏，松倉欣孝：エレベータハイテク技術，オーム社，1995．

第8章

（1） J.J. Slotine & W. Li：Applied Nonlinear Control, Prentice Hall, 1991.
（2） 川崎晴久：ロボット工学の基礎，森北出版，1991．
（3） 有本卓：ロボットの力学と制御，朝倉書店，1991．
（4） 王碩玉，土谷武士，橋本幸男：軌道の未来情報を利用したロボットマニピュレーターの目標経路追従制御，日本機械学会論文集59巻564号，pp. 248-254，1993．

第9章

（1） 板生清編著：電子情報通信のメカトロニクス，電子情報通信学会，1992．
（2） 轡田昇，中村洋一，星野坦之，上平員丈：イメージング工学の基礎，日新出版，1991．
（3） 板生清：精密機素（2）メカトロニクスのメカニズム，コロナ社，1987．
（4） 窪田啓次郎，中川三男，米川元庸編著：入出力装置，コロナ社，1982．
（5） 岡村博司編著：ハードディスク装置の構造と応用，CQ出版社，2002．
（6） （社）日本機械学会編：情報機器のダイナミックスと制御，養賢堂，1996．
（7） 小野京右，多川則男，中山正之，市原順一，吉村茂：記憶と記録，オーム社，1995．
（8） Yoram Koren（藤田晨二監訳）：技術者のためのロボット工学，日経BP社，1989．
（9） 川崎晴久：ロボット工学の基礎，森北出版，1991．
（10） 吉川恒夫：ロボット制御基礎論，コロナ社，1988．
（11） 有本卓：ロボットの力学と制御，朝倉書店，1990．
（12） 辻三郎，江尻正員監修：ロボット工学とその応用，電子通信学会，1985．
（13） 川崎重工業株式会社：KL解説書，1981．
（14） 日本規格協会：JISハンドブック37 ロボット・FAシステム，1992．
（15） 土谷武士，江上正：ディジタル予見制御，産業図書，1992．
（16） 土谷武士，江上正：新版現代制御工学，産業図書，2000．
（17） 土谷武士，江上正：基礎システム制御工学，森北出版，2001．
（18） 江上正，豊田修，土谷武士：協調経路制御とそのリニアXYテーブルへの応用，電気学会論文誌D，Vol. 113-D，No. 12，pp. 1395～1402，1993．
（19） 江上正，円谷佳寛：伸縮座標変換を用いたベクトル分解経路制御，電気学会論文誌D，Vol. 122-D，No. 11，pp. 1474～1482，2003．

索　引

あ　行

I 制御　129
アイソレーテッド I/O 方式　93
アセンブリ言語　93, 104
アブソリュートエンコーダ　15
RS-232 C　99
インクジェットプリンタ　182
インクリメンタルエンコーダ　15
インターフェース制御方式　96
インパクトプリンタ　178, 179
インピーダンスマッチング条件　59
ウォーム歯車　74
運動学　194
永久磁石式同期電動機　41
ALU　102
AC サーボモータ　39
SLIM　197
H 8 アセンブリ言語命令　104
H 8 マイコン　104
遠隔教示　196
エンコーダ　13
円筒座標ロボット　191
送りねじ　79
送りねじ回転・直動変換機構　82
オフラインプログラミング　196
オンラインプログラミング　196

か　行

回転磁界　41
開ループ制御　116
かさ歯車　73
加速度センサ　20
加速度分解法　168
カム機構　84
感熱記録プリンタ　182
機械インピーダンスマッチング　83
機械式プリンタ　179
機械的時定数　35
逆運動学　195
教示・再生方式　195
極座標ロボット　191
空気圧式アクチュエータ　28
組み込みシステム　89
計算トルク法　167
光電スイッチ　10
コントロールレジスタ　103

さ　行

最終値の定理　135
サイズモ系　19
最適制御系　142
最適レギュレータ系　143
最適レギュレータ問題　142
サイリスタ　53
差動変圧器　17
サーボ制御ロボット　192
産業用ロボット　189
CP 制御ロボット　192
磁気ディスク装置　184
シーク制御　188
C 言語　93
シーケンス制御　112
システム同定　115
GPIB　99
CPU　91
順運動学　195
状態変数フィードバック制御系　138

索　引

状態変数　139
状態方程式　34
情報機器　177
シングルチップマイコン　90, 100
随時入出力方式　96
ステッピングモータ　46
滑りねじ　79
スリップ　42
制御系の型　135
精度　9
静特性　36
Z 80　100
ゼネバ機構　85
セルフチューニングレギュレータ　149
線形化補償　166
線形増幅器　54
線形変換機構　71, 72
セントロニクス　98
専用インターフェース　97
測定範囲　9

た　行

多関節ロボット　191
タコメータゼネレータ　18
チェイン　76
超音波による変位計測　17
直交座標ロボット　190
直接教示　196
直列伝送　95
チョッパ　60
DC サーボモータ　31
ディジタル加速度制御　169
ディジタル微分　19
定常誤差　135
D 制御　131
適応制御　148
デューティファクタ　60
電気式アクチュエータ　26
電気的時定数　35
電子写真プリンタ　184
伝達関数　34

電流制御ループ　37, 39
同期サーボモータ　39
同期速度　39, 41
同期電動機　39
動電アクチュエータ　28
動特性　9
トラック追従制御　188
トランジスタ　50

な　行

ニーモニック　93
入出力　92
2 リンクロボットマニピュレータ　158
ノンインパクトプリンタ　178, 182
ノンサーボロボット　192

は　行

ハイゲインフィードバック制御系　118
歯車　72
バス　93
歯付きベルト　77
ハーモニックドライブ　75
VAL 言語　196
ハンドシェイク入出力方式　97
汎用レジスタ　102
Bang-Bang 制御　84, 188
PID 制御　127
ひずみゲージ　21
P 制御　128
非線形変換機構　71, 84
PWM インバータ　67
PWM 方式　66
PD 制御　164
PTP 制御ロボット　191
標準インターフェース　97
平歯車　72
平歯車減速機構　81
フィードバック制御　116
フィードフォワード制御　115
浮動ヘッド機構　188
ブラシレス DC サーボモータ　45

プリンタ　178
分解速度制御　164
分解能　9
閉ループ制御　116
並列伝送　95
ベクトル制御法　43
ホイートストンブリッジ　21
方形波インバータ　63
ポテンショメータ　11
Bode 感度　124
ボールねじ　79

モータ制御式プリンタ　179
モデリング　115
モデル規範型適応制御系　149

や 行

油圧式アクチュエータ　27
油圧式サーボモータ　46
遊星歯車　74
誘導サーボモータ　41
誘導電動機　41
USB　99

ま 行

マイクロスイッチ　10
マイクロプロセッサ　89
マイコン　89
巻掛け伝動　76
マグネスケール　16
マルチチップマイコン　90
メモリ　91
メモリマップ　92
メモリマップド I/O 方式　93
目標値計画　151

ら 行

ラグランジュの運動方程式　159
ラックピニオン　76
リンク機構　86
レゾルバ　12
ロバスト制御　146
ロボット言語　196

わ 行

ワイヤドット式プリンタ　179
ワイヤロープ　77

著者略歴

土谷　武士（つちや・たけし）
　1963 年 3 月　北海道大学工学部電気工学科卒業
　1965 年 3 月　同大学院工学研究科修士課程修了
　1966 年 4 月　北海道大学工学部講師
　1967 年 4 月　同助教授
　1982 年 4 月　同教授
　1997 年 4 月　北海道大学大学院工学研究科教授
　2004 年 4 月　北海道工業大学教授，
　2009 年 3 月　同退職
　　　　　　　北海道大学名誉教授，
　　　　　　　現在に至る．（工学博士）

深谷　健一（ふかや・けんいち）
　1966 年 3 月　北海道大学工学部機械工学科卒業
　1968 年 3 月　同大学院工学研究科修士課程修了
　1971 年 3 月　同博士課程修了
　1971 年 4 月　日本電信電話公社入社，電気通信研究所勤務
　1987 年 4 月　北海学園大学工学部電子情報工学科教授
　2014 年 4 月　北海学園大学名誉教授，
　　　　　　　現在に至る．（工学博士）

メカトロニクス入門 [第 2 版]　　© 土谷武士・深谷健一　2004
1994 年 10 月 25 日　第 1 版第 1 刷発行　　【本書の無断転載を禁ず】
2004 年 3 月 10 日　第 1 版第 11 刷発行
2004 年 12 月 6 日　第 2 版第 1 刷発行
2023 年 2 月 10 日　第 2 版第 14 刷発行

著　　者　土谷武士・深谷健一
発 行 者　森北博巳
発 行 所　森北出版株式会社
　　　　　東京都千代田区富士見 1-4-11（〒102-0071）
　　　　　電話 03-3265-8341／FAX 03-3264-8709
　　　　　https://www.morikita.co.jp/
　　　　　日本書籍出版協会・自然科学書協会　会員
　　　　　JCOPY ＜(一社)出版者著作権管理機構　委託出版物＞

落丁・乱丁本はお取り替えいたします　　印刷／太洋社・製本／ブックアート

Printed in Japan／ISBN978-4-627-94422-0

MEMO

MEMO

MEMO

MEMO